高等学校教材

新能源化工工艺学

杨建文　潘金前　陆振欢 ◎ 主编

化学工业出版社

· 北 京 ·

内容简介

本书从化学与化工工艺视角对新能源化工基础知识、主要类型新能源化工工艺、电能储存与转换关键材料及其应用系统制造工艺进行了系统阐述。全书共分7章，包括生物质能源化工、氢能源化工、锂离子电池材料合成工艺、锂离子电池、燃料电池、太阳能电池等。本书可作为能源化学工程、材料化工、生物化工、新能源技术及应用等专业高等院校教材，同时也可供能源、化工、材料、环保、电力等部门从事科研、设计和生产的技术人员参考。

图书在版编目（CIP）数据

新能源化工工艺学 / 杨建文，潘金前，陆振欢主编.
北京 ： 化学工业出版社，2024. 9. --（高等学校教材）.
ISBN 978-7-122-46002-8

Ⅰ. TK01；TQ02

中国国家版本馆CIP数据核字第2024KX6120号

责任编辑：曾照华　林　洁　　　　文字编辑：王云霞
责任校对：李雨晴　　　　　　　　装帧设计：王晓宇

出版发行：化学工业出版社（北京市东城区青年湖南街13号　邮政编码100011）
印　　装：涿州市般润文化传播有限公司
787mm×1092mm　1/16　印张13　字数300千字
2025年2月北京第1版第1次印刷

购书咨询：010-64518888　　　　售后服务：010-64518899
网　　址：http：//www.cip.com.cn
凡购买本书，如有缺损质量问题，本社销售中心负责调换。

定　　价：58.00元

前言
PREFACE

能源是人类社会赖以生存和发展的物质基础。随着现代经济和科技的快速发展，化石能源短缺、环境污染等问题日趋严峻，发展清洁、可再生新能源已经成为人类可持续发展的广泛共识。新能源的开发和利用需要化工科学和技术的支撑，化学与化工技术在能源的清洁化、能量的储存与转换中起到了不可或缺的作用。随着世界上多数国家和地区“碳中和”目标的提出，主要国家和经济体都制定了各自的新能源发展战略规划，全球新能源产业正在进入快速发展期。

中国是全球最大的发展中国家，能源消耗巨大，发展新能源具有重大战略意义，国家急需大量新能源化工人才。2010 年，教育部批准高校设立“能源化学工程”专业，并被确定为国家战略性新兴产业相关的高等学校特色专业。目前国内已有 70 多所院校开设了“能源化学工程”专业。该专业是建立在化学、化工、材料、能源和环境基础上的多学科交叉专业，侧重工程技术应用，主要涉及清洁能源、新能源材料、能量储存与转换利用等的规模化加工、生产过程的工艺技术问题。

广义的新能源概念涵盖了太阳能、风能、氢能、清洁生物质能、地热能、海洋能、核能等能量载体或能量形式，也包括能量储存与转换的关键材料和过程系统等核心要素。本书编写的主要目的是为“能源化学工程”专业的本科生和相关专业读者介绍三方面内容：一是新能源化工基础知识；二是主要类型新能源化工工艺；三是电能储存与转换关键材料及其应用系统制造工艺。本书编写者为桂林理工大学化学与生物工程学院“能源化学工程”新工科及新能源产业学院的校、企任课教师，全书共分 7 章，杨建文研究员拟定了本书的大纲，并负责撰写了第 1、2、3、6 章，同时与广西华友新材料有限公司人员共同撰写了第 4 章，与佛山实达科技有限公司潘金前高级工程师共同撰写了第 5 章，第 7 章由陆振欢教授撰写，王梦雯、李盛贤、邱宗胜、王宇航、张丹凤、周菱鑫等同学在资料收集、文字和图表编辑方面做了大量的工作。本书在编写过程中，广泛参阅了国内外出版的图书和论文，在此向这些资料的作者表示衷心的感谢。

本书旨在提供一本本科生学习新能源化工工艺技术的试用教材，并兼顾能源、电池、材料、化工等技术人员的学习参考。由于水平有限，时间仓促，书中存在论述不当和不妥之处在所难免，恳请广大读者批评指正，并提出宝贵的意见。

主 编

2024年5月于桂林

目录
CONTENTS

第1章

绪 论

能源是人类赖以生存和发展的重要物质基础，能源的开发和利用状况也是衡量一个时代、一个国家的经济发展和科学技术水平的重要标志。随着全球经济的快速发展和人口的不断增长，化石能源枯竭、环境污染已经成为制约人类发展的两大基本问题，发展无污染、可再生的新能源是人类可持续发展的必由之路。化学与化工技术是能源开发和利用的主要手段，200 多年前化石燃料的应用需求孕育了现代化学工业的诞生，今天化工产品已经遍布人类生活的每一个角落，极大地推动了人类文明和科学技术的进步。在未来可持续发展的社会中，物质基础很大程度上仍然取决于化工产品及其生产工艺，化工技术将遵循“有利于人们生活”的原则融合到可持续发展的理念中，新能源化工必对人类经济社会和科学技术的发展发挥重要作用。

1.1 能源的概念与分类

能源亦称能量资源或能源资源。广义而言，任何物质都可以转化为能量，但是转化的数量及难易程度是不同的，比较集中又较易转化的含能物质称为能源。因此，能源的定义可以描述为：比较集中的含能体或能量过程，可以直接或经转换提供人类所需的光、热、动力等任一形式能量的载能体资源，包括煤炭、原油、天然气、煤层气、水能、核能、风能、太阳能、地热能、生物质能、电力、热力、成品油等多种形式。

能源的分类方法较多，常见如下：

① 按能源形成条件，可分为一次能源（如化石能源、太阳能、风能、水能、地热能、核能、潮汐能等）和二次能源（如沼气、蒸汽、液化气、燃料乙醇、汽油、电力等）。

② 按其能否循环使用和能否反复得到补充，可分为非再生能源（如化石燃料、核燃料等）和可再生能源（如太阳能、水能、风能、生物质能、地热能、化学能等）。

③ 按其环境保护要求，可分为清洁能源（如水能、风能、太阳能、海洋能、地热能等）和非清洁能源（如煤、石油、天然气等）。

④ 按现阶段的成熟程度，可分为常规能源（如大型水力、化石燃料、核能、薪柴、秸秆等）和新能源（如生物质能、太阳能、风能、海洋能、地热能、氢能、化学电源等）。

1.2 新能源与新能源材料

1.2.1 新能源

新能源是相对于常规能源而言的，是指新近利用或正在着手开发的能源。新能源是一个不断发展的概念。如薪柴、秸秆等生物质在 18 世纪末之前一直是常规燃料，即使今天在许多不发达国家也是不可或缺的生活能源，将生物质能（如沼气、燃料乙醇、生物质炭等）视为新能源主要基于其低碳排放、可再生和新型清洁利用方式等特征；风、光新能源发展的重点在于利用新理论、新技术进行发电。可见，新能源发展依赖于人类认识进步和科学技术发展，新能源既要具有资源供给的可持续性，又要具备能量利用方式的高效性、清洁性和便捷性。

新能源的特点是分布广，能量密度低，间歇式，波动性大。目前普遍认可的新能源主要包括太阳能、核能、生物质能、风能、地热能、海洋能、可燃冰等一次能源，以及氢能、化学能源（电池）等二次能源。下面对这些新能源进行简单介绍。

（1）太阳能

太阳能是人类最主要的可再生能源。太阳向宇宙空间的辐射功率约为 3.75×10^{26}W，每秒辐射到地球大气上界的能量大约有 1.73×10^{17}J，其中每秒辐射到地球表面的能量大约为 8.5×10^{16}J，相当于 2.9×10^{6}t 标准煤燃烧产生的热能。太阳能利用技术主要包括高效的光-热转化技术、光-电转换技术和光-化学能转化技术等。

（2）氢能

氢能是未来最理想的绿色二次能源。氢以化合物的形式储存于地球上最广泛的物质——海水中，如果把海水中的氢全部提取出来，总能量是地球现有化石燃料的 9000 倍。氢能利用技术主要包括制氢技术、氢提纯技术、氢储存技术、氢输运技术和氢的应用技术。

（3）核能

核能是原子核结构发生变化时放出的能量。核能释放包括核裂变和核聚变。核裂变所用原料铀 1g 就可释放相当于 30t 煤的能量，而核聚变所用的原料氚仅仅用 560t 就可提供全世界一年能量消耗。海洋中的氚储量可供人类使用几十亿年，同样是取之不尽、用之不竭的清洁能源。核能利用的最大问题是安全问题。

（4）生物质能

生物质能目前占世界能源消耗量的 14%。估计地球每年植物光合作用固定的碳达到 2×10^{12}t，含能量 3×10^{21}J。地球上的植物每年产生的能量是目前人类每年消耗矿物能量的 20 倍。生物质能开发利用技术包括生物质气化技术、生物质固化技术、生物质热解技术、生物质液化技术和沼气技术等。

（5）化学能源

化学能源实际上是指直接把化学能转换为低压直流电能的装置，也叫化学电源或电池。化学电源已经成为国民经济和人们日常生活中不可缺少的重要组成部分，同时化学电源还将承担其他新能源的储存功能。化学电源技术主要包括化学电源材料制备技术、化学电源新体系的创制和电池制造技术等。

（6）风能

风能是大气流动的动能，是来源于太阳能的可再生能源。估计全球风能储量为 10^{14}MW·h，如果有千万分之一被人类利用，就有 10^{7}MW·h 的可利用风能，这是全球目前的电能总需求量，也是水力资源可利用能量的 10 倍。海上风力发电、小型风机系统和涡轮风力发电等是其主要发展方向。

（7）地热能

地热能是来自地球深处的可再生能源。全世界地热能资源总量大约 1.45×10^{26}J，相当于煤热能的 1.7×10^{8} 倍，它是分布广、洁净、热流密度大、使用方便的新能源。地热能的利用主要分为地热发电和直接利用两大类。

（8）海洋能

海洋能是依附在海水中的可再生能源，包括潮汐能、潮流能、海流能、波浪能、海水温度差和海水盐差能。估计全世界海洋的理论再生能量为 7.6×10^{13}W·h，相当于目前人类对电能的总需求量。海洋能的利用存在很多关键问题需要解决，如大功率低流速特性、海水腐蚀问题等。

（9）可燃冰

可燃冰是天然气的水合物。它在海底的分布范围占海洋总面积的10%，相当于 $4\times10^{7}km^{2}$，它的储量够人类使用约1000年。可燃冰的开发既复杂又相当危险，如果不能有效地实现对温度、压力条件的控制，就可能产生一系列环境问题，如温室效应加剧、海洋生态变化和海底滑塌等。CO_2 置换开采法、固体开采法等技术具有较好的科学性。

1.2.2 新能源材料

新能源材料是指实现新能源的转换和利用以及发展新能源技术中所要用到的关键材料，它是发展新能源技术的核心和基础。目前，新能源材料涵盖了锂离子电池材料、燃料电池材料、太阳能电池材料、反应堆核能材料、发展生物质能所需重要材料、节能材料等类型。表1-1给出了几种新能源关键材料，这些材料的性能决定着能量储存和转换的效率，代表该种新能源的技术发展水平。

表 1-1 几种新能源关键材料及其能量储存或转换效率

新能源类型	关键材料	能量储存或转换效率 /%
太阳能	硅、铜铟镓硒、染料敏化电极、钙钛矿、有机半导体等光伏转换材料及电池组装关键材料	18 ～ 27
氢燃料电池	电解质、催化电极、隔膜等	40 ～ 60
风力发电	玻璃纤维、玻-碳复合材料叶片、储能材料	3.25 ～ 38.47
生物质能	小球燃料、乙醇、氢气、生物柴油及其他化学品	约 2（占全世界能耗的 14%）
核能	铀、钍、氘、氚、氦-3 等核燃料，锆、铪耗材	约 33

注：小球燃料指由锯屑、刨花、木材和其他木头等加工而成的颗粒状燃料。

绿色、可再生新能源不同于含能比较集中、容易利用的传统化石能源，其主要缺点是能量密度低、间断性以及利用方法的非直接性，许多新能源必须借助能量储存与转换材料或装置才能满足应用需求。因此，新能源的发展依赖于能源新材料、新机理、新技术、新装置等关键要素的创新性进步，而化学化工科学与技术正是这些关键要素获得和产业化应用的主要途径。因此，新能源化工包括载能体（如生物质沼气、燃料乙醇、氢气等）化工、新能源关键材料（如电池材料、风力发电叶片材料、核能材料等）化工以及能量储存与转换装置（如锂离子电池、燃料电池、光伏电池等）制造工艺等。

1.3 中国新能源化工产业概况

中国化石能源资源储量特点是富煤、贫油、少气，决定了长期以煤为主的能源结构体系。因此，优化能源互补结构，重点发展绿色、可再生新能源是国家可持续发展的一项基本能源政策，并从技术、市场、金融、法律多层面进行了系统规制，已经取得了显著的成效。以下简要介绍中国的新能源化工产业概况。

① 清洁煤化工。从国家战略需求看，我国油、气的保障能力较低，发展煤化工是必然选择。中国传统煤化工与钢铁工业息息相关，产品主要包括煤制焦炭、电石、合成氨等，但存在水资源短缺、环境污染等问题。我国2009年开始采用包括煤炭液化、煤炭气化、煤制甲醇、煤制烯烃等先进技术，构建集煤转化、发电、冶金、建材等工艺于一体的煤基多联产和清洁煤技术体系，充分注重环境友好、经济效益良好和技术先进性。目前，我国清洁煤化工工艺技术已经达到国际先进水平，煤制油、煤制天然气、煤制甲醇、煤制烯烃等产量大幅增长，实现了石油、天然气资源的补充和部分替代。

② 生物质能发电。我国生物质资源年产生量巨大，主要包括农作物秸秆、畜禽粪污、林业废弃物、生活垃圾等，当前生物质能的开发潜力约4.6亿吨标准煤，实际转化为能源的却不足0.6亿吨标准煤。但目前发展势头良好，国内已初步建立了生物质发电、供热、厌氧发酵及成型燃料加工等关键装备技术体系，初步形成了以发电为主，生物天然气、生物质清洁供暖等非电为辅的多元化发展格局。

③ 锂离子电池产业。经过几十年的发展，我国锂离子电池产业从数量上、质量上都取得了极大的突破，产业规模和市场份额在2014年已达到世界第一位。2022年中国锂离子电池产量达750GW·h；正极材料、负极材料、隔膜、电解液等锂离子电池材料产量分别约为185万吨、140万吨、130亿平方米、85万吨；全年国内新能源汽车动力电池装车量约295GW·h，储能型锂电池产量突破100GW·h，行业总产值突破1.2万亿元。

④ 太阳能光伏产业。我国光伏产业实现了从无到有、从有到强的跨越式发展，目前已成为光伏发电新增装机容量世界排名第一的国家，国内光伏行业已进入平价时代。2022年中国的太阳能发电量达到3.93亿千瓦·时，连续7年稳居全球首位。

⑤ 风能发电产业。中国风电行业发展经历了早期示范、产业化探索、产业化发展以及大规模发展四个阶段，目前已经是世界上最大的风机制造国，产量占全球的一半。2022年，中国风电装机容量为3.65亿千瓦，预计到2060年装机总容量至少达到30亿千瓦。

⑥ 氢能源化工。国内制氢方法包括化石能源制氢、电解水制氢、工业副产氢三大类。其中，化石能源制氢占比最大，包括煤制氢、天然气制氢、石油制氢；工业副产氢占比其次，包括焦炭和兰炭（即半焦）副产氢、氯碱副产氢、轻烃裂解副产氢；电解水制氢占比最小，包括电网、风电、光伏、水电、核电电解水。我国已经掌握氢能制备、储运、加氢、燃料电池和系统集成等主要技术和生产工艺。国内氢能源建设目前正处于快速发展期，国家规划到2025年可再生能源制氢量达到10万～20万吨/年，燃料电池汽车保有量达到50000辆。

⑦ 核电产业。我国核电事业始于20世纪70年代，目前已经形成了完整的研发设计、装备制造、工程建设、运行维护和燃料循环保障等核能全产业链体系。2022年中国核能发电量为4177.8亿千瓦·时，位列全球第二。预计2030年前我国核电装机规模有望超过美国成为世界第一。我国核电安全运行业绩持续保持国际先进水平，核能除了直接利用热能供电之外，正在向供暖、供气、制氢、海水淡化、制冷等领域多元化发展。

⑧ 地热能和潮汐能利用。我国地热资源丰富，已发现温泉有3000多处，有效利用地下蒸汽和地热水发电、供暖等前景广阔，中国地热发电站主要集中在西藏地区，其他地区地热也正得到越来越广泛的应用；我国海岸线绵长，潮汐能丰富，主要集中在浙江、福建、广东和辽宁等地，我国潮汐能发电已有60多年的历史，建成且运行规模最大的是温岭市江厦潮汐试验电站。

总之，中国新能源化工产业取得了巨大的成就，未来必将在推动国家可持续发展进程中发挥重要作用。

参考文献

[1]（美国）S. P. 帕克 . 能源百科全书 [M]. 程惠尔，译 . 北京：科学出版社，1992.

[2] 张军丽 . 化学化工材料与新能源 [M]. 北京：中国纺织出版社，2019.

第2章

生物质能源化工

2.1 生物质能源概述

2.1.1 生物质与生物质能源

（1）生物质及其分类

生物质是指利用大气、水、土地等通过光合作用而形成的各种有机体，即一切有生命的可以生长的有机物质统称为生物质。它包括植物、动物、微生物，以及由这些生命体代谢和排泄的所有有机物质。生物质主要由C、H、O、N、S、P等元素组成。生物质在空气或氧气中可发生氧化燃烧，释放大量热量，以及CO_2、CO、H_2O、NO_x等气体和炭、无机物等粉尘，因此生物质是一种直接、方便、传统的能源。

生物质种类繁多，有多种分类方法。通常可以根据原料来源将生物质分为以下四类。

① 农林废弃物。包括农业废弃物和林业废弃物。其中，农业废弃物主要为农作物秸秆、谷壳、薪柴和柴草，林业废弃物主要为木屑、树叶、树枝和果壳。

② 污水废水。包括生活污水和工业有机废水。其中，生活污水主要由城镇居民生活、商业和服务业的各种排水组成，如冷却水、洗浴排水、洗衣排水、厨房排水、粪便污水等；工业有机废水主要是酿酒、制糖、制药、造纸及屠宰等行业生产过程中排出的废水等，其中都富含有机物。

③ 固体废物。城市固体废物主要是由城镇居民生活垃圾，商业、服务业垃圾和少量建筑业垃圾等构成。

④ 禽畜粪便。禽畜粪便是禽畜排泄物的总称，它是其他形态生物质（主要是粮食、农作物秸秆和牧草等）的转化形式，包括禽畜排出的粪便、尿及其与垫草的混合物。

（2）生物质能及其分类

生物质能是指生物把太阳能转化为化学能蕴藏在生物质中的能量，生物质作为媒介储存太阳能。人类生活能源90%以上是生物质能。生物质能利用始于钻木取火、伐薪烧炭，在人类发展历史中曾起到巨大的作用，目前在世界能源结构中仍占有一定的位置。

生物质能可根据使用和转化的形式分为以下四类。

① 生物质液体燃料。包括燃料乙醇、生物柴油、生物丁醇、新型生物燃料（平台化合物、液体烃类等），主要通过纤维素类、淀粉和糖类、油脂类等生物质获得。

② 生物质发电。包括生物质气化发电、生物质燃烧发电、城市生活垃圾焚烧发电、沼气发电。

③ 生物燃气。俗称沼气，主要成分是甲烷和氢气，通常通过禽畜粪便和有机垃圾的厌氧发酵方式得到。

④ 生物质燃料。包括将生物质直接作为燃料，以及将其制备为成型固体燃料，后者是一种较为成熟的技术。作为燃料供给锅炉燃烧，主要利用的是木质纤维素类生物质。

（3）生物质能的特点

① 生物质能具有普遍性、易取性。生物质能存在于世界上所有国家和地区，廉价、易

取，生产过程十分简单，利用方式多种多样。

② 生物质能具有可再生性。生物质广泛存在于自然界，利用过后可通过光合作用得到再生，永续利用。

③ 生物质能具有清洁性。生物质能源中的有害物质含量很低，燃放过程对环境污染小，并且可以采用相对容易的新技术进一步降低其环境危害。

④ 生物质能具有低碳性。生物质单位质量或单位体积的碳、氢含量通常小于煤、石油，并且在生态系统中可再生，因而生物质能属于低碳能源。

⑤ 生物质能对石化能源具有替代优势。生物质能源可以直接燃烧，或经过转换形成便于储存和运输的固体、气体和液体燃料，可运用于使用石油、煤炭及天然气的工业锅炉、窑炉和发动机中。

2.1.2 生物质能转换技术

通常把生物质能通过一定的途径和手段转变成燃料物质的技术称为生物质能转换技术。生物质能转换技术可以分为直接燃烧技术、生物转换技术、热化学转换技术和其他转换技术 4 种主要类型，生物质能转换技术类型如图 2-1 所示。

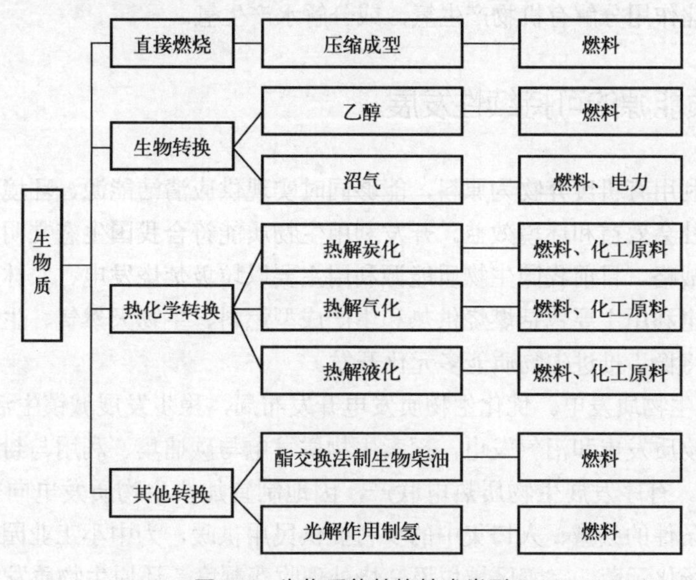

图 2-1　生物质能转换技术类型

① 直接燃烧技术。生物质直接燃烧技术是最普通的生物质能转换技术，即使生物质中的可燃成分和氧化剂（一般为空气中的氧气）发生氧化反应，强烈放出热量，并使燃烧产物的温度升高，其主要目的是取得热量。除碳的氧化外，在此过程中还有硫、磷等微量元素的氧化。可以进行直接燃烧的设备形式很多，有普通的炉灶，各种锅炉，还有复杂的内燃机。生物质密度较小、体积大，不利于运输、储存和燃烧操作，固化成型技术已经成为促进生物质能源燃烧使用的通用方法。

② 生物转换技术。是用微生物发酵方法将生物质转变成燃料物质的技术，通常产生的

液体燃料为乙醇，气体燃料为沼气。糖类原料如甘蔗、甜菜、甜高粱等作物的汁液以及制糖工业的废糖蜜等，可直接发酵成含乙醇的发酵醪液，再经蒸馏便得高浓度的乙醇；淀粉类原料如玉米、甘薯、马铃薯、木薯等，先经过蒸煮、糖化，然后再发酵、蒸馏产生乙醇。乙醇可作为燃料，也可作为汽油添加剂生产车用乙醇汽油。沼气是生物质在严格厌氧条件下经发酵微生物的作用而形成的气体燃料。可用于产生沼气的生物质非常广泛，包括各种秸秆、水生植物、人畜粪便、各种有机废水、污泥等。沼气可直接使用，或将CO_2除去，得到纯度较高的甲烷产品。

③ 热化学转换技术。是指在加热条件下，用热化学手段将生物质转换成木炭、生物油和气体等燃料物质的过程。常用的方法有热解炭化、热解气化和热解液化。热解炭化是指碳氢化合物气体在热固体表面上发生热分解并在该固体表面上沉积炭素材料的过程。热解气化就是利用空气中的氧气或含氧物质作气化剂，将固体燃料中的碳氧化生成可燃气体的过程。热解液化是在中等温度和缺氧条件下，将生物质快速、高效率地转化成生物液态燃料的过程。

④ 其他转换技术。主要包括酯交换制生物柴油技术和光解制氢技术。以油料作物、野生油料植物和工程微藻等水生植物油脂，以及动物油脂、餐饮油等为原料油通过酯交换工艺制成脂肪酸甲酯或脂肪酸乙酯燃料，这种燃料可供内燃机使用。某些特殊的微生物能够利用光合作用和光催化作用分解有机物产生氢，或分解水产生氢。

2.1.3 生物质能源的可持续性发展

生物质能源利用有机废弃物为原料，能够同时实现供应清洁能源、环境治理和应对气候变化，具有多重社会效益和环境效益。开发利用生物质能符合我国生态文明建设，促进经济社会发展的国家战略。目前我国生物质能源利用主要以垃圾焚烧发电、农林生物质发电、沼气发电为主。非电利用主要包括燃烧供热和生产成型燃料、生物天然气、生物燃料乙醇、生物柴油等，中国将稳步推进生物质能多元化开发。

① 稳步发展生物质发电。优化生物质发电开发布局，稳步发展城镇生活垃圾焚烧发电，有序发展农林生物质发电和沼气发电，探索生物质发电与碳捕集、利用与封存相结合的发展潜力和示范研究。有序发展生物质热电联产，因地制宜加快生物质发电向热电联产转型升级，为具备资源条件的县城、人口集中的乡村提供民用供暖，为中小工业园区集中供热。开展生物质发电市场化示范，完善区域垃圾焚烧处理收费制度，还原生物质发电环境价值。

② 积极发展生物质能清洁供暖。合理发展以农林生物质、生物质成型燃料等为主的生物质锅炉供暖，鼓励采用大中型锅炉，在城镇等人口聚集区实行集中供暖，开展农林生物质供暖供热示范。在大气污染防治非重点地区乡村，可按照就地取材原则，因地制宜推广户用成型燃料炉具供暖。

③ 加快发展生物天然气。在粮食主产区、林业三剩物富集区、畜禽养殖集中区等种植养殖大县，以县域为单元建立产业体系，积极开展生物天然气示范。统筹规划建设年产千万立方米级的生物天然气工程，形成并入城市燃气管网以及车辆用气、锅炉燃料、发电等多元应用模式。

④ 大力发展非粮生物质液体燃料。积极发展纤维素等非粮燃料乙醇，鼓励开展醇、电、气、肥等多联产示范。支持生物柴油、生物航空煤油等领域先进技术装备研发和推广使用。

2.2　燃烧技术

生物质能源直接燃烧是最原始、最实用的利用方式。随着社会发展和科技进步，生物质的燃用设施和方法在不断地改进和提高，现在已达到工业化规模利用的程度。目前，工业化燃烧技术所用的生物质主要包括城市有机垃圾、农林废弃物等，燃烧热的利用主要为供热、发电与热电联供。

大多数生物质的原始状态都是固体的，用于直接燃烧是比较方便的。但是，相比于常规燃料，生物质密度小、体积大、能量密度低，且不宜长期保存和运输。将分布散、形体轻、储运困难、使用不便的纤维素生物质，经压缩成型和炭化工艺加工成燃料能提高密度和热值，改善燃烧性能，使其成为商品能源。这种转换技术越来越被人们所重视，这种技术也被称作“压缩成型”或“致密固化成型”。生物质压缩成型燃料可广泛用于各种类型的家庭取暖炉（包括壁炉）、小型热水锅炉、热风炉，也可用于小型发电设施，是我国充分利用秸秆等生物质资源替代煤炭的重要途径，具有良好的发展前景。

2.2.1　生物质压缩成型燃料特性

（1）形状和密度

生物质成型燃料可分为棒状燃料、块状燃料（或饼状燃料）和颗粒燃料。棒状燃料或颗粒燃料通常用直径和最大长度值反映外形和燃料规格级别。

密度是成型燃料的一个重要参数，单位为 kg/m^3 或者 g/cm^3、t/m^3。生物质成型燃料在出模后，由于弹性变形和应力松弛，其压缩密度逐渐减小，一定时间后密度趋于稳定，此时成型燃料的密度又称为松弛密度。密度越大，能量 / 体积比就越高。因此，从运输、储存和携带的角度来看，人们更青睐高密度产品。

成型燃料的密度通常也被认为是衡量燃料力学性能的一个参数，密度大则燃料的力学性能高。成型燃料的密度与生物质的种类及压缩成型的工艺条件有密切关系，不同生物质由于含水率不同、化学成分不同，在相同压缩条件下所达到的密度值存在明显的差异。

按照成型后的密度大小，生物质成型燃料可分为高、中、低 3 种密度。一般密度在 $1100kg/m^3$ 以上的为高密度成型燃料，更适于进一步加工成炭化制品；密度在 $700kg/m^3$ 以下的为低密度成型燃料；密度介于 700 ～ $1100kg/m^3$ 之间的为中密度成型燃料。

（2）耐久性

成型燃料的耐久性作为反映其物理力学品质的一个重要特性，主要体现在不同使用性能和贮藏性能方面，具体细化为抗变形性、抗跌碎性、抗滚碎性、抗渗水性和抗吸湿性等几项性能指标。

2.2.2 生物质压缩成型原理

生物质原料在受到一定的外部压力后，原料颗粒先后经历重新排列位置、颗粒机械变形和塑性流变等阶段，体积大幅度减小，密度显著增大。在水分存在时，用较小的作用力即可使纤维素形成一定的形状。当含水率在10%左右时，必须施加较大的压力才能使其成型。

非弹性或黏弹性的纤维分子之间相互缠绕和绞合，在去除外部压力后，一般不能再恢复原来的结构形状，成型后结构牢固。对于木质素等黏弹性组分含量较高的原料，如果成型温度达到木质素的软化点，则木质素就会发生塑性变形，从而将原料纤维紧密地黏结在一起，并维持锯齿的形状。成型燃料块经冷却降温后强度增大，可得到燃烧性能类似于木材的生物质成型燃料块。对于木质素含量较低的原料，在压缩成型过程中，加入少量的诸如黏土、淀粉、废纸浆等无机、有机和纤维类黏结剂，在生物质粒子表面会形成一种吸附层使颗粒之间产生一种引力（即范德华力），同时在较小外力作用下粒子之间也可产生静电引力，致使生物质粒子间形成连锁结构，使压缩后的成型块维持致密的结构和既定的形状。

被粉碎的生物质粒子在外压力和黏结剂作用下，重新组合成具有一定形状的生物质成型块，这种成型方法需要的压力比较小。对于某些容易成型的材料则不必加热，也不必加黏结剂，但是粉碎颗粒需要细小，成型压力需要大，滚筒挤压式小颗粒成型实际就是这种类型。

2.2.3 生物质压缩成型工艺类型

目前有多种生物质压缩成型工艺，根据主要工艺特征的差别可划分为湿压成型、热压成型和炭化成型三种基本类型。生物质压缩成型工艺也可以分为加黏结剂和不加黏结剂的成型工艺。根据对物料热处理方式不同，生物质压缩成型工艺又可划分为常温压缩成型、热压成型、预热成型和炭化成型四种主要工艺。

（1）常温压缩成型工艺

纤维类原料在常温下，浸泡数日水解处理后，纤维变得柔软、湿润皱裂并部分降解，其压缩成型特性明显改善，易于压缩成型。因此，该成型技术被广泛用于纤维板的生产。同样，利用简单的杠杆和模具，将部分降解后的农林废弃物中的水分挤出，即可形成低密度的成型燃料块。这一技术在泰国、菲律宾等国得到一定程度的发展，在燃料市场上具有一定的竞争力。

（2）热压成型工艺

热压成型是国内外普遍采用的成型工艺，其工艺流程为：原料粉碎→干燥→挤压成型→冷却→包装。热压成型的主要工艺参数有温度、压力和物料在模具内的滞留时间等。此外，原料的种类、粒度、含水率、成型方式、成型模具的形状和尺寸等因素对成型工艺过程和成型燃料的性能都有一定的影响。

该工艺的主要特点是物料在模具内被挤压的同时，需对模具进行外部加热，将热量传递给物料，使物料受热而提高温度。加热的主要作用是：

① 使生物质中的木质素软化、熔融而成为黏结剂。由于植物细胞中的木质素是具有芳

香族特性、结构单位为苯丙烷型的立体结构高分子化合物，当温度为 70 ～ 110℃时软化，黏合力增大；达到 140 ～ 180℃时就会塑化而富有黏性；在 200 ～ 300℃时可熔融。因此，对生物质加热的主要目的就是将生物质中的木质素加热后起到黏结剂的作用。

② 使成型燃料块的外表层炭化，使其通过模具时能顺利滑出而不会粘连，减少挤压动力消耗。

③ 提供物料分子结构变化的能量。根据试验，木屑、秸秆和果壳等生物质热压成型，靠模具边界处温度为 230 ～ 470℃，成型物料内部为 140 ～ 170℃。

生物质中木质素、纤维素和水分的含量及物料的形状等因素不同，对成型温度和压力参数值的要求也不一样：

① 实践证明，温度和压力选得过高和过低都会导致成型失败。温度选得过低，则生物质中的木质素未能塑化变黏，物料不能黏结成型；反之，如温度选得过高，则成型燃料的表面出现裂纹，严重时成型块出模就变成了“散花”。此外，若施加压力过小，则会使成型燃料无法黏结，而且也无法克服摩擦阻力，因而无法成型；若施加压力过大，则会使成型燃料在模具内滞留时间缩短，使生物质物料加温不足而无法成型。

② 成型物料在模具内所受的压应力随时间的增加而逐渐减小，因此，必须有一定的滞留时间以保证成型物料中的压应力充分松弛，防止挤压出模后产生过大的膨胀。另外，也使物料有足够的时间进行热传递，一般滞留时间为 40 ～ 50s。为了避免成型过程中原料中的水分快速汽化造成成型块的开裂和“放炮”现象发生，一般要将原料含水率控制在 8% ～ 12% 之间。

（3）预热成型工艺

该工艺在原料进入成型机压缩之前，将原料加热到一定温度，使其所含的木质素软化，起到黏结剂的作用，在后续压缩过程中能减少原料与成型模具间的摩擦作用，降低成型所需的压力，从而延长成型部件的使用寿命，降低单位产品的能耗。

生物质预热成型工艺流程如图 2-2 所示。物料先由切碎机 1 初切碎，经振动筛分选，细碎物料直接输送到预热器 7 预热，而粒度较粗部分，由螺旋喂料器 2 输送到原料粉碎器 3 进行二次粉碎，然后将粒度符合要求的物料输送到预热器 7，采用油加热方法预热物料，当温度达到设定值后，物料被送入压缩成型机 8 压缩成型，经冷却输送器 13 冷却后输出。

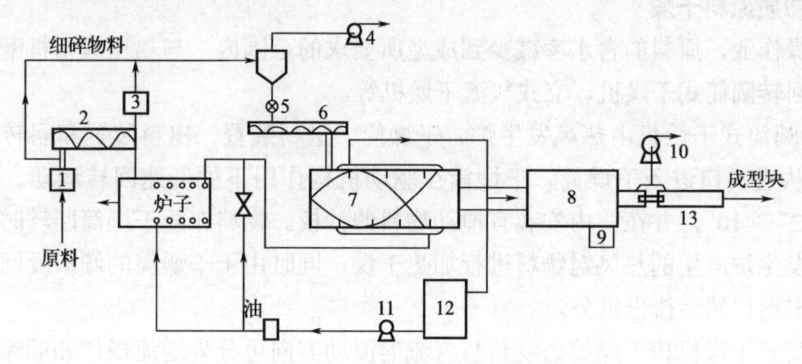

图 2-2　生物质预热成型工艺流程

1—切碎机；2—螺旋喂料器；3—原料粉碎器；4—风机；5—气阀；6—螺旋输送器；7—预热器；8—压缩成型机；9—预压器；10—排气罩；11—油泵；12—油罐；13—冷却输送器

（4）炭化成型工艺

炭化成型工艺的基本特征是，首先将生物质原料炭化或部分炭化，然后再加入一定量的黏结剂压缩成型。生物质原料高温下热解转换成炭，并释放出挥发分（包括可燃气体、木醋液和焦油等），因而其压缩性能得到改善，成型部件的机械磨损和压缩过程中的功率消耗明显降低。但是，炭化后的原料压缩成型后的力学强度较差，储存、运输和使用时容易开裂或破碎，所以采用炭化成型工艺时，一般都要加入一定量的黏结剂。如果成型过程中不使用黏结剂，要提高成型块的耐久性，保证其储存和使用性能，则需要较高的成型压力。

2.2.4 生物质压缩成型生产工艺流程

生物质成型燃料生产的一般工艺流程包含生物质原料收集、生物质原料粉碎、生物质原料干燥、压缩成型、成型燃料切断、冷却和除烟尘等主要环节。

（1）生物质原料收集

生物质原料收集是十分重要的工序。在工厂化加工条件下要考虑三个问题：一是加工厂的服务半径；二是农户供给加工厂原料的形式，是整体式还是初加工包装式；三是秸秆等原料在田间经风吹、日晒等自然风干的程度。另外，要特别注意原料收集过程中尽可能少夹带泥土，因夹带泥土容易加速压缩成型时模具的磨损。一般农作物秸秆的机械化收割、打捆，可避免这一问题。

（2）生物质原料粉碎

木屑及稻壳等原料的粒度较小，经筛选后可直接进行压缩。秸秆类原料则需通过粉碎机进行粉碎处理，粉碎的粒度大小由成型工艺决定。压辊式成型机对物料的碾压在一定程度上起到粉碎作用，但对于大颗粒原料仍然需要预先进行粉碎处理。对于颗粒成型燃料，一般需要将 90% 左右的原料粉碎至 2mm 以下，而尺寸较大的树皮、木材废料等，一次粉碎只能将原料破碎至 20mm 以下，经过二次粉碎才能将原料粉碎到 5mm 以下，有时必须进行三次粉碎。

对于树皮、碎木片、植物秸秆等原料，锤片式粉碎机能够较好地完成粉碎作业。对于较粗大的木材废料，一般先用木材切片机切成小片，再用锤片式粉碎机将其粉碎。

（3）生物质原料干燥

通过干燥作业，原料的含水率减少到成型所要求的范围内。与热压成型机配套使用的干燥机主要有回转圆筒式干燥机、立式气流干燥机等。

① 回转圆筒式干燥机由热风发生炉、干燥筒、进料装置、出料装置和回转驱动机构等组成。原料从进料口进入干燥筒，干燥筒在驱动机构作用下做低速回转运动。干燥筒向出口方向下倾 2°～10°，并在筒内安装有搅动物料的抄板。物料在随干燥筒回转时被抄起后落下，由热风发生炉产生的热风对物料进行加热干燥，同时由于干燥筒的倾斜及回转作用，原料被移送到出料口然后排出机外。

回转圆筒式干燥机按干燥筒内物料与气流的流动方向可分为逆流操作和顺流操作。根据被干燥物料的特性和最终要求的含水率，选择物料的流向和设备的组装。逆流操作时，物料和加热气流相向流动，干燥器内传热与传质推动力比较均匀，适用于不允许快速干燥的热敏性物料，逆流操作被干燥物料的含水率较低。顺流操作适用于原料含水率较高、允许干燥速度快、在干燥过程中不分解、能耐高温的非热敏性物料。对于压缩成型的植物材料，一般采用顺流操作。

回转圆筒式干燥机具有生产能力大、运行可靠、操作容易、适应性强、流体阻力小、动力消耗小等一系列优点。其缺点是设备复杂、体积庞大、一次性投资多、占地面积大。

② 立式气流干燥机由热风发生炉、进料装置、干燥输送管道、离心分离器及风机等组成。由热风发生炉产生的热风在抽风机的作用下，被吸入干燥输送管道。同时，被干燥的原料也由加料口加入与热风汇合，在干燥输送管道内，热风和原料充分混合并向前运动。在热风的作用下原料很快被加热，原料的水分逸散，最后完成干燥。干燥以后的原料被吸入离心分离器分离，湿空气被风机抽出排放，原料经出料口排出。

气流干燥机由于原料在气流中的分散性好，干燥的有效面积大，干燥强度大，生产能力大，所以干燥时间可以大大缩短。在干燥过程中，采用顺流操作，入口处气温高，但原料的湿度大，能充分利用气体的热能，所以热效率高。另外，气流干燥还具有设备简单、占地面积小、一次性投资少等优点，并且可以同时完成输送作业，能够简化工艺流程，便于实现自动作业。

（4）压缩成型

生物质压缩成型是整个工艺流程的关键环节。一般富含木质素的原料不使用黏结剂。生物质压缩成型的设备一般分为螺杆挤压式、活塞挤压式（或冲压式）和压辊式等几种。

为了提高生产率，松散的物料需先预压缩，然后推进到成型模中压缩成型。预压缩多采用螺旋推进器或液压推进器。

对于棒状燃料热压成型机，一般采用模具外的电阻丝（板）对压缩成型过程中的生物质物料进行加热。压辊式颗粒燃料成型机无需外加热源，因在成型过程中，原料和机器工作部件之间的摩擦作用可以将原料加热到100℃左右，同样可使原料所含的木质素软化，起到黏结作用。此外，对于压辊式颗粒燃料成型机，含水率过低的原料反而不利于成型，需进行调湿处理，一般将含水率控制在10%～15%之间。

（5）成型燃料切断

为了将生物质成型燃料切制成所需要的长度，有两种技术方案。

一种是设计一个旋转刀片切断机，将运到冷却传送带上的生物质棒状燃料切割成整齐匀称的长度，其切断面是很平整光滑的。如果生物质燃料棒按小捆包装（6～10个/捆）出售，这样的切断方法是必要的。

另一种技术方案是让挤出的棒状燃料触碰到平滑而且倾斜的阻碍物，靠弯曲应力来使其断裂。这种方法切断的燃料，虽然长度是匀称的，但一般在断裂面处是不光滑的。如需要光滑的边缘，一捆一般8～10个燃料棒可用两把锯刀将两个端面同时切割平整，但会产生废料，这些小块状的废料可用作锅炉的燃料。

（6）冷却和除烟尘

从热压成型机中挤出的生物质成型燃料表面温度相当高，有的超过200℃。从压辊式颗粒燃料成型机挤出的燃料温度大约也有100℃。它们必须经过冷却然后传送到储存区域，以提高燃料的耐久性。直接将挤出后的高温成型燃料堆放在成型机边上是很危险的，因为有可能发生自燃现象。

对于热压成型机，需要长度合适的开放式钢辊轴输送带。输送带的长度应至少有 5m，如条件许可，应尽量在成型机与燃料包装和储存区之间采用更长的输送带。对于规模化生产的颗粒燃料的冷却，可采用逆流式空气冷却器，使燃料出机温度与周围环境温度一致。

生物质在成型设备中成型时，螺杆挤压的成型燃料棒的表面会部分裂解，从而具有疏水特性以提高其耐久性。但加热过程中也会释放烟气，也会产生刺激性气味。为了让工人拥有舒适的工作环境，需要在燃料出口附近和部分冷却输送机上放置一个烟气罩，使这些烟雾通过排气管、旋风分离器后排到大气中。这些气体的量很小，但由于温度较高，其体积仍然很大。可通过水循环系统吸收掉烟雾中的有害物质。

2.3 生物转换技术

生物质的生物转化技术是指农林废弃物通过微生物的生物化学作用生成高品位气体燃料或液体燃料的过程。目前的生物转化技术主要包括发酵制乙醇和发酵制沼气。

2.3.1 发酵制乙醇工艺

2.3.1.1 乙醇的理化性质和用途

乙醇作为动力燃料使用时称为燃料乙醇，分子式为 C_2H_5OH 或 CH_3CH_2OH。它是无色、透明、易流动的液体。纯乙醇的相对密度为 0.79，沸点为 78.3℃，熔点为–114℃，引燃温度为 363℃，高位热值为 26780kJ/kg。乙醇容易挥发和燃烧，是一种无污染的燃料，可以直接代替汽油、柴油等石油燃料，是最具发展潜力的石油替代燃料。乙醇蒸气与空气混合能形成爆炸性混合气体，爆炸极限为 3.5% ～ 18%（体积分数）。根据浓度的高低和含杂质量的多少，可将乙醇分为 4 种类型：

① 高纯乙醇：浓度（体积分数，下同）96.2%，中性，不含杂质，专供电子工业和化学试剂用。

② 精制乙醇：浓度 95.5%，纯度合格，杂质含量很少，供国防、化学工业用。

③ 医用乙醇：浓度＞ 95%，杂质含量较少，主要用作医药类乙醇溶液配制的原料和配制饮料酒的原料。

④ 工业乙醇：浓度达到 95%，无其他要求，主要用作油漆稀释剂、橡胶原料和燃料。

用淀粉或糖类原料生产乙醇，其副产物二氧化碳、杂醇油、酒糟等很有应用价值。

2.3.1.2 发酵法制乙醇原理

乙醇生产方法主要有化学合成法和发酵法两类。化学合成法可参阅相关文献。我国乙醇生产以发酵法为主，本书主要介绍生物质发酵制乙醇相关知识。

发酵法是指酵母等微生物以可发酵性糖为食物，摄取其中的养分，通过体内的特定酶系，经过复杂的生化反应进行新陈代谢，产生乙醇和其他副产品的过程。发酵法制得的乙醇的质量分数为 6% ～ 10%，并含有乙醛、高级醇、酯类等杂质，经精馏得质量分数为 95% 的工业乙醇并副产杂醇油。

根据发酵醪液注入方式的不同，可以将发酵法分为间歇式、半连续式和连续式三种。间歇式发酵法指全部发酵过程始终在一个发酵罐中进行；半连续发酵是指在主发酵阶段采用连续发酵，其他发酵阶段则采用间歇发酵的方式；连续发酵又分为循环式和多级式，可以提高设备利用率、淀粉利用率，便于实现自动化。按发酵过程物料存在状态，发酵法可分为固体发酵法、半固体发酵法和液体发酵法。固体发酵法和半固体发酵法一般采用间歇式发酵；液体发酵法则可以采用间歇式、半连续式和连续式发酵。

2.3.1.3　发酵法制乙醇的主要原料

发酵法制乙醇的原料主要包括淀粉类、糖类和纤维素类生物质。

① 淀粉类原料。淀粉类原料是我国乙醇生产的最主要的原料，主要有甘薯、木薯、玉米、马铃薯、大麦、大米、高粱等。

② 糖类原料。主要是甘蔗、甜菜，还有糖蜜，糖蜜是制糖工业的副产品，甜菜糖蜜的产量是加工甜菜量的 3.5% ～ 5%，甘蔗糖蜜的产量是加工原料甘蔗的 3% 左右。

③ 纤维素类原料。纤维素类原料（包括半纤维素）是地球上最有潜力的乙醇生产原料，主要有农作物秸秆、森林采伐和木材加工剩余物、柴草、造纸厂和造糖厂含有纤维素的下脚料、部分城市生活垃圾等。

④ 其他原料。如造纸厂的亚硫酸盐纸浆废液、淀粉厂的甘薯淀粉渣和马铃薯淀粉渣、奶酪工业的副产物（乳清、一些野生植物等）。

乙醇生产还需要多种辅助原料，在生产工艺流程中，如糖化、发酵、水解、脱水、洗涤、消毒、消泡等，需要相应的辅助原料。

表 2-1 给出了几种生物质原料发酵生产燃料乙醇的产量情况。

表 2-1　几种生物质原料发酵生产燃料乙醇的产量情况

原料	乙醇产量 /（L/t）	原 料	乙醇产量 /（L/t）
玉米	370	木料	160
甜马铃薯	125	糖蜜	280
甘蔗	70	甜高粱	86
木薯	180	鲜甘薯	80

2.3.1.4　发酵法制燃料乙醇工艺流程

不同生物质原料经水解、发酵制取燃料乙醇的生产工艺并不完全相同，表 2-2 为不同生产工艺技术特性对比，由此可见，在各原料制备燃料乙醇的生产工艺中，预处理和水解 / 糖化阶段区别较大，发酵和乙醇提取精制属于共性技术。

（1）木薯原料生产燃料乙醇

木薯属于淀粉类原料，经过酸或酶使淀粉水解为葡萄糖单糖，然后经酵母的无氧发酵

表 2-2　不同原料燃料乙醇生产工艺技术特性对比

生产工艺	淀粉类	糖类	纤维素类
预处理	粉碎、蒸煮糊化	压榨、调节	粉碎、物理或化学处理
水解 / 糖化	酸或酶糖化，易水解，产物单一，无发酵抑制物	无水解过程、无发酵抑制物	酸或纤维素酶水解较难，产物复杂，有发酵抑制物
发酵	产淀粉酶酵母发酵六碳糖为乙醇	耐乙醇酵母发酵六碳糖为乙醇	专用酵母或细菌发酵六碳糖和五碳糖为乙醇
乙醇提取精制	蒸馏、精馏、纯化	蒸馏、精馏、纯化	蒸馏、精馏、纯化

作用转化为乙醇。木薯发酵生产燃料乙醇一般包括原料预处理工段、糖化工段、发酵工段及提取和纯化工段。预处理使淀粉软化、糊化，为糖化酶提供必要的催化条件（足够的水分和接触表面积）；糖化是以糖化酶水解淀粉为葡萄糖；发酵工段利用酵母将葡萄糖转化为乙醇；提取和纯化工段以蒸馏或其他萃取方法提取乙醇并精制为燃料乙醇。木薯原料生产燃料乙醇流程如图 2-3 所示。

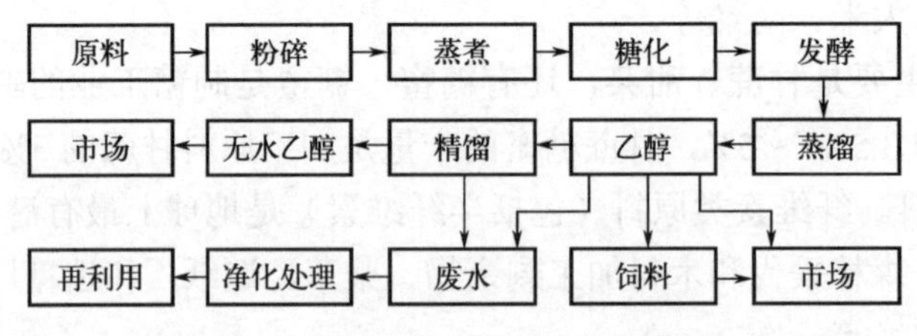

图 2-3　木薯原料生产燃料乙醇流程

（2）甜高粱原料生产燃料乙醇

甜高粱属于糖类原料，主要含蔗糖，酵母菌利用自身的蔗糖水解酶将蔗糖水解为葡萄糖和果糖，并在无氧条件下发酵产生乙醇，其生产流程如图 2-4 所示。

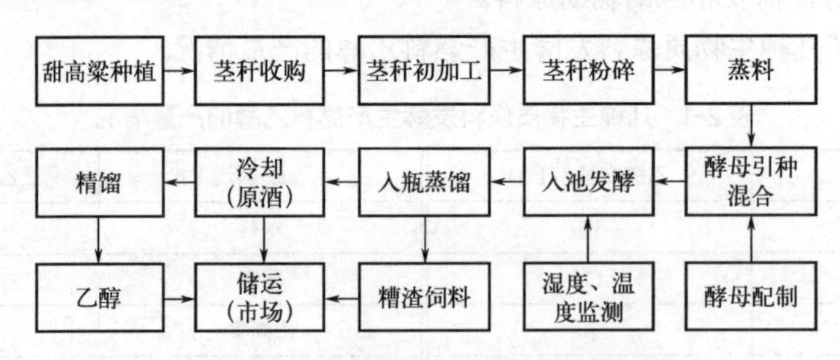

图 2-4　甜高粱原料生产燃料乙醇流程

甜高粱茎秆汁发酵前的预处理包括加水稀释、加酸酸化、灭菌处理、稀释至酵母能利用的糖度、调配发酵所必需的无机盐。甜高粱榨汁糖度一般在 16 ～ 22°Bx[1]，用无机盐调配即可作为发酵液使用。当前，以固定化酵母发酵是较有前景的工艺，固定化酵母可重复使用，抗杂菌能力强，发酵时间短。另外，甜高粱茎秆固态发酵也是当前较实用的工艺。固态发酵指利用自然底物做碳源，或利用惰性底物做固体支持物，其体系无水或接近于无水的发酵过程。固态发酵具有产率高、含水量低、所需生物反应器体积小、无需废水处理、环境污染

[1] 白利糖度（degree Brix），符号°Bx，是测量糖度的单位，代表在 20℃下，每 100g 水溶液中溶解的蔗糖的质量（以 g 计）。

小等优点，但由于传质传热效果差，导致反应器无法放大，无法实现规模化生产。

（3）纤维素原料生产燃料乙醇

纤维素生产燃料乙醇需要首先将原料中的纤维素和半纤维素水解为单糖，再把单糖发酵成乙醇，与淀粉类和糖类原料生产燃料乙醇的差别仅在于预处理与水解工艺，其生产流程如图 2-5 所示。

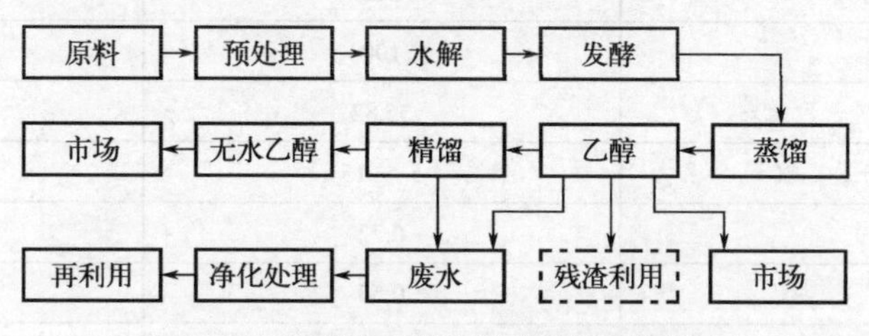

图 2-5　纤维素原料生产燃料乙醇流程

预处理的主要目的是除去木质素、溶解半纤维素及破坏纤维素的晶体结构，从而增大酶与纤维素的可接触表面，提高水解产率。常用的预处理方法包括：机械粉碎，碱、稀酸或臭氧处理破坏木质素的晶体结构，用天然褐杆菌、白杆菌和软杆菌等降解木质素。

经预处理的纤维素原料必须通过水解过程将纤维素和半纤维素水解为可发酵性糖类物质，主要有酸水解和酶水解两种方法。酸水解包括浓酸水解和稀酸水解，浓酸水解法由于成本高、污染严重等逐步被稀酸水解法替代，目前比较成熟和已经工业化的是稀硫酸渗滤水解法。酶水解法是利用纤维素酶催化水解，具有可在常温下反应、水解副产物少、糖化得率高及可以与发酵过程耦合等优点，有很大的开发潜力。

2.3.1.5　发酵工艺及提取精制

乙醇工段的主要产物是乙醇和 CO_2。乙醇发酵过程大体可分为前发酵期、主发酵期和后发酵期三个阶段。在前发酵期，醪液中的酵母数量不多，由于醪液中含有少量的溶解氧和充足的营养物质，所以酵母菌迅速繁殖，此阶段发酵作用不强，发酵温度不超过 30℃，时间 10h 左右。主发酵期，由于酵母细胞停止繁殖而主要进行乙醇发酵作用，发酵温度控制在 30 ～ 34℃，持续时间 2h 左右。后发酵期，醪液中糖分大部分已被消耗掉，尚存部分糊精继续被糖化酶作用，生成葡萄糖，但此作用十分缓慢，乙醇和 CO_2 产生量很少，发酵温度控制在 30 ～ 32℃，一般需要 40h 左右才能完成。

乙醇提取与精制工艺是制备燃料乙醇成品的最后工段，包括蒸馏和脱水等环节。用普通蒸馏法制得的乙醇，最高只能得到体积分数为 95% 的乙醇和水的恒沸物，为得到无水乙醇，还需进一步精制，主要有溶剂萃取、吸附分离、汽提分离、渗透汽化等工艺。

2.3.2　发酵制沼气工艺

2.3.2.1　沼气的理化性质

沼气是一种混合气体，其中主要成分是甲烷（CH_4），占总体积的 50% ～ 70%，其次是二氧化碳（CO_2），占总体积的25%～45%。除此之外，还含有少量的氮气（N_2）、氯气（Cl_2）、氧气（O_2）、氨气（NH_3）、一氧化碳（CO）和硫化氢（H_2S）等气体。利用CH_4、H_2和CO的燃烧可以获得能量。甲烷与沼气的主要理化性质对比如表2-3所示。

表2-3　甲烷与沼气的主要理化性质对比

特性	CH_4	标准沼气
CH_4体积分数/%	100	54～80
热值/（kJ/L）	35.82	21.52
爆炸极限（占空气体积分数）/%	5～15	8.33～25
密度/（g/L）	0.72	1.22
相对密度（与空气相比）	0.55	0.94
临界温度/℃	−82.5	25.7～48.42
临界压力/（$\times10^5$Pa）	46.4	53.93～59.35
气味	无	微臭

注：1. 爆炸极限—可燃性气体在空气或氧气中建立爆震波所需的浓度范围。
2. 临界温度、临界压力—由气态开始转为液态时的温度、压力值。
3. 标准沼气—含CH_4<60%，CO_2<40%。

（1）甲烷

分子式为CH_4，常温时呈气态，无色、无味、无臭，化学性质比较稳定。分子量16.043，密度0.717kg/m^3（标准状况），相对密度0.555（与空气相比）。纯甲烷燃烧时，火焰呈浅蓝色，每单位体积的甲烷需要约10个单位体积的空气。燃烧反应如下：

$$CH_4+2O_2 = CO_2+2H_2O+890kJ$$

测得纯甲烷火焰的最高温度约2000℃，1m^{3}纯甲烷的热值为35822kJ，接近1kg石油的热值，1m^{3}沼气的热值为17928～25100kJ。纯甲烷的爆炸下限是5%，爆炸上限是15%。沼气含60%甲烷的爆炸下限是8.33%，爆炸上限是25%。

（2）二氧化碳

在水中的溶解度极大，20℃时，100体积的水可吸收约87.8体积的二氧化碳，40℃时可吸收约53体积的二氧化碳。可以利用石灰水来吸收沼气中的二氧化碳，形成碳酸钙沉淀，提高沼气中甲烷含量和热值。

（3）硫化氢

有毒气体，微量时具有恶臭，沼气中的臭味主要来自硫化氢。一般沼气中含万分之几的硫化氢，经燃烧后，硫化氢被氧化成单质硫或二氧化硫，失去臭味，毒性减轻。

2.3.2.2　厌氧沼气发酵的主要反应原理

沼气发酵是一个（微）生物学过程。各种有机质，包括农作物秸秆、人畜粪便以及工农业排放废水中所含的有机物等，在厌氧及其他适宜的条件下，通过微生物的作用，最终转化为沼气，完成这个复杂的过程，即为沼气发酵。主要分为液化、产酸和产甲烷三个阶段进行，即三阶段厌氧发酵理论；也可以划分为两个阶段，即两阶段厌氧发酵理论。

（1）两阶段厌氧发酵理论

两阶段厌氧发酵机理如图 2-6 所示。

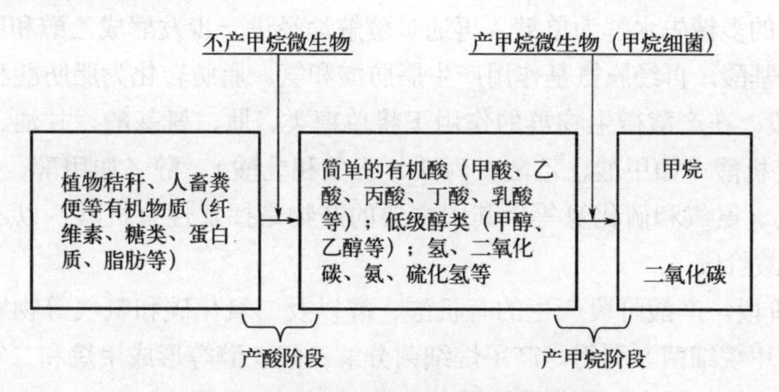

图 2-6　两阶段厌氧发酵机理示意图

第一阶段，复杂的有机物，如糖类、脂类和蛋白质等，在产酸菌（厌氧和兼性厌氧菌）的作用下被分解为低分子的中间产物，主要是一些低分子有机酸（如乙酸、丙酸、丁酸等）、低级醇类（甲醇、乙醇等），并有 H_2、CO_2、NH_3 和 H_2S 等产生。因为该阶段中，有大量的脂肪酸产生，使发酵液的 pH 降低，所以此阶段被称为产酸阶段，或称为酸性发酵阶段。

第二阶段，甲烷菌（专性厌氧菌）将第一阶段产生的中间产物继续分解成 CH_4 和 CO_2 等。由于有机酸在第二阶段不断被转化为 CH_4 和 CO_2，同时系统中有 NH_4^+ 存在，使发酵液的 pH 不断升高，所以此阶段被称为产甲烷阶段，或称为碱性发酵阶段。

（2）三阶段厌氧发酵理论

从发酵原料的物性变化来看，水解的结果是悬浮的固态有机物溶解，称为“液化”。发酵菌和产氢产乙酸菌依次将水解产物转化为有机酸，使溶液显酸性，称为“酸化”或“产酸”。产甲烷菌将乙酸等转化为甲烷和二氧化碳等气体，称为“产甲烷”。在实际的沼气发酵过程中，上述三个阶段是相互衔接和相互制约的，它们之间保持着动态平衡，从而使基质不断分解，沼气不断形成。三阶段厌氧发酵机理如图 2-7 所示。

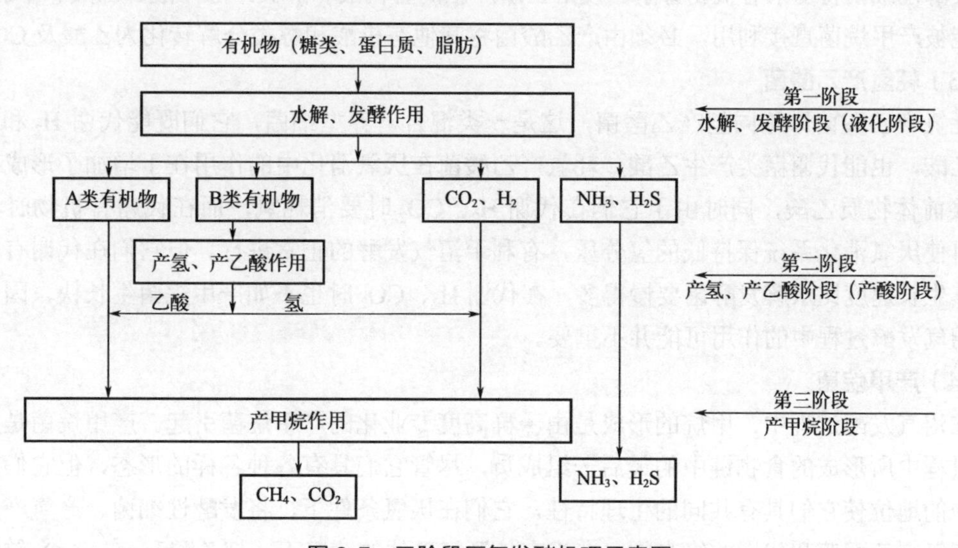

图 2-7　三阶段厌氧发酵机理示意图

① 液化阶段。农作物秸秆、人畜粪便、垃圾以及其他各种有机废弃物，都存在如糖类、蛋白质、脂肪等有机物。它们必须通过微生物分泌的胞外酶酶解，分解成可溶于水的小分子化合物。糖类中的多糖先水解为单糖，再通过酵解途径进一步发酵成乙醇和脂肪酸等。蛋白质则先水解为氨基酸，再经脱氨基作用产生脂肪酸和氨。脂肪转化为脂肪酸和甘油。

② 产酸阶段。在产酸微生物群的作用下将单糖类、肽、氨基酸、甘油、脂肪酸等物质转化成简单的有机酸（如甲酸、乙酸、丙酸、丁酸和乳酸）、醇（如甲醇、乙醇等），以及二氧化碳、氢气、氨气和硫化氢等。其中主要的产物是挥发性有机酸，以乙酸为主，约占80%，故称为产酸阶段。

③ 产甲烷阶段。产酸阶段产生的有机酸、醇以及二氧化碳和氨气等物质又被产甲烷微生物群（又称产甲烷细菌）利用。产甲烷细菌分解乙酸、醇等形成甲烷和二氧化碳，这种以甲烷和二氧化碳为主的混合气体便称为沼气。

事实上，在发酵过程中，上述三个阶段的界限和参与作用的微生物都不是严格分开的，尤其是液化和产酸两个阶段，许多参与液化的微生物也会参与产酸过程。所以，有的学者把沼气发酵基本过程分为产酸（含液化阶段）和产甲烷两个阶段。

2.3.2.3 厌氧沼气发酵的微生物类群

（1）发酵性细菌

复杂有机物如纤维素、蛋白质、脂类等不能溶解于水，必须首先被发酵性细菌所分泌的胞外酶水解为可溶性糖类、肽、氨基酸和脂肪酸后，才能被微生物所利用。发酵性细菌将上述可溶性物质吸收进细胞内，经发酵分解，将它们转化为乙酸、丙酸、丁酸等酸类和醇类以及一定量H_2、CO_2。参与这一水解发酵过程的微生物种类繁多，已研究过的就有几百种，包括梭状芽孢杆菌、拟杆菌、丁酸菌、嗜热双歧杆菌、产琥珀酸梭菌等。这些细菌多数为厌氧菌，也有兼性厌氧菌。

（2）产氢产乙酸菌

发酵性细菌将复杂有机物分解、发酵，所产生的有机酸和醇类，除甲酸、乙酸和甲醇外，均不能被产甲烷菌直接利用，必须由产乙酸菌将其他有机酸和醇类分解转化为乙酸及CO_2。

（3）耗氢产乙酸菌

耗氢产乙酸菌原称同型产乙酸菌，这是一类混合营养型细菌，它们既能代谢H_2和CO_2产生乙酸，也能代谢糖类产生乙酸。耗氢产乙酸菌在厌氧消化中的作用在于增加了形成甲烷的直接前体物质乙酸，同时由于它们在代谢H_2、CO_2时要消耗氢，而在代谢有机物时不产氢，可使厌氧消化系统保持低的氢分压，有利于沼气发酵的正常进行。但它们在代谢有机物时，其生长速度比水解发酵菌要慢得多，在代谢H_2、CO_2时也不如产甲烷菌生长快，因此它们在沼气发酵过程中的作用可能并不重要。

（4）产甲烷菌

在沼气发酵过程中，甲烷的形成是由一群高度专业化的产甲烷菌引起。产甲烷菌是厌氧消化过程中所形成的食物链中的最后一组成员，尽管它们具有各种各样的形态，但它们在食物链中的地位使它们具有共同的生理特性。它们在厌氧条件下，将发酵性细菌、产氢产乙酸菌、耗氢产乙酸菌和代谢的终产物，在没有外源氢受体的情况下，把乙酸和H_2、CO_2转化为气体产物（CH_4、H_2O），使厌氧消化系统中有机物的分解得以顺利进行。

有的产甲烷菌除代谢甲酸、甲醇、乙酸和氢产生甲烷外，还可代谢甲胺、二甲胺和三甲胺产生甲烷。近年来发现，个别菌株可代谢乙醇 /CO_2、丙醇 /CO_2、异丙醇 /CO_2 及异丁醇 /CO_2 产生甲烷。研究表明，在厌氧消化器中约有 2/3 的甲烷是由乙酸裂解形成的，而其余的大多数是来自 H_2 和 CO_2 的还原。因此，乙酸是厌氧消化器中最重要的产甲烷前体物质。

根据主要产甲烷前体物质的不同，产甲烷菌可分为食氢产甲烷菌和食乙酸产甲烷菌两个类群。食氢产甲烷菌包括甲烷杆菌属和甲烷球菌属的全部及部分甲烷微菌属，它们除了以 H_2/CO_2 生成甲烷外，多数还可利用甲酸盐生成甲烷，如甲烷杆菌属、甲烷短杆菌属、甲烷球菌属和甲烷螺菌属。此外，为厌氧消化微生物创造良好生长条件，如合适的温度、pH 等，防止有毒物质的进入，特别是控制负荷以维持酸化和甲烷化速度的平衡，都是消化器正常运转的重要因素。

2.3.2.4　沼气发酵的工艺类型

（1）按发酵温度分类

沼气发酵的温度范围一般在 10 ～ 60℃，温度对沼气发酵的影响很大，温度升高沼气发酵的产气率也随之提高，通常以沼气发酵温度划分为高温发酵、中温发酵和常温发酵 3 种。

① 高温发酵。高温发酵工艺的发酵料液温度维持在 50 ～ 60℃范围内，实际控制温度多在（53±2）℃。该工艺的特点是微生物生长活跃，有机物分解速度快，产气率高，滞留时间短。采用高温发酵可以有效地杀灭粪便中各种致病菌和寄生虫卵，具有较好的卫生效果，从除害灭病和发酵剩余物肥料利用的角度看选用高温发酵是较为实用的。

沼气发酵的产气量随温度的升高而升高，但要维持消化器的高温运行，能量消耗较大。在我国绝大部分地区，要保持沼气发酵工艺常年稳定运行，必须采用加热和保温措施，这些必要的措施会使工程投资和运行能耗增加。利用工厂余热加热及利用发酵原料本身所带的热量来维持发酵温度，是一种极为便宜的办法，如处理经高温工艺流程排放的酒精废水、柠檬酸废水和轻工食品废水等。这种方法经济方便，不需要加热装置，不消耗其他能源。

高温发酵对原料的消化速度很快，一般都采取连续进料和连续出料。高温沼气发酵必须进行搅拌，对于蒸汽管道加热的沼气池，搅拌可使管道附近的高温区迅速消失，使池内发酵温度均匀一致。

② 中温发酵。高温发酵消耗的热能太多，发酵残余物的肥效较低，氨态氮损失较大，这使中温发酵工艺得到了比较普遍的应用。中温发酵工艺发酵料液温度维持在 30 ～ 40℃范围内，实际控制温度多在（35±2）℃范围内。与高温发酵相比，这种工艺消化速度稍慢一些，产气率要低一些，但维持中温发酵的能耗较低，沼气发酵能效总体维持在一个较高的水平，产气速度比较快，料液基本不结壳，可保证常年稳定运行。由于这种工艺料液温度稳定，产气量也比较均衡，因此应用较为广泛。中温发酵工艺不同发酵温度的产气量如表 2-4 所示。

③ 常温发酵。常温发酵也称为“自然温度发酵”，是指在自然温度下进行的沼气发酵，发酵温度受气温影响而变化。我国农村户用沼气池基本采用这种工艺。这种埋地的常温发酵沼气池结构简单、成本低廉、施工容易、便于推广。其特点是发酵料液的温度随气温、地温

表 2-4　中温发酵工艺不同发酵温度的产气量

序号	不同发酵温度下的产气量 /［mL/（L·d）］			
	35℃	25℃	20℃	15℃
1	775（1）	700（0.90）	620（0.80）	525（0.68）
2	560（1）	540（0.96）	500（0.89）	450（0.80）
3	510（1）	480（0.94）	455（0.89）	395（0.78）
4	400（1）	340（0.85）	260（0.65）	200（0.50）
5	—（1）	—（0.80）	—	—（0.40）
相对产气量平均值	（1）	（0.89）	（0.80）	（0.63）

注：1. 括号内数据为相对产气量，无量纲。
2. 序号 1 ～ 5 为 5 种发酵原料在不同发酵温度下的产气数据。

的变化而变化，其好处是不需要对发酵料液温度进行控制，节省保温和加热投资，沼气池本身不消耗热量。缺点是在同样投料条件下，一年四季产气率相差较大。南方农村沼气池建在地下，一般料液温度最高时为 25℃，最低时仅为 10℃，冬季产气率虽然较低，但在原料充足的情况下可以维持用气量。但北方地区建的地下沼气池冬季料液温度仅能达到 5℃，产酸菌和产甲烷菌的代谢活动都受到了严重抑制，产气率不足 $0.01m^3/（m^3·d）$，当发酵温度在 15℃以上时，产甲烷菌的代谢活动才活跃起来，产气率明显提高，可达 0.1 ～ $0.2m^3/（m^3·d）$。因此北方的沼气池为了确保安全越冬维持正常产气，一般需建在太阳能暖圈或日光温室下，低于 10℃以后，产气效果很差。

（2）按发酵过程进料方式分类

沼气发酵微生物的新陈代谢是一个连续过程，根据该过程中进料方式的不同可分为连续发酵、半连续发酵和批量发酵 3 种工艺。

① 连续发酵。连续发酵是指沼气池加满料正常产气后，每天分几次或连续不断地加入预先设计的原料，同时也排走相同体积的发酵料液，使发酵过程连续进行下去。

大中型沼气工程通常采用这种工艺。发酵装置不发生意外情况或不检修时均不进行大出料。采用这种发酵工艺，沼气池内料液的数量和质量基本保持稳定状态，因此产气量也很均衡。这种发酵工艺的最大优点就是“稳定”，它可以维持比较稳定的发酵条件，可以保持比较稳定的原料消化利用速度，可以维持比较持续稳定的发酵产气。这种工艺流程是先进的，但发酵装置结构和发酵系统比较复杂，因而仅适用于大型的沼气发酵工程系统，如大型畜牧场粪污、城市污水和工厂废水净化处理。该工艺要求有充足的物料保证，否则就不能充分有效地发挥发酵装置的负荷能力，也不可能使发酵微生物逐渐完善和长期保存下来。处理大中型集约化畜禽养殖场粪污和工业有机废水的大中型沼气工程一般都采用连续发酵工艺，其工艺流程如图 2-8 所示。

连续发酵启动阶段完成之后，发酵效果主要通过调节进料浓度、水力滞留期、发酵温度这 3 个基本参数来进行控制。

连续自然温度发酵工艺一般不考虑最高池温，但要考虑最低池温。也就是说沼气池内的温度变化到最低点时，在选定的进料浓度和水力滞留期条件下，发酵不至于全部失效。根据我国大多数地方地下沼气池全年的温度变化数据以及一些试验数据，可供选择的水力滞留

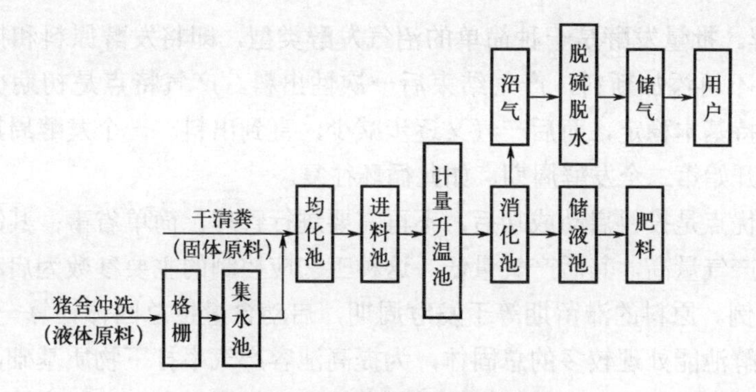

图 2-8　连续发酵基本工艺流程

期大都为 40 ～ 60d，进料总固体含量为 6% 左右。由于发酵原料总固体浓度一般不随温度变化而增减，夏季选择这种参数的沼气池在某种程度上是处于“饥饿”状态，冬季则是处于“胀肚子”状态。尽管如此，从当前情况看，这种连续自然温度发酵工艺在我国仍有广泛的发展前景。

② 半连续发酵。在沼气池启动时一次性加入较多原料（一般占整个发酵周期投料总量的 1/4 ～ 1/2），正常产气后，定期、不定量地添加新料。在发酵过程中，往往根据其他因素（如农田用肥需要）不定量地出料。到一定阶段后，将大部分料液取走另作他用。这种发酵方法，沼气池内料液的多少有变化。池容产气率、原料产气率只能计算平均值，水力滞留期则无法计算。我国农村沼气池常采用这一方法。其中的“三结合”沼气池，就是使猪圈、厕所里的粪便随时流入沼气池，在粪便不足的情况下，可定期加入铡碎并堆沤后的作物秸秆等纤维素原料，起到补充碳源的作用。

常温单级半连续发酵工艺流程如图 2-9 所示。这种发酵工艺采用的主要原料是粪便和秸秆，应控制的主要参数是启动含量、接种物比例及发酵周期。启动含量一般小于 6%，这对顺利启动有利。接种物一般占料液总量的 10% 以上，秸秆较多时应加大接种物数量。发酵周期根据气温情况和农业用肥情况来定。

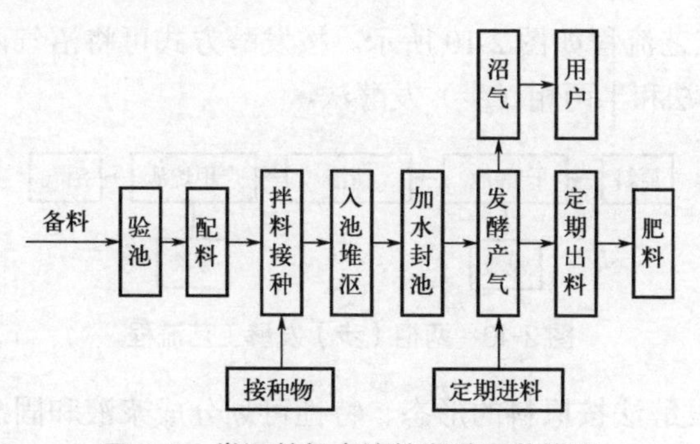

图 2-9　常温单级半连续发酵工艺流程

采用这种工艺要经常不断地补充新鲜原料，因为发酵一段时间之后，启动加入的原料已大部分分解，此时不补料产气必然很快下降。为解决这一问题，在建池时应把猪圈、厕所与沼气池连通起来，以便粪尿能自动流入池中。采用这种工艺，出料所需劳力比较多，有条件的地方尽量采用出料机具。

③ 批量发酵。批量发酵是一种简单的沼气发酵类型，即将发酵原料和接种物一次性装满沼气池，中途不再添加新料，产气结束后一次性出料。产气特点是初期少，以后逐渐增加，然后产气保持基本稳定，而后产气又逐步减少，直到出料。一个发酵周期结束后，再成批地换上新料，开始第二个发酵周期，如此循环往复。

这种工艺的优点是投料启动成功后，不再需要进行管理，简单省事；其缺点是产气分布不均衡，高峰期产气量高，其后产气量低。这种工艺应控制的主要参数为启动浓度、发酵周期及接种物的比例。原料的滞留期等于发酵周期，启动含量按总固体计算一般应高于 20%。这是为了保证发酵池能处理较多的总固体，为提高池容产气率打下物质基础，同时也便于保温和发酵残渣的再利用。发酵周期长短、换料时机要根据原料来源、温度情况、用肥季节来定。一般夏秋季的发酵周期为 100d 左右。

采用这种工艺的主要问题，一是启动比较困难，二是进出料不方便。造成启动困难的主要原因是进料浓度较高，启动时容易出现产酸过多，发生有机酸积累，使发酵不能正常进行。为避免这种问题的出现，应准备质量较好、数量较多的接种物，调节好碳氮比，并对秸秆原料进行预处理。进出料不方便是因为一次性投入秸秆较多，而沼气池的活动盖口较小，只能在试验研究中采用。有鉴于此，在实际工程中应用较少，只在以秸秆为原料的户用沼气池中使用。

(3) 按发酵工艺阶段分类

根据沼气发酵不同阶段，可将发酵工艺划分为单相发酵工艺和两相（步）发酵工艺。其中，单相发酵将沼气发酵原料投入一个装置中，使沼气发酵的产酸和产甲烷阶段合二为一，在同一装置中自行调节完，我国农村全混合沼气发酵装置和现在建设的大中型沼气工程大多数采用这一工艺。两相发酵也称两步发酵，或两步厌氧消化，该工艺是根据沼气发酵的三阶段理论，把原料的水解和产酸阶段同产甲烷阶段分别安排在两个不同的消化器中进行，水解酸化罐和产气罐的容积主要根据它们各自的水力停留时间来确定和匹配，水解、产酸池通常采用不密封的全混合式或塞流式发酵装置，产甲烷池则采用高效厌氧消化装置，如污泥床、厌氧过滤器等。

两相（步）发酵工艺流程如图 2-10 所示。按发酵方式可将沼气两相（步）发酵工艺划分为全两相（步）发酵法和半两相（步）发酵法。

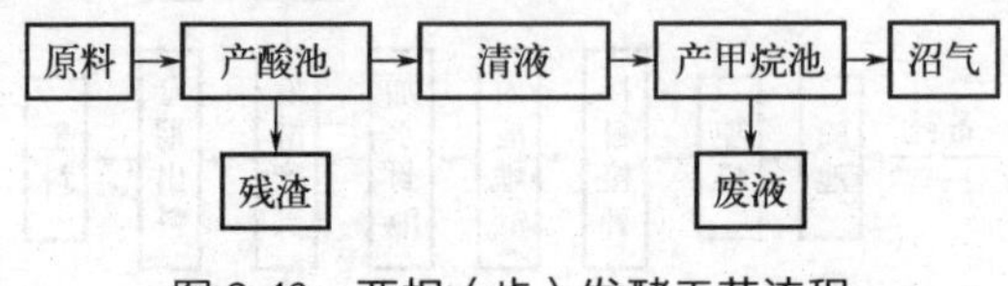

图 2-10　两相（步）发酵工艺流程

① 全两相（步）发酵法按原料的形态、特性可划分成浆液和固态两种类型。浆液型和固态型的原料可以先经预处理或者不预处理，然后进入产酸池。产酸池的特点在于：控制固体物和有机物的高浓度和高负荷；采用连续或间歇式进料（浆液原料）和批量投料（固态原料）；浆液原料采用完全混合式发酵，固态原料采用干发酵。

产酸池形成的富含挥发酸的“酸液”进入产甲烷池。产甲烷池常采用升流式厌氧污泥床（UASB）反应器、厌氧过滤器或者厌氧接触式反应器等高效反应器，能间歇或连续进料，固体物负荷率比产酸池低，可溶性有机物负荷率高。

② 半两相（步）发酵法是利用两步发酵工艺原理，将厌氧消化速度悬殊的原料综合处理，达到较高效率的简易工艺。它将秸秆类原料进行池外沤制，产生的酸液进入沼气池产气，残渣继续加水浸沤。这种工艺秸秆类原料不进入沼气池，减少了很多麻烦。

一种固体废物的两步发酵研究实例如下。先将秸秆等固体物置于喷淋固体床内进行酸化，淋洗出的酸液进入甲烷化发酵器产生沼气。利用甲烷化 UASB 的出水再循环喷淋固体床，固体床经一段产酸发酵后即自动转入干发酵而产生沼气。固体床产气率为 1.5L/（L•d），甲烷化 UASB 产气率为 3.12L/（L•d）。该喷淋固体床两步发酵工艺解决了固体原料干发酵易酸化及常规发酵进出料难的问题，适用于处理多种固体有机废物和垃圾等。其最终产物为沼气和固体有机肥料，并且没有多余的污水产生。该工艺流程见图 2-11。

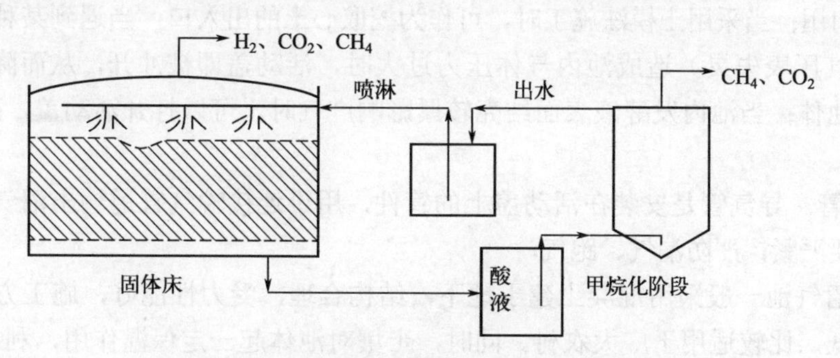

图 2-11　喷淋固体床两步沼气发酵工艺流程

2.3.2.5　典型水压式沼气池的构造及其工作原理

水压式沼气池是我国农村普遍采用的一种人工制取沼气的厌氧发酵密闭装置，推广数量占农村沼气池总量的 85% 以上。

（1）水压式沼气池的构造

水压式沼气池一般由进料管、发酵间、储气间、水压间（出料间）、活动盖、导气管等部分组成。其构造示意图见图 2-12。

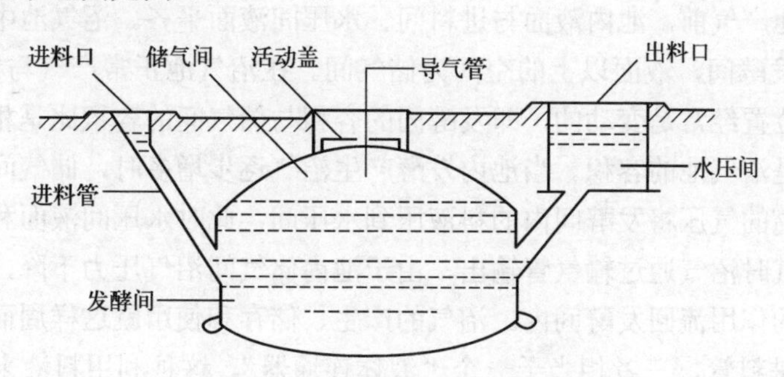

图 2-12　水压式沼气池构造示意图

① 进料口及进料管。进料口设在畜禽舍地面，由设在地下的进料管与沼气池相连通。进料管是把厕所、畜禽舍所收集的人、畜禽粪便及冲洗污水，通过进料管注入沼气池发酵间。进料口的大小根据沼气池的大小来定，不宜过大。

② 发酵间。发酵间是沼气池的主体，是储存发酵料液的空间。将一定配料比的发酵原料堆放在发酵间进行发酵。发酵间的容积根据发酵原料情况及产气率和用户需求而定。一般4口之家，建一个8～10m^{3}的沼气池就够用了。

③ 储气间。水压式沼气池的储气间与发酵间处于同一池体之中，发酵间内发酵料液以上的空间就是储气间。由于储气间是刚性的，形状大小不会改变，所以也可称为储气箱。

④ 水压间。也称出料口，是根据储存沼气和维持沼气气压及出料的需要而设置的，其大小及高度由沼气气压及储气量决定。一般一个8m^{3}的沼气池，出料间以1.5m^{3}为宜。

⑤ 活动盖。活动盖设置在池盖的顶部，呈瓶塞状，上大下小。活动盖是一个装配式的部件，可以按需要打开或关闭。活动盖的功能是：在进行沼气池的维修和清除沉渣时，打开活动盖，排出池内有害气体，通风、采光，以便操作安全；在沼气池大换料时，活动盖口可作吞吐口用；当采用土模法施工时，可作为挖取心土的出入口；当遇到某种情况（如导气管堵塞、气压表失灵）造成池内气体压力过大时，活动盖即被冲开，从而降低池内气体压力，保护池体；当池内发酵液表面结壳较厚影响产气时，可以打开活动盖，破碎浮渣层，搅动料液。

⑥ 导气管。导气管是安装在活动盖上的管件，用于连接输气管道输出沼气。安装导气管时，一定要严紧，严防漏气、跑气。

水压式沼气池一般采用混凝土建于地下，结构合理，受力性能好，施工方便，省工省料，造价较低，比较适用于广大农村。同时，土壤对池体起一定保温作用，利于冬季保温。但水压式沼气池气压不稳定，对产气不利，也给燃烧器的设计带来困难，对防渗漏的要求较高。

为了充分发挥池容负载能力，提高池容产气率，在水压式沼气池发酵间池底嵌入了布料板，由布料板进行布料，形成多路曲流，增大新料扩散面，扩大池墙出口，并在内部设置塞流固菌板，延长发酵原料滞留期，使之充分发酵。池拱中部多功能活动盖下部设中心破壳输气吊笼，在输气的同时利用内部气压、气流产生搅拌作用，缓解上部料液结壳，形成了曲流布料圆形水压式沼气池。

（2）水压式沼气池的工作原理

水压式沼气池产气前，池内液面与进料间、水压间液面平齐。沼气池中的虚线表示下部固液混合料液的发酵间，液面以上的空间为储气间。在沼气池正常产气与向外供气过程中，这个液面的上下位置经常是变动的，即发酵间的容积与储气间的容积比是相对变化的，但二者容积之和永远是沼气池的容积。当池内发酵产生沼气逐步增多时，储气间内的压力相应增高，这个不断增高的气压将发酵间内的料液压到水压间，此时水压间液面和池内液面形成压力差。当用户用气时沼气通过输气管输出，由于池内储气间沼气压力下降，水压间内的发酵料液便依靠重力的作用流回发酵间内。沼气的产生、储存和使用就这样周而复始地进行。发酵间、水压间和进料管，三者相当于一个“液体连通器”。这种利用料液来回流动引起水压反复变化来储存和排放沼气的池型，就称为水压式沼气池。两个液面的高度差值，即为储气间内以水柱高度表示的压力值。其供气原理如下所述。

① 产气前。发酵原料未产气，储气间内的气体没有压力，此时的发酵间液面、水压间液面和进料管液面处于同一水平面位置。

② 产气不供气。料液发酵产气，储存在储气间内，随着气量的增多，压力升高，气体挤压发酵间的液面，迫使水压间和进料管液面上升，发酵间液面下降，气体的压力大小决定了液面的高差值。

③ 产气同时供气。用气时打开导气管的阀门，沼气通过导气管供给燃具，随着储气间内气体的减少，压力降低，水压间和进料管的液面下降，发酵间的液面上升。依靠水压间水位的自动升降，使发酵间液面与水压间、进料管液面维持在一个相对稳定的高度差上。

④ 产气太少或不产气。当发酵液料产气太少或不产气时，水压间和进料管的液面回落，同时发酵间的液面上升，直到三个液面达到同一个高度的水平面为止。

2.4　热化学转换技术

2.4.1　概述

2.4.1.1　生物质热转换的概念

生物质热转换技术就是生物质在完全缺氧或有限氧供给条件下利用热能切断生物质大分子中碳氢化合物的化学键，使之转化为小分子物质的热解，这种热解过程最终生成液体生物油、可燃气体和固体生物质炭，产物的比例根据不同的热解工艺和反应条件而发生变化。按照升温速率的不同，生物质热解可分为低温慢速热解、中温快速热解及高温闪速热解。一般来说，低温慢速热解（< 500℃）产物以木炭为主；高温闪速热解（700 ～ 1100℃）产物以可燃气体为主；中温快速热解（500 ～ 650℃）产物以生物油为主。生物质热解液化反应产生的生物油可通过进一步的分离和提取制成燃料油和化工原料；气体视其热值的高低，可单独或与其他高热值气体混合作为工业或民用燃气；生物质炭可用作活性剂等。

2.4.1.2　生物质热解的原理

在热解反应过程中，会发生一系列的化学变化和物理变化，前者包括一系列复杂的化学反应（一级、二级），后者包括热量传递和物质传递。通过对国内外热解机理研究的归纳概括，现从以下四个角度对反应机理进行分析。

（1）从生物质组成成分分析

生物质主要由纤维素、半纤维素和木质素三种主要组成物以及一些可溶于极性或非极性溶液的提取物组成。生物质的三种主要组成物常常被假设独立地进行热解，半纤维素主要在 225 ～ 350℃分解，纤维素主要在 325 ～ 375℃分解，木质素在 250 ～ 500℃分解。半纤维素和纤维素主要产生挥发性物质，而木质素主要热解为炭。生物质热解工艺开发和反应器的正确设计都需要对热解机理进行良好的理解。因为纤维素是多数生物质最主要的组成物（如在木材中平均占 43%），同时它也是相对最简单的生物质组成物，因此纤维素被广泛用作生物质热解基础研究的实验原料。最为广泛接受的纤维素热解反应途径是如图 2-13 所示两条途径的竞争。

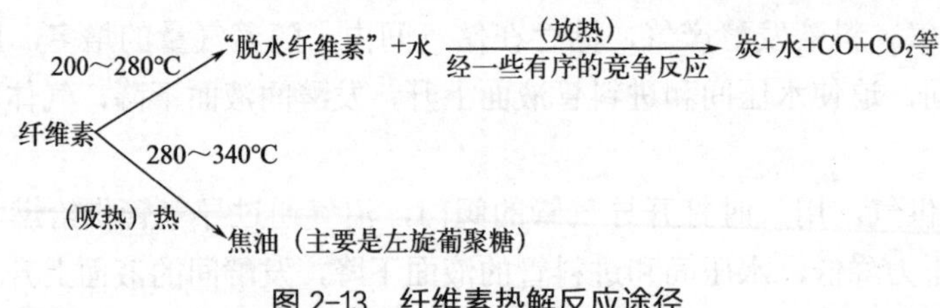

图 2-13　纤维素热解反应途径

从图 2-13 中看出，低的加热速率倾向于延长纤维素在 200 ～ 280℃范围所用的时间，结果以减少焦油为代价增加了炭的生成。

（2）从物质、能量的传递分析

首先，热量被传递到颗粒表面，并由表面传到颗粒的内部。热解过程由外至内逐层进行，生物质颗粒被加热的成分迅速分解成木炭和挥发分。其中，挥发分由可冷凝气体和不可冷凝气体组成，可冷凝气体经过快速冷凝得到生物油。一次裂解反应生成了生物质炭、一次生物油和不可冷凝气体。在多孔生物质颗粒内部的挥发分还将进一步裂解，形成不可冷凝气体和热稳定的二次生物油。同时，当挥发分气体离开生物颗粒时，还将穿越周围的气相组分，在这里进一步裂化分解，称为二次裂解反应。生物质热解过程最终形成生物油、不可冷凝气体和生物质炭（见图 2-14）。反应器内的温度越高且气态产物的停留时间越长，二次裂解反应则越严重。为了得到高产率的生物油，需快速去除一次裂解产生的气态产物以抑制二次裂解反应的发生。

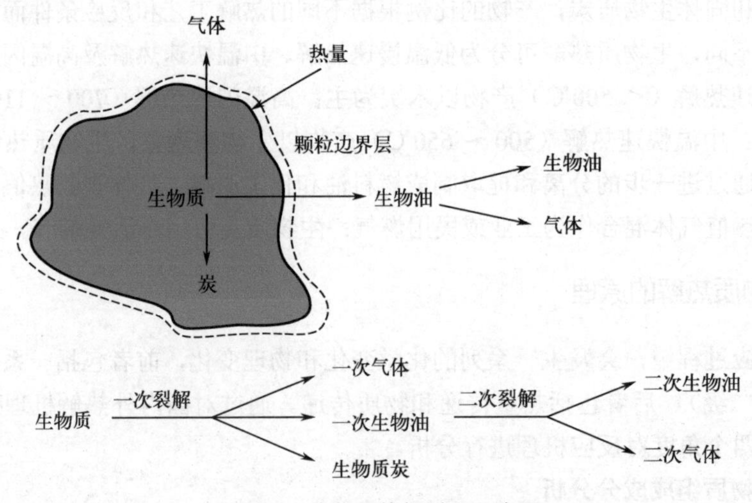

图 2-14　生物质热解过程示意图

与慢速热解产物相比，快速热解的传热过程发生在极短的原料停留时间内，强烈的热效应导致原料极迅速地去多聚合，不再出现一些中间产物，直接产生热解产物，而产物的迅速淬冷使化学反应在所得初始产物进一步降解之前终止，从而最大限度地增加了液态生物油的产量。

（3）从反应进程分析

生物质的热解过程分为三个阶段：

① 脱水阶段（室温～ 100℃）。在这一阶段生物质只是发生物理变化，主要是失去水分。

② 主要热解阶段（100 ～ 380℃）。在这一阶段生物质在缺氧条件下受热分解，随着温度的不断升高，各种挥发物相继析出，原料发生大部分的质量损失。

③ 炭化阶段（> 380℃）。在这一阶段发生的分解非常缓慢，产生的质量损失比第二阶段小得多，通常认为该阶段是 C—C 键和 C—H 键的进一步裂解所造成的。

（4）从线性分子链分解角度看

可以利用简单分子并以蒙特卡洛法（Monte Carlo method）模拟来描述反应过程，即对无规则的数字应用数学算子进行一系列的统计实验以解决许多实际问题，这种方法既要考虑时间和样品空间，也要考虑物理空间（聚合物长度），用线性链结构代替三维空间结构。用该方法可解释生物质热解反应过程。

2.4.2 热解炭化工艺

2.4.2.1 生物质炭化的概念及特性

生物质热解炭化即产物以焦炭为主，主要利用炭化设备将生物质在一定温度和缓慢升温速率下热解，并进一步加工处理成为蜂窝煤状、棒状、颗粒状等形状的固体成型燃料，能够将生物质由低品位能源转化为无污染、易储运的高品质“生物煤”能源。也可将其处理成具有其他功效的活性炭等。

木炭具有比表面积大、表面呈电负性、极性官能团多样的特点，被广泛应用于吸附材料、通过变形生产活性炭等。

2.4.2.2 生物质炭化的基本原理

根据固体燃料燃烧理论和生物质热解动力学研究，生物质热解炭化过程可分为如下阶段。首先是干燥阶段。生物质物料在炭化反应器内吸收热量，水分首先蒸发逸出，生物质内部化学组成几乎没变。其次是挥发热解阶段。生物质继续吸收热量到 200℃左右，内部大分子化学键发生断裂与重排，有机质逐渐挥发，材料内部热解反应开始，挥发分的气态可燃物在缺氧条件下，有少量发生燃烧，且这种燃烧为静态渗透式扩散燃烧，可逐层为物料提供热量支持分解。最后是全面炭化阶段。这个阶段温度在 300 ～ 550℃，物料在急剧热解的同时产生木焦油、乙酸等液体产物和甲烷、乙烯等可燃气体，随着大部分挥发分的分离析出，最终剩下的固体产物就是由碳和灰分所组成的焦炭。

生物质热解炭化是复杂的多反应过程，其工艺特点可概括为以下 3 点。①较小的升温速率，一般在 30℃ /min 以内。实验研究表明：相对于快速加热方式，慢速加热方式可使炭的产率提高 5.6%。②较低的热解终温。500℃以内的热解终温有利于生物质炭的产生和良好的品质保证。③较长的气体滞留时间。根据原料种类不同，一般要求在 15min 至几天不等。

2.4.2.3 生物质炭化装置与设施

针对前述生物质热解炭化反应的特点，要产出质量和活性都符合要求的优质炭，生物质热解炭化反应设备应有如下特点：①温度易控制，炉体本身要起到阻滞升温和延缓降温的作用；②反应是在无氧或缺氧条件下进行，反应器顶部及炉体整体密封条件必须要好；③对原料种类、粒径要求低，无需预处理，原料适应性更强；④反应设备容积相对较小，加工制造方便，故障处理容易，维修费用低。

生物质热解炭化设备主要包括两种类型，即窑式热解炭化炉和固定床式热解炭化炉。其中窑式热解炭化炉是在传统土窑炭化工艺的基础上改进的新炉型。而固定床式热解炭化炉按照传热方式的不同又可分为外燃料加热式和内燃式，另外固定床式热解炭化炉还有一种新型再流通气体加热式热解炭化炉型，也很有代表性。

（1）窑式热解炭化炉

① 传统窑式热解炭化炉。烧炭工艺历史悠久，传统的生物质炭化主要采用土窑或砖窑式烧炭工艺。其装置大多类似图 2-15 所示。首先将要炭化的生物质原料填入窑中，由窑内燃料燃烧提供炭化过程所需热量，然后将炭化窑封闭，窑顶开有通气孔，炭化原料在缺氧的环境下被闷烧，并在窑内进行缓慢冷却，最终制成炭。窑式热解炭化炉对燃烧过程中的火力控制要求十分严格，且由于窑体多是由红砖砌成，一般容积较大，多用硬质原木进行烧炭，不仅资源浪费严重，而且生产过程劳动条件差、强度大，生产周期长，污染严重，对于农村大量废弃秸秆、稻草等储量丰富的生物质原料无法热解制炭。

图 2-15　传统窑式热解炭化炉

② 新型生物质热解炭化窑。新型窑式热解炭化系统主要在火力控制和排气管道方面做了较大改变，其主要构造包括密封炉盖、窑式炉膛、底部炉栅、气液冷凝分离及回收装置。在炉体材料方面多用低合金碳钢和耐火材料，机械化程度更高、得炭质量更好、适应性更强。在产炭的同时可回收热解过程中的气液产物，生产木醋液和木煤气，通过化学方法可将其进一步加工制得乙酸、甲醇、乙酸乙酯、酚类、抗聚剂等化工用品。

（2）固定床式热解炭化炉

生物质固定床式热解炭化反应设备的优点是运动部件少、制造简单、成本低、操作方便，可通过改变烟道和排烟口位置及处理顶部密封结构来影响气流流动从而达到热解反应稳定、得炭率高的目的，更适合于小规模制炭。

① 外加热式固定床热解炭化炉。外加热式固定床热解炭化系统包含加热炉和热解炉两部分，由外加热炉体向热解炉体提供热解所需能量。加热炉多采用管式炉（图 2-16），其最

大优点是温度控制方便、精确，可提高生物质能源利用率，改进热解产品质量，但需消耗其他形式的能源。外加热式固定床热解炭化炉的热量是由外及里传递，使炉膛温度始终低于炉壁温度，从而对炉壁耐热材料要求较高，且通过炉壁表面上的热传导无法保证不同形状和粒径的原料受热均匀。

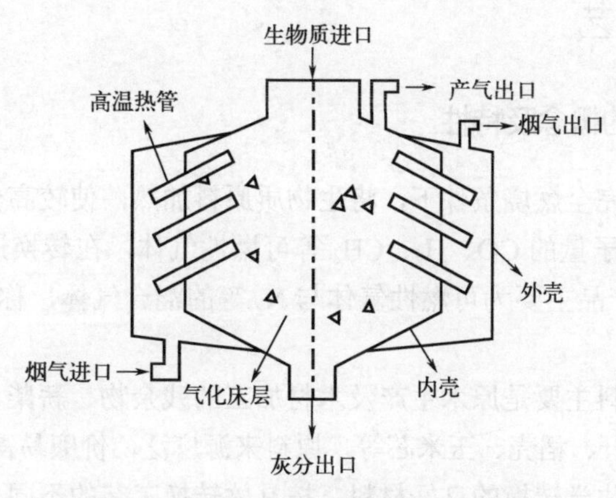

图 2-16　热管式生物质固定床气化炉

② 内燃式固定床热解炭化炉。内燃式固定床热解炭化炉的燃烧方式类似于传统的窑式炭化炉，需在炉内点燃生物质燃料，依靠燃料自身燃烧所提供的热量维持热解。内燃式与外加热式炭化炉的最大区别是热量传递方式的不同，外加热式为热传导，而内燃式炭化炉是热传导、热对流、热辐射 3 种传递方式的组合，因此，内燃式固定床热解炭化炉热解过程不消耗任何外加热量，反应本身和原料干燥均利用生物质自身产热，热效率较高，但生物质物料消耗较大，且为了维持热解的缺氧环境，燃烧不充分，升温速率较缓慢，热解终温不易控制。

③ 再流通气体加热式固定床热解炭化炉。一种新型热解炭化设备，其突出特点是可以高效利用部分生物质物料本身燃烧而产生的燃料气来干燥、热解、炭化其余生物质。国内出现的再流通气体加热式固定床热解炭化炉，其热解多利用固体燃料层燃技术，采用气化、炭化双炉筒纵向布置，炉筒下部为炉膛，炉膛内布置水冷壁，炉膛两侧为对流烟道。为保障烟气的流通，防止窑内熄火，避免炭化过程中断，这种炉型要在烟道上安装引风机和鼓风机。由于气化炉本身产生的高温燃气温度可达 600 ～ 1000℃，能充分满足炭化反应需要，因此利用这种炉型进行生物质热解炭化燃料利用率更高，更适于挥发分高的生物质炭化。该炭化炉型按照气化室部分产出的加热气体流向分为上吸式和下吸式两种。

a. 上吸式固定床炭化炉。气化炉部分采用上吸式，特点是空气流动方向与物料运动方向相反，向下移动的生物质物料被向上流动的热空气烘干和裂解，可快速、高效利用气化炉内燃料。上吸式气化炉对物料的湿度和粒度要求不高，且由于热量气流向上流动具有自发性，能源消耗相对下吸式固定床更少，经多层物料过滤后产出的供炭化炉使用的高温可燃气体灰分含量也较少，但对炉体顶部密封要求则较高。

b. 下吸式固定床炭化炉。气化炉体部分采用下吸式，与上吸式气化炉相比有 3 个优点：物料气化产生的焦油可以在物料氧化区床层上被高温裂解，生成气即炭化所需高温燃气中焦油含量较低；裂解后的有机蒸气经过高温氧化区，携带较多热量，所以下吸式气化炉气化室部分排出的气体温度更高；由于气流流动特点，下吸式气化炉在微负压条件下运行，对密封要求不高。

2.4.3 热解气化工艺

2.4.3.1 生物质气化的概念及特性

生物质气化是在不完全燃烧条件下，将生物质原料加热，使较高分子量的有机碳氢化合物链裂解，变成较低分子量的 CO、H_2、CH_4 等可燃性气体，在转换过程中要加气化剂（空气、氧气或水蒸气）。产品主要为可燃性气体与 N_2 等的混合气体，称为"生物质燃气"，或简称"燃气"。

生物质气化所用原料主要是原木生产及木材加工的残余物、薪柴、农业副产物等，包括板皮、木屑、枝杈、秸秆、稻壳、玉米芯等，原料来源广泛，价廉易得。它们所含挥发分多、灰分少，易裂解，是热化学转换的良好材料。按具体转换工艺的不同，在添入反应炉之前可根据需要进行适当的干燥和机械加工处理。

生物质气化产出的可燃气热值（低位热值），主要随气化剂的种类和气化炉的类型不同而有较大差异。我国生物质气化所用的气化剂大部分是空气，在固定床和单流化床气化炉中生成的燃气的热值通常在 4200 ~ 7560kJ/m^3 之间，属低热值燃气。采用氧气或水蒸气乃至氢气作为气化剂，在不同类型的气化炉中可产出中热值（10920 ~ 18900kJ/m^3）乃至高热值（22260 ~ 26040kJ/m^3）的燃气。生物质燃气主要用途包括：民用炊事、取暖，谷物、木材、果品、炒茶等干燥，发电，工业企业用供热或蒸汽等，还可用于合成甲醇、氨等，甚至考虑用作燃料电池的燃料。

2.4.3.2 生物质气化的基本原理

生物质气化都要通过气化炉完成，其反应过程很复杂，目前这方面的研究尚不够细致、充分。随着气化炉的类型、工艺流程、反应条件、气化剂种类、原料性质和粉碎粒度等条件的不同，其反应过程也不相同。在典型的气化条件下，气化产气组分主要包括 CO_2（19% ~ 21%）、H_2（10% ~ 16%）、O_2（1.5% ~ 2.5%）、CH_4（1% ~ 3%）、N_2（40% ~ 54%），以及少量烃类、焦油及无机组分（如 HCN、NH_3）。

生物质气化过程的基本反应包括固体燃料的干燥、热分解反应、氧化反应和还原反应四个过程。

生物质气化比较适宜处理农作物秸秆和林业废弃物等木质纤维素生物质。在空气气化过程中，空气中的氧气与生物质中的可燃组分发生氧化反应，释放出热量，为气化反应的其他过程提供所需热量，空气气化过程不需外部热源，所以空气气化是所有气化过程中最简单、最经济也是最现实的形式。但由于空气中含 79% 的氮气，它不参加反应却稀释燃气中可燃组分的浓度，因而降低了燃气的热值，燃气热值仅为 4 ~ 6MJ/m^3。氧气气化过程与空气气化过程相同，但没有惰性气体氮气稀释反应介质，在与空气相同的当量比下，反应温度提高，反应速度加快，反应器容积减小，热效率提高，气体热值也提高，燃气热值达 10 ～ 15MJ/m^3。

（1）物料干燥

生物质物料和气化剂（空气）由顶部进入气化炉，气化炉的最上层为干燥区，含有水分的物料在这里同下面的热源进行热交换，使原料中的水分蒸发出去。干燥区的温度为 50 ～ 150℃。干燥区的产物为干物料和水蒸气，干物料主要在重力作用下往下移动，水蒸气在气力抽吸下克服热浮力也往下移动。

（2）热解反应

来自干燥区的干物料、水蒸气和气化剂进入热解灰渣区后继续获得氧化区传递过来的热量，当温度达到或超过某一温度（最低约为 160℃）时，生物质将会发生热解反应而析出挥发分，反应产物较为复杂，主要为炭、氢气、水蒸气、一氧化碳、二氧化碳、甲烷、焦油和其他烃类物质等，可用化学反应方程式来近似表示：

$$CH_xO_y = n_1C + n_2H_2 + n_3H_2O + n_4CO + n_5CO_2 + n_6CH_4$$

式中，CH_xO_y 为生物质的特征分子式；n_1 ～ n_6 为视气化时具体情况待定的平衡常数。

（3）氧化反应

生物质热解产物连同水蒸气和气化剂在气化炉内继续下移，温度也会继续升高。当温度达到热解气体的最低着火点（250 ～ 300℃）时，可燃挥发分气体首先被点燃和燃烧，来自热解区的焦炭随后发生不完全燃烧，生成一氧化碳、二氧化碳和水蒸气，同时也放出大量热量。氧化区的最高温度可达 1000 ～ 1200℃，正是这个区域产生的反应热为干燥、热解和还原提供了热源。

氧化区发生的化学反应主要有：

$$C + O_2 \longrightarrow CO_2 + 393.51kJ$$

$$2C + O_2 \longrightarrow 2CO + 221.34kJ$$

$$2CO + O_2 \longrightarrow 2CO_2 + 565.94kJ$$

$$2H_2 + O_2 \longrightarrow 2H_2O + 483.68kJ$$

$$CH_4 + 2O_2 \longrightarrow CO_2 + 2H_2O + 890.36kJ$$

（4）还原反应

还原区已没有氧气存在，二氧化碳和高温水蒸气在这里与未完全氧化的炽热的炭发生还原反应，生成一氧化碳和氢气等。由于还原反应是吸热反应，还原区的温度也相应降低，为 600 ～ 900℃。

还原区发生的化学反应主要有：

$$C + CO_2 \longrightarrow 2CO - 172.43kJ$$

$$H_2O + C \longrightarrow CO + H_2 - 131.72kJ$$

$$2H_2O + C \longrightarrow CO_2 + 2H_2 - 90.17kJ$$

$$H_2O + CO \longrightarrow CO_2 + H_2 - 41.13kJ$$

$$3H_2 + CO \longrightarrow CH_4 + H_2O + 250.16kJ$$

需要说明的是，将气化炉截然分为几个工作区与实际情况并不完全相符，仅仅是为了便于分析才这样做的。事实上，一个区域可以局部地渗入另一个区域，由于这个缘故，所以，上述过程有一部分是互相交错进行的。

2.4.3.3 生物质气化装置与设施

气化炉是气化反应工程的主体设备，在该装置内生物质完成气化过程并转化为生物质燃气。根据运行方式的不同，气化炉分为固定床气化炉和流化床气化炉。同时，根据气流流动方向及流化速度的不同，又各自分为若干不同类型。

（1）固定床气化炉

目前，较为流行的固定床气化炉炉内物质是在相对静止的床层中完成干燥、热解、氧化和还原。根据气流运动方向的不同，这类气化炉有下吸式、上吸式和横吸式三种。

① 上吸式固定床气化炉。生物质在这种气化炉［图 2-17（a）］中气化时，由上部加料装置进入炉体，然后依靠自身重力下落，再由上部流动的热气流对其烘干，析出挥发组分，其原料层及灰渣层由下部的炉箅所支撑，反应后残余的灰渣从炉箅下方排出，气化剂则由下部的送风口进入，通过炉箅的缝隙均匀地进入灰渣层，被灰渣层预热后与原料层接触并发生气化反应，所产生的生物质燃气从炉体的上方被引出。该类气化炉（装置）的主要特点是气体的流动方向与物料进入方向相反，故又称逆向气化炉。这类气化炉中的原料干燥层和热解层在炉内所处的空间位置可充分利用还原反应气体的余热，可燃性气体在出口处的温度可降低至 300℃以下，故上吸式气化炉的热效率高于其他种类的固定床气化炉。此外，这种气化炉在对生物质气化过程中也可加入一定量的水蒸气，提高燃气中的含氢量及燃气热值。但因上吸式气化炉燃气中的焦油含量较高，需对燃气做进一步净化处理。

② 下吸式固定床气化炉。该类气化炉的特点在于气化剂流向和生物质进料的方向相同，故又称顺流式气化炉［图 2-17（b）］。下吸式气化炉通常设置高温喉管区，气化剂从喉管区中部偏上的位置喷入，生物质在炉内的喉管区发生气化反应，可燃气从下部吸出。下吸式气

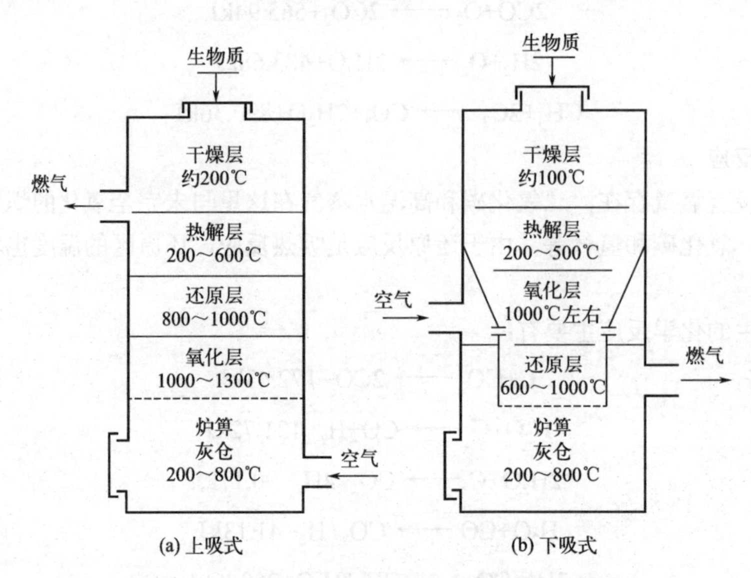

图 2-17　上吸式、下吸式固定床气化炉气化原理

化炉的热解产物必须通过炽热的氧化层，故挥发组分中的焦油可得到充分分解，燃气中的焦油含量比上吸式气化炉显著减少。该类气化炉适于较干燥的块状物料（含水量＜ 30%、灰分＜ 1%）以及含有少量较粗糙颗粒的混合物料的气化，装置的结构较简单，运行方便可靠，燃气中焦油含量较低，特别受小型发电企业的青睐。

下吸式固定床气化炉的炉身通常为圆筒形，由钢板焊接而成，气化室采用耐火材料以防止烧损炉体。炉内装有炉箅、风道和风嘴，炉外上下分别设有加料口和灰渣口。燃料从加料口送入，用炉箅托住，引燃后密封，当向炉内鼓风时即可产生燃气。鉴于物理条件的局限性，这种气化炉的直径不能太大，一般处理生物质的上限为 500kg/h，发电量仅为 500kW・h。

③ 横吸式固定床气化炉。该类气化炉的特征是将空气从侧向送入，原料由顶部落下，产生的气体从侧面流出，气体通过气化区。一般适用于含木炭量和含灰量较低的物料的气化，其工作原理如图 2-18 所示。原料由炉顶部落下后经干燥区加热干燥后进入热解区发生氧化反应、还原反应和气化反应，产生的可燃气从炉体侧面出口处输出。

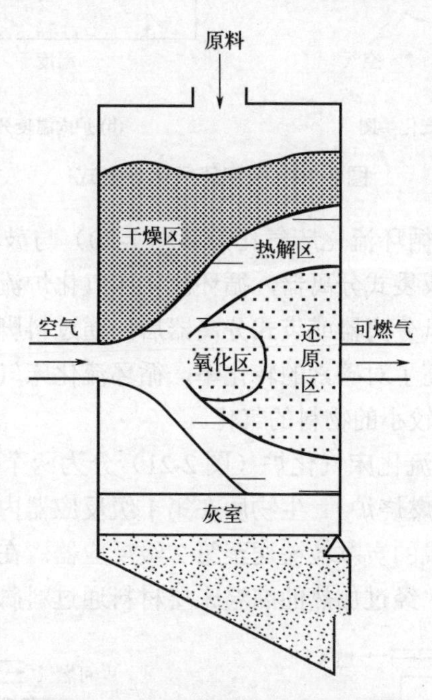

图 2-18　横吸式固定床气化炉原理

此外，还有一种被称作开心式固定床气化炉，采用转动炉栅替代高温喉管区，它是由我国自主研制而成的，主要应用于稻壳的气化，现已进入商业化运行阶段。

（2）流化床气化炉

流化床气化炉具有一个热砂床，生物质的燃烧与气化均在流态化的热砂床中进行。目前大多数该类装置选择用惰性材料（石英砂）作为流化介质。气化前先使用辅助燃料（如燃油或天然气）燃烧加热床料，然后将生物质送入流化床与气化剂进行气化反应，在此过程中所产生的焦油也可在流化床内分解。流化床原料的颗粒度较小，以便气固两相能充分接触反应，提高反应速度和气化效率。若采用秸秆作为气化原料，因灰渣中不能燃烧的组分熔点低，易产生床结渣而失去流化作用，因此，运行温度需严格控制在700～800℃。

根据流化床气化炉供应生物质材料方式的不同，可将其分为鼓泡床气化炉、循环流化床气化炉、双流化床气化炉和携带床气化炉。

① 鼓泡床气化炉。鼓泡床气化炉（图2-19）是最基本、最简便的气化炉，只设一个反应器，气化后所生成的可燃性气体直接进入净化系统，该类气化炉气化速度较慢，只适用于颗粒度较大的物料。因此，存在飞灰和炭颗粒夹带严重等问题，一般不适用于小型气化系统。

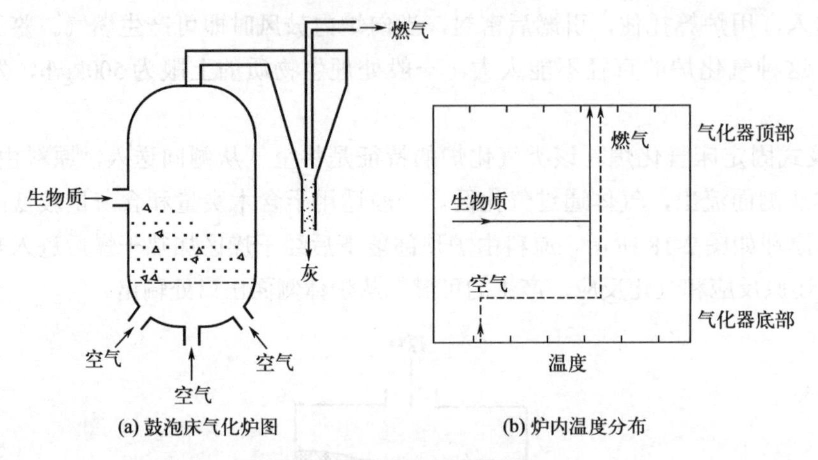

图2-19　鼓泡床气化炉模式

② 循环流化床气化炉。循环流化床气化炉（图2-20）与鼓泡床气化炉的区别在于其气化气出口处设有旋风分离器或袋式分离器，循环流化床气化炉流化速度较快，产出的气体中含有大量固体颗粒，在经旋风分离器或袋式分离器后，通过料脚将这些固体颗粒预热后返回流化床继续反应，这样就提高了对碳素的转化率，循环流化床气化炉的反应温度通常控制在700～900℃，适用于颗粒度较小的物料的气化。

③ 双流化床气化炉。双流化床气化炉（图2-21）分为两个组成部分，即第1级反应器（气化炉）和第2级反应器（燃烧炉）。生物质在第1级反应器内发生裂解反应，所产生的可燃气被送至净化系统，而生成的炭颗粒被送至第2级反应器。在第2级反应器中炭进行气化燃烧反应，使床层温度升高，经过加热的高温床层材料通过料脚返回第1级反应器，从而保

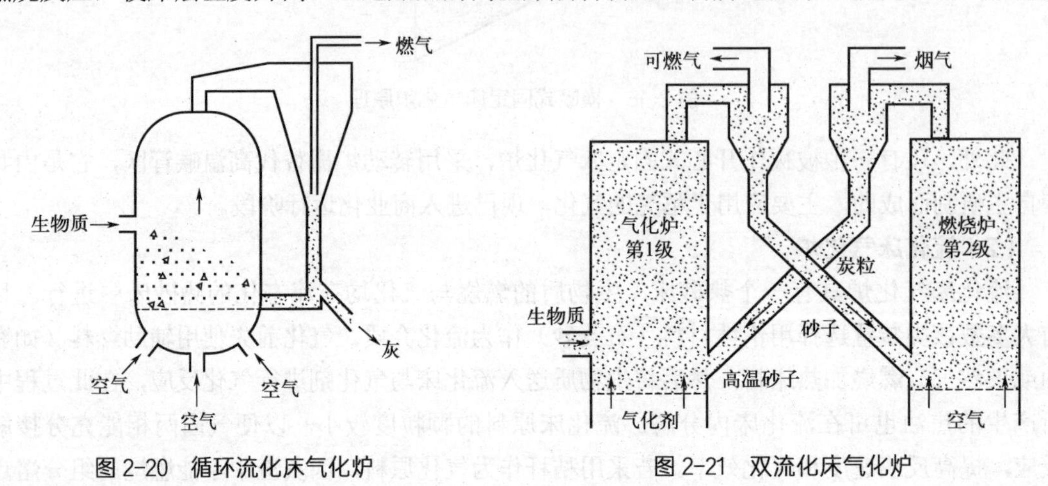

图2-20　循环流化床气化炉　　图2-21　双流化床气化炉

障第 1 级反应器的热源。

④ 携带床气化炉。携带床气化炉是一种从鼓泡床气化炉、循环流化床气化炉及双流化床气化炉中派生出的新型气化炉，它能不使用惰性材料作为流化介质，而由气化剂直接吹动生物质，依靠气流输送原料。该气化炉要求原料被破碎成很小的颗粒，气化温度高至 1100 ～ 1300℃。产出气体中的焦油成分及冷凝物含量很低，碳转化率可达 100%，然而这种气化炉却因运行温度高，易导致焦油与灰渣烧结，故这种气化炉选择何种适合的生物质进行气化较难掌握。

2.4.3.4　生物质气化发电

生物质气化发电的基本原理是把生物质转化为可燃气，然后再利用可燃气来推动燃气发电设备进行发电。生物质气化发电过程包括三个方面：一是生物质气化，把固体生物质转化为气体燃料；二是气体净化，气化出来的燃气都带有一定的杂质，包括灰分、焦炭和焦油等，需经过净化系统把杂质除去，以保证燃气发电设备的正常运行；三是燃气发电，利用燃气轮机或燃气内燃机进行发电，有的工艺为了提高发电效率，发电过程增加了余热锅炉和蒸汽轮机。

生物质气化发电是所有可再生能源技术中最经济的一种发电技术，综合发电成本已接近小型常规能源的发电水平，是一种很有前途的现代生物质能利用技术。

2.4.4　热解液化工艺

（1）生物质热解液化的概念

生物质热解液化是在中温（500 ～ 650℃）、高加热速率（104 ～ 105℃/s）和极短气体停留时间（＜ 2s）的条件下，将生物质直接热解，产物经快速冷却，可使中间液态产物分子在进一步断裂生成气体之前冷凝，从而得到高产量的生物质液体油。如果反应条件合适，可获得原生物质 80% ～ 85% 的能量，生物油产率可达 70% 以上。该技术最大的优点在于生物油具有较高的体积能量密度，易存储、输运和处理，不存在产品的就地消费问题，因而得到了国内外的广泛关注。

（2）生物质热解液化工艺流程

热解液化的一般工艺流程包括物料的干燥、粉碎、热解、固液分离、气态生物油的冷却和生物油的收集。生物质热解液化工艺流程如图 2-22 所示。

① 干燥。为减少生物油中的水分，需要对原料进行干燥，一般要求物料含水率在 10% 以下。

② 粉碎。为了提高生物油产率，必须有很高的加热速率，要求物料有足够小的粒度。不同的反应器对生物质粒径的要求也不同，旋转锥所需生物质粒径要小于 200μm，流化床要小于 2mm，传输床或循环流化床要小于 6mm，烧蚀床由于热量传递机理不同可以采用树木碎片。但是，采用的物料粒径越小，加工费用越高，因此，需在满足反应器对物料粒径要求的同时综合考虑加工成本。

③ 热解。热解液化技术的关键在于要有非常高的加热速率和热传递速率，要严格控制

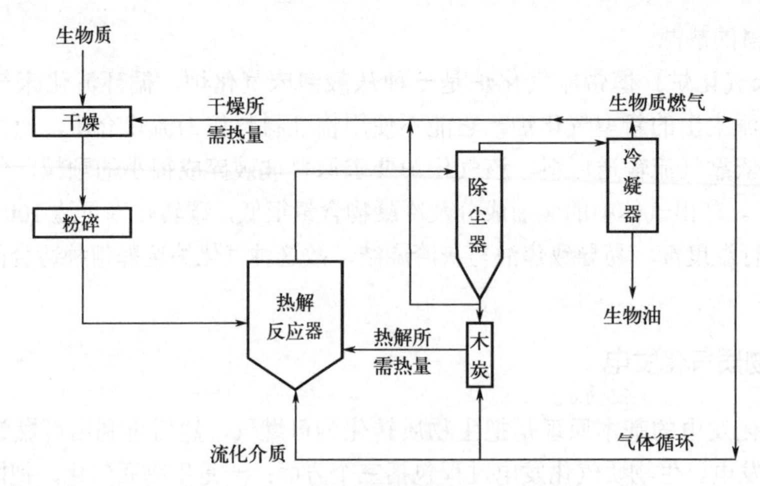

图 2-22　生物质热解液化工艺流程

温度以及热解挥发分的快速冷却。只有满足这样的要求，才能最大限度地提高产物中油的比例。在目前已开发的旋转锥反应器、流化床反应器、烧蚀床反应器等多种类型反应器中，还没有最理想的类型。

④ 固液分离。几乎所有的生物质灰分都被留在产物炭中，所以分离炭的同时也分离了灰。但是，从生物油中分离炭较为困难，而且炭的分离并不是在所有生物油的应用中都是必要的。因为炭会在二次热解中起催化作用，并且在液体生物油中产生不稳定因素，所以，对于要求较高的生物油生产工艺，快速彻底地将炭和灰从生物油中分离出来是必需的。

⑤ 气态生物油的冷却。热解挥发分由产生阶段到冷凝阶段的时间及温度影响液体产物的质量及组成，热解挥发分的停留时间越长，二次热解生成不可冷凝气体的可能性越大，因此需快速冷却挥发产物。

⑥ 生物油的收集。生物质热解反应器的设计除需对温度进行严格控制外，还应在生物油收集过程中避免生物油多种重组分的冷凝而导致反应器堵塞。

(3) 生物质热解液化反应器类型

快速热解反应器最主要的特点是：具有非常高的加热及热传导速率；可以提供严格控制的反应中温；热解蒸汽得到迅速冷凝。目前，只有传输床和循环流化床系统实现商业化，用于生产调味品。流化床是理想的研究开发设备，在许多国家得到了广泛的研究并已达到小型示范试验厂的规模。相信未来热解反应器在性能提高及成本降低等方面会得到实质性发展。

① 旋转锥反应器生物质闪速热解液化装置。旋转锥反应器是一种新型的生物质热解反应器，它能最大限度地增加生物油的产量。除生物质热解外，旋转锥反应器还可用于页岩油、煤、聚合物、渣油的热解。该技术是世界上先进的生物质热解液化技术之一。

旋转锥反应器生物质闪速热解液化装置组成如图 2-23 所示，该装置包括喂入、反应器、收集三个主要部分。

a. 喂入部分。由氮气喂入（1）、物料（木屑）喂入（2）和砂子喂入（4）组成。预先粉碎的生物质被喂料器输送到反应器中，并且在喂料器和反应器之间通入一些氮气以加速生物质颗粒的流动，防止生物质颗粒堵塞喂料器与反应器；与此同时，预先加热的砂子也被传送到反应器中。

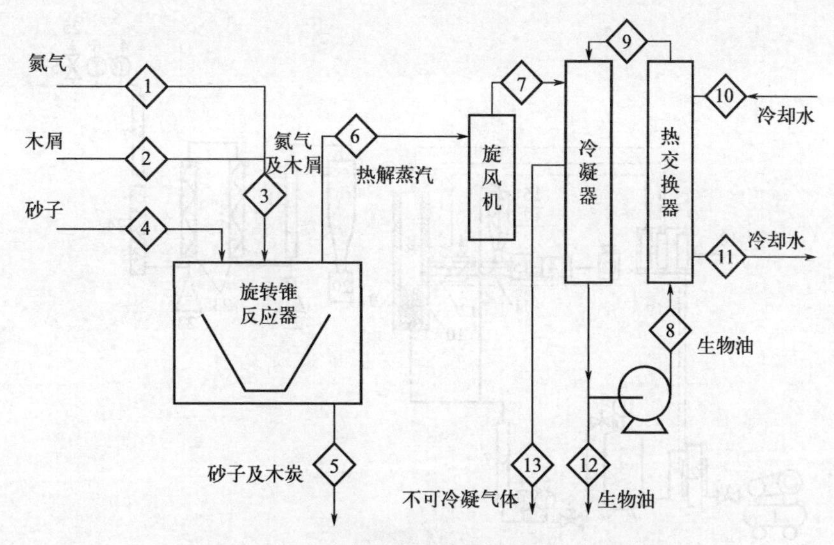

图 2-23　旋转锥反应器生物质闪速热解液化装置组成

b. 反应器部分。喂入旋转锥反应器底部的生物质与预先加热的惰性热载体砂子一起沿着高温锥壁呈螺旋状上升，在上升过程中，炽热的砂子将其热量传给生物质，使生物质在高温下发生热解而转变成热解蒸汽（6），这些蒸汽迅速离开反应器以抑制二次热解。

c. 收集部分。由旋风机（7）、热交换器及冷凝器（9）、砂子及木炭接收砂箱（5）组成。离开反应器的热解蒸汽首先进入旋风机（7），在旋风机中固体炭被分离出去，接着，热解蒸汽进入冷凝器中，大部分蒸汽被冷凝而形成生物油（8），产生的生物油在冷凝器和热交换器中循环，其热量被冷却水（11）带走，最后生物油从循环管道（12）中放出。不可冷凝的热解气体（13）排空燃烧。使用后的砂子及产生的另一部分炭被收集到连接在反应器下端的收集砂箱中，砂子可以重复利用。应该说明一点，在商业化装置中，不可冷凝的热解蒸汽及木炭将燃烧用于加热反应器，以提高系统的能量转换效率。

② 流化床反应器生物质闪速热解液化装置。流化床反应器生物质闪速热解液化装置是以流化床反应器为主体的系统，其主要由 5 部分组成，如图 2-24 所示。

a. 惰性载气供应部分。该部分由空气压缩机、贫氧气体发生器（炭箱）和气体缓冲罐组成。空气压缩机可将气体压缩，获得一定压力的气体。贫氧气体发生器为一不锈钢圆柱体，外部包有加热元件。在此发生木炭燃烧反应，消耗掉空气中的氧气。气体缓冲罐可储存一定压力的贫氧气体，以供试验用。

b. 物料喂入部分。该部分主要包括料仓、螺旋进料器，以及调压器、电机和减速器等辅助设备。料仓内设有搅拌器和惰性气体入口。螺旋进料器由电机带动。因生物质颗粒的表面不光滑且形状不规则，颗粒之间容易搭接或黏着，会造成螺旋进料器绞龙空转而无物料进入反应器，因此，在料仓内设有搅拌器，防止物料搭接形成空隙，保证连续给料。同时，试验中为了防止反应器内的高压、高温气体反窜回料仓，通过料仓顶部的进气口，通入贫氧烟气，使料仓内也具有一定的压力。物料能靠重力和惰性气体的输送作用及绞龙的旋转顺利进入反应器。通过调节调压器电压，改变电机的速度，从而改变进料率。调压器为 TDGC110.5 型接触调压器，电机为单相串激电机，减速器为 WDH 型涡轮减速器。

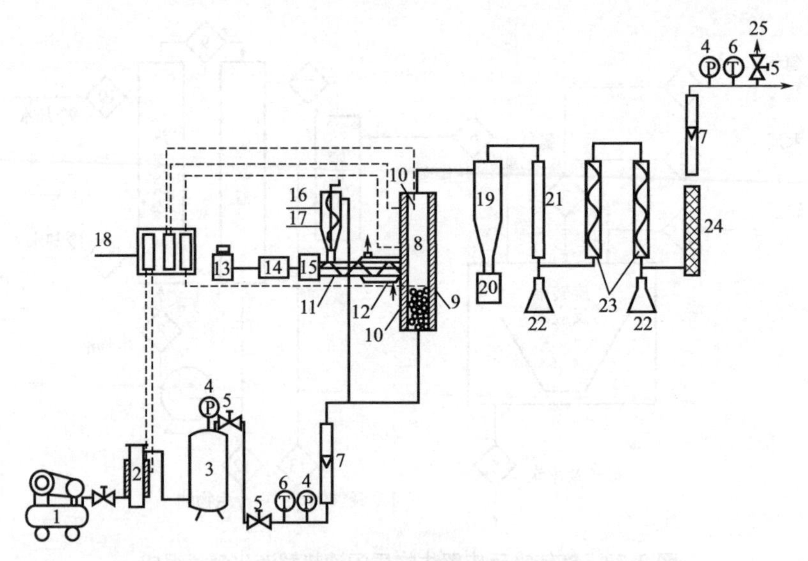

图 2-24　流化床反应器生物质闪速热解液化装置系统示意图

1—空气压缩机；2—贫氧气体发生器；3—气体缓冲罐；4—压力表；5—气阀；6—玻璃管温度计；7—转子流量计；8—流化床反应器；9—电加热元件；10—热电偶；11—螺旋进料器；12—套管式冷凝器；13—调压器；14—电机；15—减速器；16—搅拌器；17—料仓；18—温度显示控制器；19—旋风分离器；20—集炭箱；21—金属管冷凝器；22—集油瓶；23—球形玻璃管冷凝器；24—过滤器；25—气体取样口

由于螺旋进料器与反应器紧密连成一体，为防止接口处过早地发生热解反应，产生的少量生物油和炭集结于此妨碍进料，在螺旋进料器接近流化床部分焊接了一段冷却套管，以水作为冷却介质降低该部分的温度。

c. 反应器部分。反应器由内径为 100mm 的不锈钢管制成。整体反应器高 600mm。反应器最高设计温度为 1000℃，钢管外部绕有电阻丝作为加热元件，加热元件外部覆盖耐高温和保温材料。加热元件分为上、中、下三部分，总功率为 6kW。下部电阻丝预热惰性载气，中部和上部电阻丝用于加热流化床并维持床内恒温。

d. 产物收集部分。该部分由旋风分离器、冷凝器和过滤器组成。生物质炭由旋风分离器和集炭箱收集；热解气中可冷凝的部分由金属管冷凝器和球形玻璃管冷凝器冷凝，收集于集油瓶中。过滤器将附着在气体分子表面的焦油滤掉，使得干净的气体流出，用胶皮质气袋收集后进行分析，剩余气体排空燃烧。

e. 测量控制部分。包括热电偶、温度显示控制器、玻璃管温度计、转子流量计、压力表、稳压器和台秤。热电偶为 Cr-Al（K）型，测量范围为 250 ～ 1372℃，热电偶用于测量贫氧气体发生器和流化床反应器的温度。温度显示控制器为 Eurotherm 91 型，它与热电偶相连，显示贫氧气体发生器及反应器的温度。通过加热元件的电路控制贫氧气体发生器及反应器温度达到设定值。玻璃管温度计、转子流量计和压力表分别测量贫氧气体进口和反应器出口气体的温度、流量和压力；稳压器控制气体流量在所需要的范围内，台秤用于测量反应前后的生物质物料、集炭箱、集油瓶和过滤器的质量。

（4）生物质热解液化产物

① 生物质炭。生物质炭为黑色物质，其主要成分为 C 及少量的 H、O、N 和灰分，具有热值较高、燃烧时无烟、反应能力强等特点。生物质炭在生活与生产中得到了广泛应用，如

可直接用作民用燃料或用气化炉转化为气体燃料，作机械零件的渗碳剂，可与硝酸钾、硫黄配制黑火药，可用于金属冶炼和铸铁，可制成石墨制品，可加工成活性炭等。

② 生物油。生物质热解液化产生的生物油可以直接应用或通过中间转换途径转变成次级产物。如用于燃烧发电或替代柴油燃料，制取精细化学品、肥料等。

2.4.5 高压液化工艺

（1）高压液化的概念

生物质高压液化技术是指生物质和溶剂在反应温度为200～400℃、反应压力为5～25MPa、反应时间为2min至数小时的条件下，通过一系列化学物理作用将其转变为含氧的有机小分子，得到液体产品的技术。

（2）高压液化的原理

植物类生物质主要由纤维素、半纤维素、木质素组成。生物质高压液化过程主要是纤维素、半纤维素和木质素这三大组分的解聚和脱氧。在液化过程中，纤维素、半纤维素和木质素被降解成低聚体，低聚体再经脱羟基、脱羧基、脱水或脱氧形成小分子化合物。这些小分子化合物可以通过缩合、环化、聚合生成新的化合物。

纤维素是由脱水D-吡喃式葡萄糖基通过相邻糖单元的1位碳和4位碳之间的β-糖苷键连接而成的一个线性高分子聚合物，分子聚合度一般在104以上，其结构中C—O—C键比C—C键弱，易断开而使纤维素分子发生降解。纤维素降解的产物主要含左旋葡萄糖，还有少量水、醛、酮、醇、酸等。半纤维素在化学性质上与纤维素相似，是由不同的已糖基、戊糖基组合，通过β-1,4-氧桥键连接而成的不均一聚糖，其聚合度为150～200，比纤维素小，结构无定形，易溶于碱性溶液，易水解，热稳定性比纤维素差，热解容易。半纤维素降解产物主要有乙酸、甲酸、甲醇、酮以及糠醛等。

在生物质高压液化过程中，纤维素和半纤维素的热解主要是两种类型的反应，一种是在低温下大分子逐步降解、分解、结焦；另一种是高温下快速挥发，其间伴随左旋葡萄糖形成。加压可以抑制纤维素和半纤维素解聚，从而减少液化过程中气态产物生成，同时又促进了交联和脱水等反应。

纤维素和半纤维素的降解如下所示。

解聚：$(C_6H_{10}O_5)_x \longrightarrow xC_6H_{10}O_5$

脱水：$C_6H_{10}O_5 \longrightarrow 2CH_3—CO—CHO+H_2O$

加氢：$CH_3—CO—CHO+H_2 \longrightarrow CH_3—CO—CH_2OH$

$CH_3—CO—CH_2OH+H_2 \longrightarrow CH_3—CHOH—CH_2OH$

$CH_3—CHOH—CH_2OH+H_2 \longrightarrow CH_3—CHOH—CH_3+H_2O$

木质素是由苯丙烷结构单元以C—C键和C—O键连接而成的复杂芳香族聚合物，其分子结构中相对弱的是连接单体的氧桥键和单体苯环上的侧链键，受热易发生断裂，形成活泼的含苯环自由基，极易与其他分子或自由基发生缩合反应生成结构更稳定的大分子，进而结焦。木质素降解产物主要为芳香族化合物和少量的酸、醇等。一般认为，在250℃时，木质素就会发生热分解而产生酚自由基，自由基又可以通过缩合和重聚形成固体残留物。当停留时间过长时，由于高压液化所生成的生物原油中重组分的缩聚，生物原油的产率会下降，固体残留物的含量会上升。因此，通常向反应体系中引入氢或其他的稳定剂以限制中间产物发生缩聚等反应。对木质素的研究发现，β—O—4 键的断裂是液化反应的主渠道。

（3）高压液化的工艺流程

生物质高压液化技术是把添加了某些溶剂和催化剂的生物质原料加入高压反应器，然后通入氢气或惰性气体，在适当的温度和压力下通过热化学过程使原料反应液化，其工艺流程如图 2-25 所示。

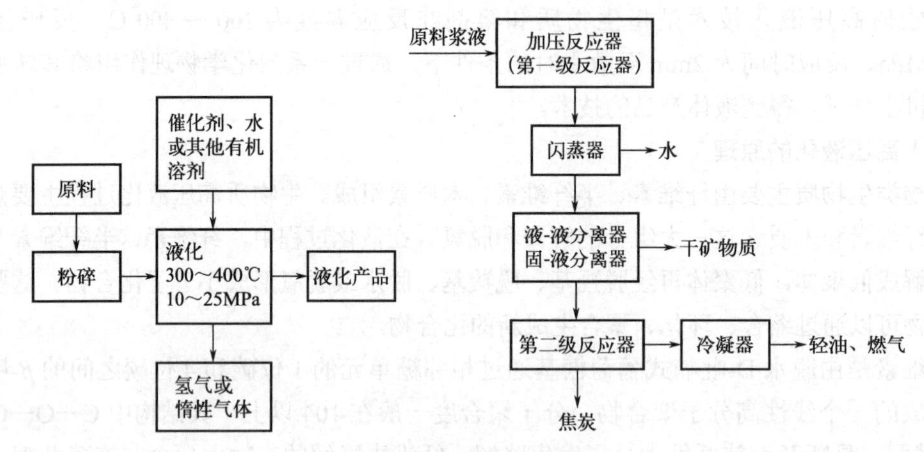

图 2-25　高压液化工艺流程

与快速热解液化相比，高压液化工艺避免了一些苛刻要求，如极高的加热速率和极短的气相停留时间等，反应温度也比快速热解低，工程上较易实现。此外，该工艺一般在液相中进行，这样生物质原料就不必预先干燥，从而节约大量能量。选择合适的加压气体、溶剂、反应温度、反应压力和催化剂是高压液化工艺提高生物原油产率的关键。

高压液化工艺主要包括三个步骤：

① 原料通过漏斗时研磨并与水混合形成浆液，然后用泵加压送入第一级反应器（压力 4 ～ 6MPa、温度 200 ～ 300℃）中，反应 15 ～ 30min 进行第一次裂解；

② 第一级裂解浆液进入闪蒸器减压脱水（这些水返回，给流入第一级反应器的流体进行预热），然后经过液-液分离装置分离出油相（主要是生物原油），并用固-液分离装置分离出干矿物质；

③ 闪蒸产生的生物原油进入第二级反应器，在常压下加热至 500℃左右，进行第二次裂解，产生轻油、焦炭和燃气，反应所得的燃气作为整个流程的加热燃料。

高压液化工艺流程的显著优点是：

① 原料与水充分混合，热量传递迅速，因此反应过程不需要太高的温度和压力（＜ 10MPa）；

② 闪蒸减压过程中释放了浆液中 90% 的水分，能耗要比热解工艺使用的加热脱水低得多，而且水可循环使用，因此节水、节能，还减少了环境污染；

③ 分离的可燃气体可作为加热的燃料；

④ 液化产生的生物原油产率能达 35% 左右，热物理性能和传统柴油性能接近，在一些

场合可以作为传统柴油替代产品；

⑤ 原料来源广泛。

2.5　其他转换技术

2.5.1　酯交换法制生物柴油

（1）生物柴油的概念

生物柴油，即由动植物、微生物油脂通过酯交换反应制备的脂肪酸单烷基酯，通常为脂肪酸甲酯（FAME）。生物柴油可以直接替代石化柴油应用于内燃机，并具有可再生、污染小、易降解等优点，是一种优质可再生清洁能源。与生物柴油容易混淆的有：通过纤维素生物质高温裂解液化制备的生物油；通过油脂加氢制备的烷基柴油；通过纤维素生物质气化制备合成气再通过 F-T 合成制备的生物质液体燃料。

（2）生物柴油的优缺点

生物柴油有许多优点，主要如下：

① 具有优良的环保特性。主要表现在生物柴油中硫含量低，使得二氧化硫和硫化物的排放低，可减少约 30%（有催化剂时减少约 70%）；生物柴油中不含对环境会造成污染的芳香族烃类，因而废气对人体损害低于柴油。检测表明，与普通柴油相比，使用生物柴油可降低 90% 的空气毒性，降低 94% 的患癌率；由于生物柴油含氧量高，其燃烧时排烟少，一氧化碳的排放与柴油相比减少约 10%（有催化剂时减少约 95%）；生物柴油的生物降解性高。

② 具有较好的低温发动机启动性能。无添加剂冷凝点达−20℃。

③ 具有较好的润滑性能。使喷油泵、发动机缸体和连杆的磨损率降低，使用寿命延长。

④ 具有较好的安全性能。由于闪点高，生物柴油不属于危险品。因此，在运输、储存、使用方面的安全性是显而易见的。

⑤ 具有良好的燃料性能。十六烷值高，使其燃烧性好于柴油，燃烧残留物微酸性，使催化剂和发动机机油的使用寿命加长。

⑥ 具有可再生性能。作为可再生能源，与石油储量不同，通过农业和生物科学家的努力，生物柴油可供应量不会枯竭。

⑦ 无需改动柴油机，可直接添加使用，同时无需另添设加油设备、存储设备及人员的特殊技术训练。

⑧ 生物柴油以一定比例与石化柴油调和使用，可以降低油耗、提高动力性，并降低尾气污染。

生物柴油主要有以下几个缺点：

① 生物柴油热值略低于石化柴油。

② 由于生物柴油具有弱酸性，因此对柴油机及其附件具有一定的腐蚀性，对未升级输油管路的较老旧车辆，使用时可能存在安全隐患。

③ 闪点高造成点火性能不好。

④ 可再生性具有一定限制，原料在一定历史时期内可能无法“按需供应”，只能在有限的市场中供应。

（3）酯交换法制生物柴油生产流程

生物柴油经过多年研究和发展，其生产技术和使用技术已经发展到相当的深度。早期利用油脂高温热解生产汽油、柴油的技术，因转化率低、能耗高、经济性差而被淘汰。现在生物柴油生产技术主要有物理法和化学法两大种类，见图 2-26。

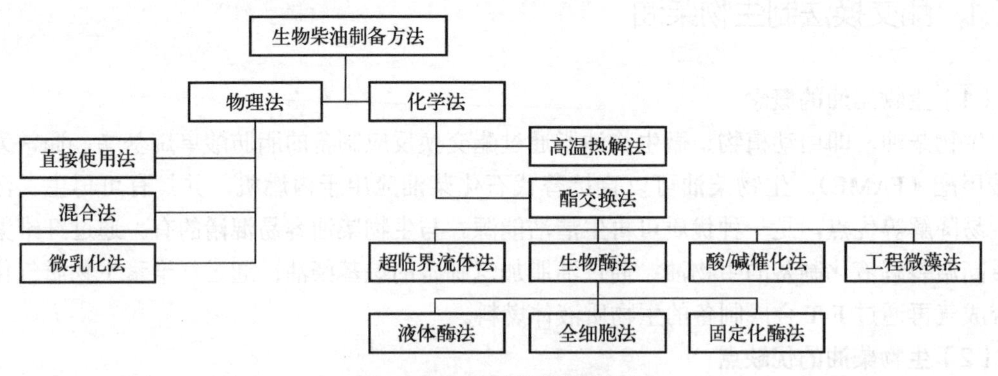

图 2-26　生物柴油制备方法

目前世界范围内，生物柴油主要是用化学法生产，即用动植物油脂和甲醇或乙醇等低碳醇在碱性催化剂下进行酯交换反应，但该方法合成生物柴油存在生产成本高、能耗大、环境污染严重等诸多问题。为解决化学法存在的问题，人们开始研究用生物酶法合成生物柴油，即动植物油脂和低碳醇通过脂肪酶催化进行酯交换反应，制备相应的脂肪酸甲酯及脂肪酸乙酯。生物酶法合成生物柴油具有条件温和、醇用量小、无污染物排放、对原料油脂无选择性等优点。但是，目前生物酶法又存在脂肪酶成本较高，酶使用寿命短和副产物甘油和水难以回收，不但形成产物抑制，而且甘油对固定化酶有毒性，使固定化酶使用寿命缩短等缺点。

美国主要利用过剩的大豆油，欧洲和北美主要利用过剩的菜籽油，马来西亚发挥自身的物种资源优势主要利用棕榈油，印度主要利用非食用木本油料如麻风树油，日本主要利用过剩的鲸鱼油来生产生物柴油。我国的食用油料不足，科研人员围绕生物柴油原料问题开展了大量的工作，所涉及的原料多种多样，但餐饮废油、麻风树油等非食用油料受到越来越多的关注。

下面主要介绍化学合成法、生物酶法、超临界流体法和工程微藻法四种常用技术。

① 化学合成法（酸 / 碱催化法）。化学合成法即用动物和植物油脂与甲醇或乙醇等低碳醇在酸性或者碱性催化剂作用下进行酯交换反应，生成相应的脂肪酸甲酯或脂肪酸乙酯，再经洗涤干燥即得生物柴油，生产过程中可产生 10% 左右的副产品甘油。其工艺简图见图 2-27。酸催化反应的催化剂可选用浓硫酸、苯磺酸和磷酸等，在酯交换过程中不会发生皂化反应，但反应速率较慢；碱催化的反应时间短，工艺较成熟，目前生产厂家大都采用该法生产生物柴油。在碱催化生产生物柴油的工艺中，使用的催化剂是有毒、易燃、具腐蚀性的甲氧基钠，为了提炼生物柴油，需要酸中和、水洗和分离等一系列复杂的工序，催化剂在生产过程中往往被溶解，无法再回收利用。化学法合成生物柴油工艺复杂，醇必须过量，后续工艺必

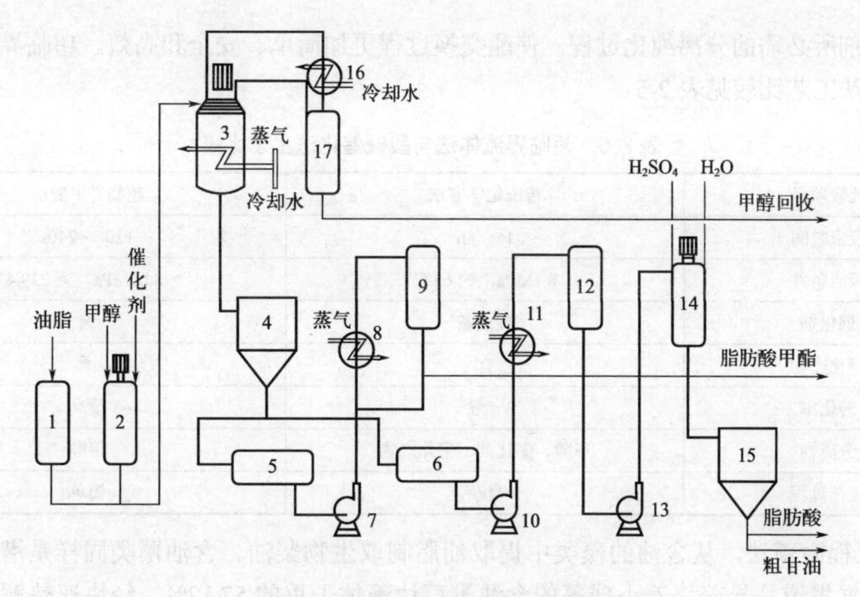

图 2-27　间歇式油脂醇解工艺简图

1—油脂储槽；2—甲醇储槽；3—酯交换反应器；4，15—沉降器；5—甲酯收集器；6—甘油收集器；7, 10, 13—料泵；8, 9—甲醇蒸发器；11, 12—甲醇闪蒸器；14—肥皂分离器；16—甲醇冷凝器；17—冷凝甲醇收集器

须有相应的醇回收装置；能耗高，色泽深；脂肪中不饱和脂肪酸在高温下容易变质，酯化产物难以回收，成本高；生产过程有废碱液排放。为了改进化学法合成生物柴油的不足，国内外均开展了一系列研究，主要集中在催化剂方面，包括有机碱、固体酸、固体碱、分子筛和金属催化剂等。

② 生物酶法。为解决化学合成法中存在的问题，人们开始借助生物酶法即脂酶（主要是酵母脂肪酶、毛霉脂肪酶、根霉脂肪酶等）进行酯交换反应，反应结束后，通过静置即可使脂肪酸甲酯与甘油分离，从而可获取较为纯净的柴油。生物酶法生产工艺的设备投资少，污染小，能耗低，对油脂原料的要求也比较低。因此，该法成为生物柴油生产技术研究热点之一。

目前，该方法的缺点是甲酯转化率不高，仅有 40% ～ 60%，短链醇（甲醇、乙醇）对脂肪酶毒性较大，酶寿命缩短；生成的甘油对酯交换反应产生副作用，短期内要实现生物酶法生产生物柴油仍比较困难。脂肪酶由于价格昂贵而限制了其在工业生产中的应用，解决此问题有两个办法：一是采用脂肪酶固定技术，以提高脂肪酶稳定性和重复使用性；二是将整个能产生脂肪酶的细胞作为生物催化剂。固定化脂肪酶作为催化剂的瓶颈是酶的成本高，因为在生产过程中酶的提取、纯化和固定化等工序会使大量酶丧失活性，而直接利用全细胞作催化剂则可免去以上工序，有望降低生物柴油的生产成本。

③ 超临界流体法。当流体的温度和压力处于临界温度和临界压力之上时，气态和液态将无法区分，物质处于一种施加任何压力都不会凝聚的流动状态，即超临界状态，超临界流体法制备生物柴油是指醇或油处于超临界状态下的酯交换反应。Saka 和 Kusdiana 首次提出了生产生物柴油的超临界流体法，采用这种方法反应在一预加热的间歇反应器中进行，采用超临界反应环境反应温度 350 ～ 400℃、压力 45 ～ 65MPa，菜籽油与甲醇的质量比为 1∶42，甲醇在无催化剂的条件下与菜籽油发生酯交换反应，产率高于普通的催化过程，同时避免了

使用催化剂所必需的分离纯化过程，使酯交换过程更加简单、安全和高效。超临界流体法与酸碱催化法工艺比较见表 2-5。

表 2-5 超临界流体法与酸碱催化法工艺比较

比较项目	传统化学方法	超临界甲醇法
反应时间	1 ～ 8h	120 ～ 240s
反应条件	0.1MPa，约 65℃	＞ 8.09MPa，＞ 239.4℃
催化剂	酸或碱	无
皂化产物	有	无
转化率	一般	很高
分离物	甲醇、催化剂、皂化产物	甲醇
工艺过程	复杂	简单

④ 工程微藻法。从含油的藻类中提取油脂制取生物柴油。含油藻类同样是潜在的油脂生产者。据报道，异养培养小球藻的含油量可达藻体干重的 57.12%，经快速热解可获得生物油脂。工程微藻法为生物柴油生产开辟了一条新的技术途径。利用工程微藻生产柴油的优越性在于：a. 微藻生产能力高，用海水作为天然培养基可节约农业资源；b. 比陆生植物单产油脂高出几十倍；c. 生产的生物柴油不含硫，燃烧时不排放有毒有害气体，排入环境中也可被微生物降解，不污染环境。但由于微藻属于低等植物，在基因工程改造以及进行高密度培养等技术上还要克服很大的困难。国内外有许多科学家在探索并研制“工程微藻”，希望能实现规模化养殖，降低成本，为获取油脂资源提供一条可靠的途径。

2.5.2 光解作用制氢

生物质的生物法制氢主要有两种途径，即利用光合细菌产氢和发酵产氢，与之相对应的有两类微生物菌群——光合细菌和发酵细菌。但是，由于生物质的主要成分之一——纤维素难以在低温下被纤维素降解酶降解，因而生物法制氢技术目前还难以进行商业化应用，仅处于研究阶段。因此，本小节主要介绍光催化重整生物质制氢和光解水产氢。

2.5.2.1 光催化重整生物质制氢

二氧化钛的光催化效应，在半导体 n 型 TiO_2 电极上实现了水的光电分解作用，拉开了利用太阳能分解水制氢研究的序幕。但是，由于水的分解反应是一个热力学上不能自发进行的反应，逆反应更容易发生，因此光催化分解水的效率非常低。若在水中加入甲醇、乙醇、葡萄糖等有机物，使其参与到光催化反应中，即“重整反应”，可极大地提高光催化产氢效率。

采用 $Pt/RuO_2/TiO_2$ 催化剂，在水中光催化重整生物质及其衍生物可以制得氢气。以甘氨酸为例，主要的反应途径为：

$$NH_2CH_2COOH + 2H_2O \longrightarrow 3H_2 + NH_3 + 2CO_2$$

另外，采用直接光催化降解未经处理的生物质原料，如海藻、蟑螂尸体、人类尿液、动物粪便等，也得到了较高的产氢活性；食用糖、可溶性淀粉、撕碎的滤纸（主要成分是纤维素）也可在光催化条件下产氢。以下是重整纤维素的反应式：

$$(C_6H_{12}O_6)_n + 6nH_2O \longrightarrow 6nCO_2 + 12nH_2$$

在气体产物中，只有 CO_2 和 H_2 生成，并且长时间反应后，两种产物的比例符合化学计量比 1∶2。

在催化反应初期，糖首先发生脱氢反应生成—C═O、—CH═O 或—COOH 基团，然后碳链被催化剂表面的空穴连续氧化为 CO_2，同时放出 H^+。该反应机理与 Pt/TiO_2 上光氧化葡萄糖制氢机理相类似，可用以下过程描述：

$$R—CHO+H_2O+2h^+ \longrightarrow R\text{-}COOH+2H^+ \quad (2\text{-}1)$$

$$R'—CH_2OH+ H_2O+4h^+ \longrightarrow R'—COOH+4H^+ \quad (2\text{-}2)$$

生成的羧酸通过 Photo-Kolbe 反应脱羧，放出 CO_2。

$$R—COOH \longrightarrow RH+ CO_2 \quad (2\text{-}3)$$

由于 R 中有羟基，反应式（2-1）和反应式（2-2）可以持续进行，直到所有的碳都被氧化为 CO_2。由于开始时主要是脱氢反应，初始时 H_2 与 CO_2 的比值是 10，反应 100h 后该比值接近 3。

2.5.2.2　光解水制氢

（1）光解水制氢原理

光解水制氢是微藻及蓝细菌利用太阳能进行光合作用将水分解成 H_2 和 O_2 的过程。此过程不产生 CO，其化学方程式如下：

$$2H_2O \xrightarrow{\text{光能}} 2H_2+O_2$$

蓝细菌和绿藻在厌氧条件下，通过光合作用分解水产生氢气和氧气，所以也称为光分解水产氢。其作用机理和绿色植物光合作用机理相似，光合作用路线见图 2-28。在这一光合作用系统中，具有两个独立但协调起作用的光合作用中心，接收太阳能分解水产生 H^+、e^-和 O_2

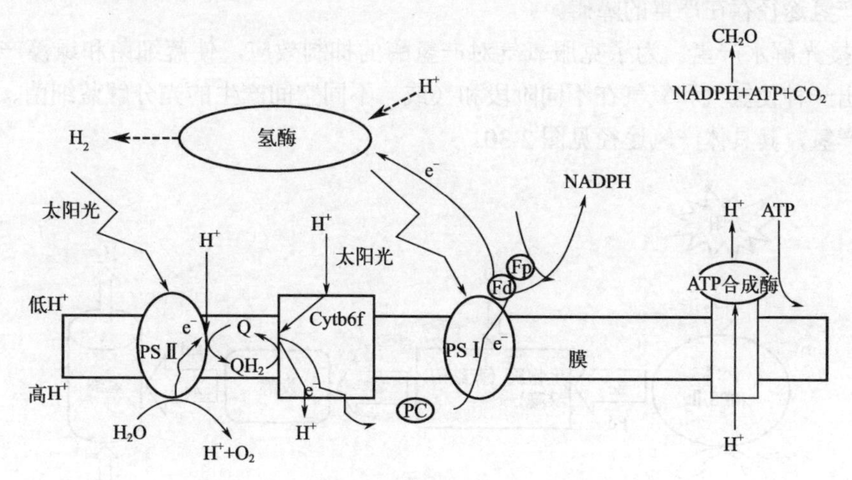

图 2-28　藻类光合产氢过程电子传递示意图

NADPH—还原型烟酰胺腺嘌呤二核苷酸磷酸（还原型辅酶Ⅱ）；ATP—腺嘌呤核苷三磷酸；Fd—铁氧化还原蛋白；Fp—电子传递黄素蛋白；Cytb6f—细胞素 b6/ 细胞素 f 复合体

的光合系统Ⅱ（PS Ⅱ）以及产生还原剂用来固定CO_2的光合系统Ⅰ（PS Ⅰ）。PS Ⅱ产生的e^-，由铁氧化还原蛋白（Fd）携带经由PS Ⅱ和PS Ⅰ到达产氢酶，H^+在产氢酶的催化作用下在一定的条件下形成H_2。产氢酶是所有生物产氢的关键因素，绿色植物由于没有产氢酶，所以不能产生氢气，这是藻类和绿色植物光合作用过程的重要区别所在，因此除氢气的形成外，绿色植物的光合作用规律和研究结论可以用于藻类新陈代谢过程分析。

（2）光解水制氢工艺流程

① 直接光解水产氢。在直接光分解产氢途径中，光合器官捕获光子，产生的激活能分解水产生低氧化还原电位还原剂，该还原剂进一步还原氢酶形成氢气（见图2-29），即$2H_2O \longrightarrow 2H_2+O_2$，这是蓝细菌和绿藻所固有的一种很有意义的反应，使得能够用地球上充足的水资源在不产生任何污染的条件下获得H_2和O_2。由于催化这一反应的产氢酶对氧气极其敏感，所以必须在反应器中通入高纯度惰性气体，形成一个H_2和O_2分压极低的环境，才能实现连续产氢。

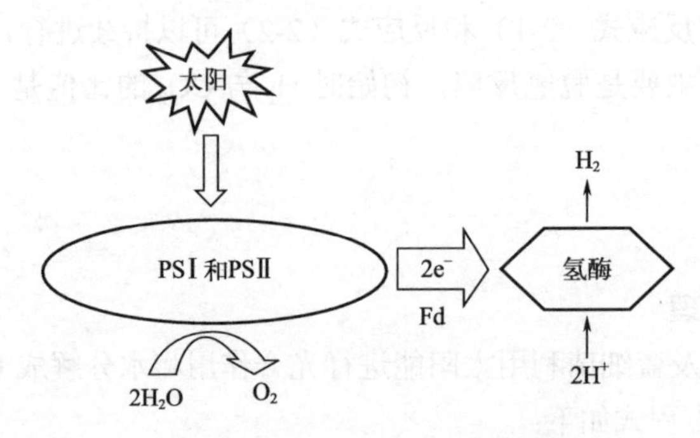

图2-29　直接光解水产氢示意图

从以上的分析可以看出，要想实现直接光解水生物制氢技术的应用，必须解决氧气对产氢酶的抑制问题，但目前还不能很好地解决这一问题。即使氧对产氢酶的抑制问题在将来某一天得到了解决，在工业化应用中大量处理氢气和氧气的混合气体也是非常困难的。所以直接光解水产氢途径存在严重的障碍。

② 间接光解水产氢。为了克服氧气对产氢酶的抑制效应，使蓝细菌和绿藻产氢连续进行，开发出一种使氢气和氧气在不同阶段和（或）不同空间产生的光分解蓝细菌、绿藻进而实现间接产氢，其具体产氢途径见图2-30。

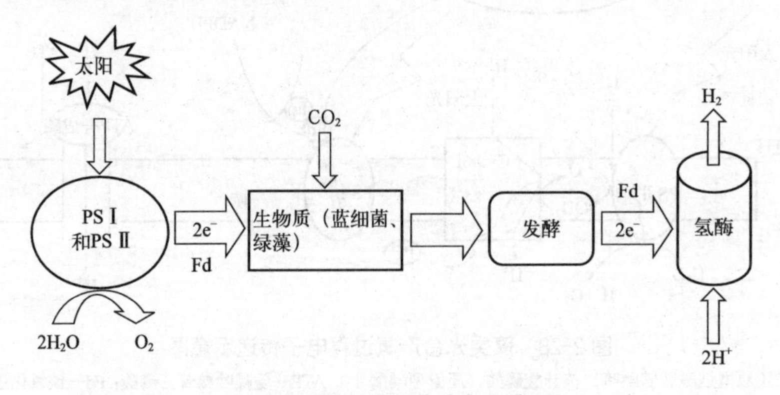

图2-30　间接光解水产氢示意图

间接光解水产氢途径由以下几个阶段组成：

a. 在敞口池子中培养蓝细菌、绿藻，储存碳水化合物；

b. 将所获得的碳水化合物（蓝细菌、绿藻细胞）浓缩，转入另一池子中；

c. 蓝细菌、绿藻进行黑暗厌氧发酵，产生少量 H_2 和小分子有机酸，该阶段与发酵细菌作用原理和效果相似，理论上，1mol 葡萄糖生成 4mol H_2 和 2mol 乙酸；

d. 将黑暗发酵产物转入光合反应器，蓝细菌、绿藻（类似光合细菌）进行光照厌氧发酵继续将前面分解所得有机酸彻底分解为 H_2。

研究发现通过控制培养基的氮或硫含量可消除黑暗发酵阶段，使蓝细菌、绿藻直接由产氧、固定 CO_2 产生生物质阶段转入产氢阶段，减少操作程序和成本投入。但是，间接光解产氢过程的第二个阶段浓缩生物质需要消耗巨大的能量，存在成本太高的问题。

参考文献

[1] 张得政，张霞，蔡宗寿，等 . 生物质能源的分类利用技术研究 [J]. 安徽农业科学，2016, 44(08): 81-83.
[2] 金山 . 生物质直接燃烧发电技术的探索 [J]. 电力科技与环保，2015, 31(01): 50-52.
[3] 刘荣厚，牛卫生，张大雷 . 生物质热化学转换技术 [M]. 北京：化学工业出版社，2005.
[4] 李震，闫莉，高雨航，等 . 生物质压缩成型过程模型研究现状 [J]. 科学技术与工程，2019, 19(12): 1-7.
[5] 张安鹏 . 中国能源可持续发展综合评价研究 [J]. 化工设计通讯，2016, 42(05): 207-208.
[6] 白江文 . 垃圾焚烧发电工程热效率提升措施 [J]. 中国设备工程，2023 (15): 203-205.
[7] 李可 . 生物质致密成型技术研究 [J]. 农村牧区机械化，2017 (01): 14-15.
[8] 周春梅，许敏，易维明 . 生物质压缩成型技术的研究 [J]. 科技信息（学术研究），2006 (08): 72-73, 75.
[9] 唐立新 . 生物质致密成型温度场分布模拟研究 [D]. 包头：内蒙古科技大学，2020.
[10] 张百良 . 生物质成型燃料技术与工程化 [M]. 北京：科学出版社，2012.
[11] 章克昌 . 酒精工业手册 [M]. 北京：中国轻工业出版社，1995
[12] 姚汝华，赵继伦 . 酒精发酵工艺学 [M]. 广州：华南理工大学出版社，1999.
[13] 刘桂菊 . 木薯制燃料乙醇糟液处理新工艺及新设备的研究和应用 [D]. 杭州：浙江大学，2016.
[14] 刘健 . 甜高粱秸秆制取燃料乙醇发酵菌种的选育研究 [D]. 汕头：汕头大学，2011.
[15] 李布青，代学猛，代永志，等 . 农作物秸秆厌氧发酵制沼气工程设计研究 [J]. 安徽农业科学，2015, 43(09): 268-270.
[16] 林聪 . 沼气技术理论与工程 [M]. 北京：化学工业出版社，2007.
[17] 魏珞宇，罗臣乾，张敏，等 . 农村有机生活垃圾沼气发酵工艺优化及菌群分析 [J]. 中国沼气，2019, 37(01): 27-30.
[18] 朱宗强，成官文，梁凌，等 . 几种农业有机废弃物沼气发酵工艺条件优化研究 [J]. 环境科学与技术，2009, 32(09): 167-169.
[19] 吴凤 . 小型沼气工程的沼气池类型浅析 [J]. 中国沼气，2017, 35(04): 89-90.
[20] 杜海凤，闫超 . 生物质转化利用技术的研究进展 [J]. 能源化工，2016, 37(02): 41-46.
[21] 常圣强，李望良，张晓宇，等 . 生物质气化发电技术研究进展 [J]. 化工学报，2018, 69(08): 3318-3330.
[22] 朱锡锋 . 生物质热裂解原理与技术 [M]. 安徽：中国科学技术大学出版社，2006.
[23] 蒋剑春，沈兆邦 . 生物质热裂解动力学的研究 [J]. 林业化学与工业，2003, 23(4): 1-6.
[24] 杨中志，蒋剑春，徐俊明，等 . 生物质加压液化制备生物油研究进展 [J]. 生物质化学工程，2013, 47(02): 29-34.
[25] 尹连伟，李德军 . 生物质高压液化制生物油技术的研究现状及展望 [J]. 炼油与化工，2023, 34(03): 1-5.
[26] 舟丹 . 生物质高压液化 [J]. 中外能源，2014, 19(02): 29.
[27] 朱冬梅，张红兵 . 生物质能源的利用及研究进展 [J]. 产业与科技论坛，2017, 16(10): 130-131.
[28] 杜海凤，闫超 . 生物质制备液体燃料技术的研究 [J]. 当代化工，2016, 45(08): 1997-2000.
[29] 王亭亭 . 酸碱催化法制备生物柴油技术研究 [J]. 化工设计通讯，2020, 46(04): 54,170.
[30] 郑青荷 . 生物酶法制备生物柴油研究综述 [J]. 江西林业科技，2012(01): 59-61.

[31] 付存亭，刘成，张敏华 . 超临界流体技术制备生物柴油的研究进展 [J]. 化学工业与工程，2012, 29(01): 73-78.
[32] 尹正宇，符传略，韩奎华，等 . 生物质制氢技术研究综述 [J]. 热力发电，2022, 51(11): 37-48.
[33] 卫元珂，高哲，程泽东，等 . 太阳能甲醇重整制氢过程催化剂颗粒床特性及综合性能数值分析 [J]. 工程热物理学报，2023, 44(03): 795-802.
[34] 张轩，郑丽君 . 光解水制氢单相催化剂研究进展 [J]. 化工进展，2021, 40（增刊）: 215-222.

第3章

氢能源化工

3.1 氢能源概述

3.1.1 氢的性质与氢能特点

（1）氢的物理化学性质

氢（hydrogen）是已知化学元素中最轻的，是所有原子中最小的，原子量为1.008。氢的单质形态是氢气（H_2），在常温下为无色、无臭的气体，沸点为−252.87℃，凝固点为−259.14℃。氢气是最轻的气体，在0℃和1atm（1atm=101325Pa）下，1L H_2 只有0.0899g，仅相当于同体积空气质量的2/29。氢气的导热性很好。固态氢具有金属性和超导性。

氢气主要表现还原性，以化合态存在，但也具有氧化性（如与碱金属或轻金属作用）。氢气极易燃烧，与空气中的氧气反应生成水，并放出大量热。常态下，氢气在空气中的燃烧极限（体积分数）为4.0% ～ 75.6%，爆轰极限（体积分数）为18.3% ～ 59%。

氢在自然界中有三种同位素，其中质量数为1的氢约占99.98%，质量数为2的氘约占0.02%，质量数为3的氚约占10^{-16}%。氢是自然界中最普遍存在的元素，大约占整个宇宙物质质量的75%。在地球上与地球大气范围内，氢除了以气态少量存在于空气中外，绝大部分以化合物的形态存在于水中。

（2）氢能的特点

氢能是氢气燃烧产生的热能和氢气经化学电池发电产生的电能的统称，氢气是一种二次能源。氢气资源可以来源于无穷的海水、可再生植物、煤炭、天然气等，在地球上氢能是一种取之不尽、用之不竭的能源，而且氢氧结合的燃烧产物不会造成任何的污染排放。因此，开发氢能源对人类社会可持续发展具有重要意义。

氢能具有四大优点：

① 燃烧热值高，约143.5MJ/kg，是化石燃料发热值的3倍以上，相对于其他燃料，单位质量的氢气燃烧释放的热量最多。

② 能量转化效率高，氢气点燃快，燃点高，燃烧性好。在空气中其含量（体积分数）在4% ～ 75.6% 范围内都能稳定燃烧，燃烧效率很高。

③ 环境友好，氢气在空气中氧化燃烧时仅生成水蒸气和少量氮氧化物，没有灰尘、没有废气、零碳排放，是一种清洁燃料。

④ 获取途径广泛，目前被广泛应用的制氢方法有煤制氢、天然气甲烷制氢、甲醇制氢、工业副产气制氢、电解水制氢等。

3.1.2 氢能的利用概况

氢能源已经得到了广泛应用，在化工、冶金、电子、航空航天、交通运输、供热、供电等方面已经获得应用。其中用量最大的是合成氨，世界上大约60% 的氢是用在合成氨上，我国的比例更高，占总消耗量的80% 以上。

氢能主要有两种转化应用方式，即以燃烧的形式在发动机中使用，以电化学作用的形式在燃料电池（fuel cell）中使用。氢能源机动车辆是当前氢能源开发的重点，如在小汽车、卡车、公共汽车、出租车、摩托车和商业船上的应用已经成为焦点。质子交换膜（PEM）燃料电池是氢能源发展的主要驱动力，也可以用于家庭。固体氧化物燃料电池（SOFC）可以用于大型发电站。氢燃料电池技术，一直被认为是利用氢能解决未来人类能源危机的终极方案。氢在一些领域中的应用归纳于表 3-1。

表 3-1　氢在一些领域中的应用

动力源	用途	设备、机器
燃料电池	移动电源	移动电源、移动电子机器电源（直接甲醇型、甲醇改质型、纯氢型）、紧急用电源
燃料电池	热电联产	家庭用燃料电池（燃料改质型、纯氢型）、商业用燃料电池（燃料改质型、纯氢型）
燃料电池	交通工具	普通汽车、货物运输汽车、小型公共汽车、大型公共汽车、特殊汽车（垃圾收集车、铲车、电动汽车等）、车用辅助电源、火车、机车、磁悬浮式超高速列车、小型内航船、渡船、快艇、游览船、潜水艇、渔船、海底勘探船、船舶用辅助电源、飞机用辅助电源、宇宙用电源
燃料电池	小型民用机器（移动体）	轮椅车、摩托车、自行车、三轮车、高尔夫球车、微型汽车
热装置	发动机	轿车、公共汽车、铲车、特殊汽车、热电联产系统、紧急用电源、船舶、机车
热装置	大容量发电	氢涡轮发动机
燃烧器	航空航天	火箭
原料	化工	合成氨、乙炔、甲烷、肼反应器
燃烧和还原	电子工业	光导纤维、半导体、大规模集成电路生产线
燃烧和还原	冶金	炼铁、化工还原、特种钢材冶炼炉
热装置	其他	取暖、烹饪、黄金焊接、气象气球探测、食品工业、发电、航行器等

3.2 煤制氢

煤制氢工艺经历了长期的发展和改进，从早期的实验研究到现代的高效、清洁和可持续工艺。随着对可再生能源和低碳经济的需求不断增加，煤制氢工艺仍然在不断发展和优化中，以满足能源转型的要求。传统的煤制氢过程分为直接制氢和间接制氢两类。其中煤的间接制氢过程，是指将煤首先转化为甲醇，再由甲醇重整制氢（本书第 3.4 节介绍）。本节介绍煤的直接制氢，包括煤焦化制氢和煤气化制氢。

3.2.1　煤焦化制氢气

煤的炼焦过程是煤在炭化室高温下进行热解和焦化，发生复杂的物理和化学变化过程。

煤经过干燥、预热、软化、膨胀、熔融、固化和收缩而被炼制成焦炭。煤的炼焦过程就是高温热分解过程，即高温干馏过程。在煤的热分解过程中，煤中连接烃类的侧链不断断裂，生成气态和液态的小分子，断掉侧链氢的碳原子网格逐渐缩合加大，在高温下生成焦炭。煤结构中侧链的含氧官能团数量越多，就越容易分解和断裂。如果煤的侧链较少，碳网格的热稳定性就较强，在煤的热解过程中，煤的碳网格结构很难分解。

煤在隔绝空气的条件下，在温度 900 ～ 1000℃下制成焦炭，其副产的焦炉煤气中含氢气（H_2）55% ～ 60%、甲烷（CH_4）23% ～ 27%、一氧化碳（CO）6% ～ 8% 以及少量其他气体。焦炉煤气可作为城市生活用煤气，也可作为制取氢气的原料。一般 1t 干煤可制得焦炭 0.65 ～ 0.75t，副产焦炉煤气 300 ～ 420m^3，然后通过变压吸附即可得到纯度很高的氢气。

3.2.2 煤气化制氢气

3.2.2.1 煤气化制氢原理

煤气化制氢是以煤炭为还原剂，水蒸气为氧化剂，在高温下将碳转化为 CO 和 H_2 为主的合成气，然后经过煤气净化、CO 转化以及 H_2 提纯等主要生产环节生产 H_2。煤炭可以经过各种不同的气化处理，如流化床、喷流床、固定床等实现煤炭制氢。煤炭制氢的基本化学反应方程式如下：

$$C + H_2O + 热能 \longrightarrow CO + H_2$$

此反应过程为吸热过程，重整过程需要额外的热量，煤炭与空气燃烧放出的热量提供了反应所需要的能量。产物中 CO 再通过水汽转换反应被进一步转化为 CO_2 和 H_2。反应方程式如下：

$$CO + H_2O \longrightarrow CO_2 + H_2 + 热能$$

3.2.2.2 煤气化制氢的工艺

图 3-1 是利用煤的气化制取氢气的工艺流程。首先煤炭与氧气发生燃烧反应，进而与水反应，得到以 H_2 和 CO 为主要成分的气态产品，然后经过脱硫净化，CO 继续与水蒸气发生反应生成更多的 H_2，最后经分离、提纯等过程而获得一定纯度的产品氢。煤炭制氢技术已经实现商业化，是氢气的主要制取方法。但是，这种制氢过程比较复杂，制氢成本高，产生的 CO_2 可造成地球温室效应。

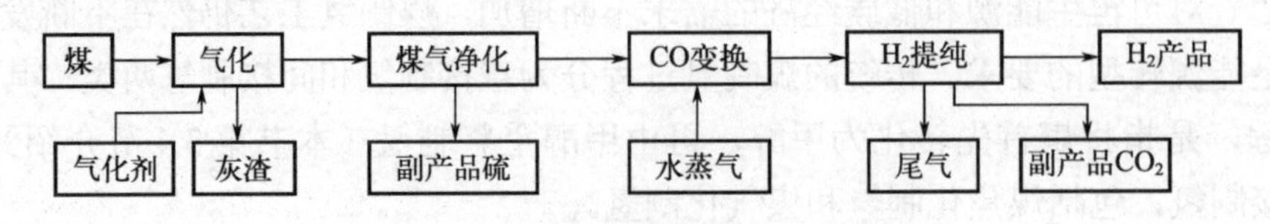

图 3-1　煤气化制取氢气的工艺流程

煤气化又可按以下几种方式进一步分类：

通常，按煤料与气化剂在气化炉内流动过程中的接触方式不同分为固定（移动）床气化、流化床气化、气流床气化及熔融床气化（又称熔浴床气化）等工艺。熔浴床气化是将粉煤和气化剂以切线方向高速喷入温度较高且高度稳定的熔池内，把一部分动能传递给熔渣，使池内熔融物做螺旋状的旋转运动并气化。目前此气化工艺已不再发展。

其他分类方式还有：按原料煤进入气化炉时的粒度不同分为块煤（13～100mm）气化、碎煤（0.5～6mm）气化及煤粉（＜0.1mm）气化等工艺；按气化过程所用气化剂的种类不同分为空气气化、空气/水蒸气气化、富氧空气/水蒸气气化及氧气/水蒸气气化等工艺；按煤气化后产生灰渣排出气化炉时的形态不同分为固态排渣气化、灰团聚气化及液态排渣气化等工艺。

值得注意的是，不同的气化工艺对原料性质的要求不同，因此在选择煤气化工艺时，考虑气化用煤的特性及其影响就极为重要。气化用煤的性质主要包括煤的反应性、黏结性、结渣性、热稳定性、机械强度、粒度组成，以及水分、灰分和硫分含量等。下面按照气化炉流动过程分类介绍固定床气化、流化床气化、气流床气化工艺。

（1）固定床气化

在固定床气化过程中，煤由气化炉顶部加入，气化剂由气化炉底部加入，煤料与气化剂逆流接触，相对于气体的上升速度而言，煤料下降速度很慢，甚至可视为固定不动，因此称为固定床。固定床气化是以块煤、焦炭块或型煤（煤球）作入炉原料（颗粒度在5～80mm），固定床煤气化炉内自然形成了两个热交换区（即上部入口冷煤与出口煤气、下部热灰渣与气化剂逆流交换的结果），从而提高了气化效率。固定床气化要求原料煤的热稳定性高、反应活性好、灰熔融性温度（灰熔点）高、机械强度高等，对煤的灰分含量也有所限制。固定床气化形式多样，通常按照压力等级可分为常压和加压两种。

① 常压固定床水煤气炉。常压固定床水煤气炉以无烟块煤或焦炭块作入炉原料，要求原料煤的热稳定性高、反应活性好、灰熔融性温度高等，采用间歇操作技术。从水煤气组成分析，H_2含量大于50%。若考虑将CO变换成H_2，则H_2含量为84%～88%。加之技术成熟、投资低，因此该工艺在中国煤气化制氢用于生产合成氨中占有非常重要的地位。

② 加压固定床气化炉。在加压固定床气化炉中，煤的加压气化压力通常为1.0～3.0MPa或者更高，其以褐煤和次烟煤为原料，代表性的炉型为鲁奇（Lurgi）炉。鲁奇炉加压固定床气化炉以黏结性不强的次烟煤块、褐煤块为原料，以氧气/水蒸气为气化剂，加压操作，连续运行。固定床加压气化煤气中H_2和CO含量较高，一般为55%～64%，而且煤气中含量约8%的CH_4可以经蒸汽催化重整转换成H_2。

（2）流化床气化

流化床气化以粒度为0.5～5mm的小颗粒煤为气化原料，在气化炉内使其悬浮分散在垂直上升的气流中，煤粒在沸腾状态下进行气化反应，使得煤料层内温度均匀，易于控制，从而提高气化效率。同时，反应温度一般低于灰烬熔化温度（900～1050℃）。当气流速度较高时，整个床层就会像液体一样形成明显的界面，煤粒与流体之间的摩擦力和它本身的重力相平衡，这时的床层状态叫流化床。流化床气化技术的反应动力学条件好，气固两相间紊动强烈，气化强度大，不仅适合于活性较高的低价煤及褐煤，还适合于含灰较高的劣质煤。其净化系统简单，污染少，总造价低。但流化床的热损大，灰渣与飞灰含量高。

（3）气流床气化

这是一种并流气化，可用气化剂将粒度为100μm以下的煤粉带入气化炉内（干法进料），也可以将煤粉先制成水煤浆，然后用泵打入气化炉内（湿法进料）。煤料在高于其灰熔点的温度下与气化剂发生燃烧反应和气化反应，灰渣以液态形式排出气化炉。当气体速度大于煤粒的终端速度时，煤粒不能再维持层状，因而随气流一起向上流动。这种床属于气流夹带床或者气流输送床，称为气流床。气流床属于同向气化，煤粉（干煤粉或者水煤浆）与气化剂掺混后，高速喷入气化炉。煤粒在炉内停留时间短，气化过程瞬间完成，操作温度一般为1200～1600℃，压力为2～8MPa，处理量比较大，但要求对煤进行粉化，具有煤种适应性较广、不产生煤焦油和酚水、煤气化处理系统简单等特点。表3-2列出了两种典型气流床煤气化的技术指标。

表3-2　两种典型气流床煤气化的技术指标

指标	湿法料浆气化技术	干法粉煤气化技术
气化原料	次烟煤、烟煤、含碳有机物	次烟煤、烟煤、褐煤、含碳干粉
气化压力 /MPa	0.1～7.0	2.0～4.0
气化温度 /℃	1250～1400	1400～1700
气化剂	氧	氧＋蒸汽
进料方式	水煤浆	干煤粉
单炉最大处理量 /（t/d）	2000	2000
有效气（$CO+H_2$）含量 /%	72～82	92～95
碳转化率 /%	96～98	98～99
冷煤气效率 /%	72	82
比氧耗 /（m^3/km^3）	400	320
比煤耗 /（kg/km^3）	600	520
比气耗 /（kg/km^3）	0	120
工业应用	已有20多套工业化装置在运行	工业化装置试运行

表3-2说明，干法气化技术与湿法气化技术相比较在气化指标如比氧耗、比煤耗、煤气中的有效气（$CO+H_2$）含量、冷煤气效率等方面存在明显差异。但从气体组成方面分析，干法气化生成的粗煤气中CO组分含量高而H_2组分含量低，使得后续变换过程规模相应变大。现有的干法气化中粗煤气的降温、净化多采用废锅流程，系统流程长，投资大。壳牌（Shell）干煤粉加压气化装置工艺流程图如图3-2所示。Shell加压气流床气化炉是下置多喷嘴式干煤粉气化工艺。它以干煤粉为原料，以氧气和少量水蒸气为气化剂，在约3.0MPa的压力下连续操作。在Shell气化炉出口煤气中有效成分$CO + H_2$含量可达90%以上，且其气化效率高于Texaco气化炉。为了让高温煤气中的熔融态灰渣凝固以免导致煤气冷却器（废热锅炉，简称废锅）堵塞，后续工艺中采用大量的冷煤气对高温煤气进行急冷，可使高温煤气由1400℃冷却到900℃。

湿法气化多采用激冷流程，此系统的煤气为高温饱和气，其水气比一般为1.2～1.5，携带的蒸汽足以满足变换过程所需蒸汽量。德古士（Texaco）加压气流床气化炉，以水煤浆为原料，以氧气为气化剂，可实现连续操作，其工艺流程如图3-3所示。

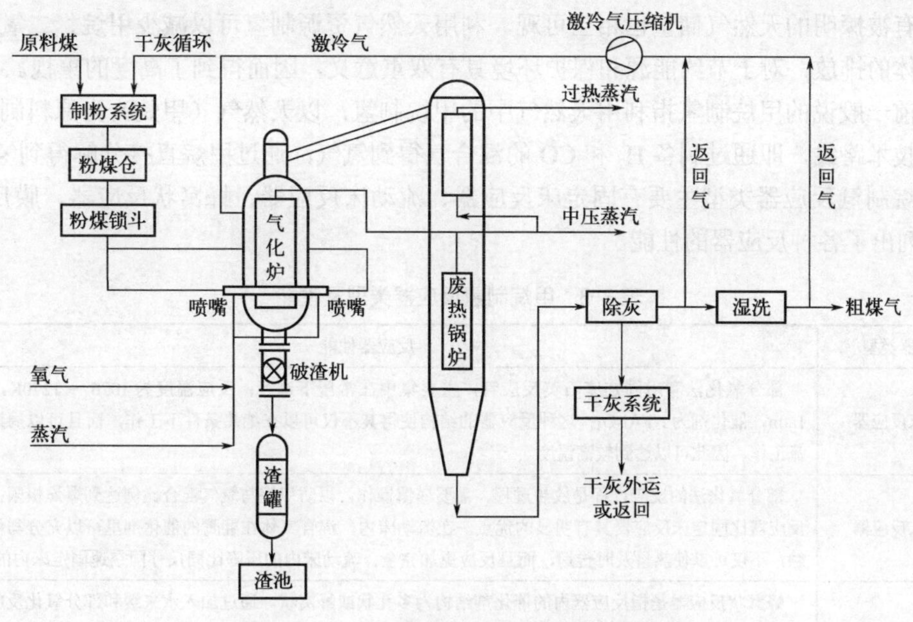

图 3-2 Shell 干煤粉加压气化装置工艺流程

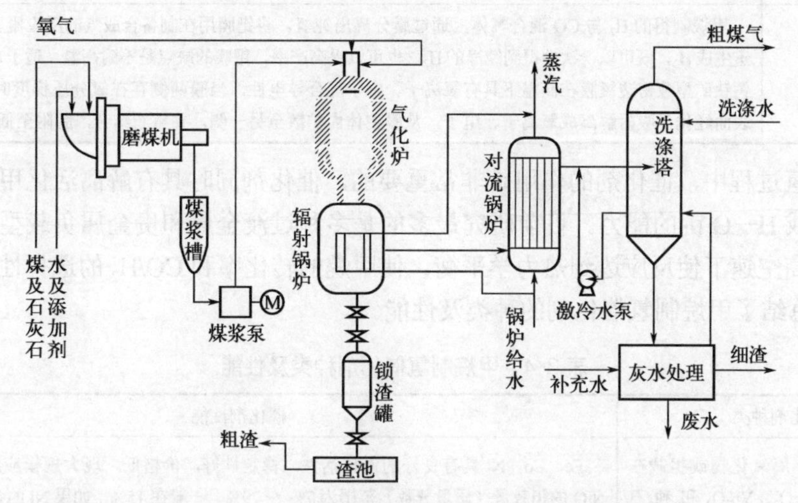

图 3-3 Texaco 水煤浆加压气化装置工艺流程

3.3 天然气制氢

3.3.1 天然气制氢气概述

天然气的主要成分为甲烷（CH_4），其往往还含有其他烷烃（如乙烷、丙烷、丁烷、戊烷、己烷、庚烷等）和极微量烯烃与芳香烃，以及各种非烃类气体，如氮气、二氧化碳、硫化氢、氢气、水蒸气、硫醇、硫醚等。目前已经探明的世界天然气储量有 140 多万亿立方米，没有被探明的天然气储量也相当可观。利用天然气资源制氢可以减少甲烷、二氧化碳等温室气体的排放，对于节约能源和保护环境具有双重意义，因而得到了高度的重视。

目前一般说的甲烷制氢指利用天然气中的甲烷制氢，以天然气（甲烷）为原料制氢主要有两种技术路线，即通过制备 H_2 和 CO 的混合气得到氢气，通过甲烷直接分解得到氢气。

甲烷制氢反应器类型主要有固定床反应器、流动床反应器、蜂窝状反应器、膜反应器。表 3-3 列出了各种反应器的性能。

表 3-3　甲烷制氢反应器类型及性能

反应器类型	反应器性能
固定床反应器	部分氧化法利用固定床石英反应管，主要集中在常压下进行；反应温度为 1070 ～ 1270K，压力为 1atm，催化剂为 Ni/Al_2O_3；这种反应器的结构使得其不仅可以在绝热条件下工作，而且可以周期性地逆流工作，因此可以达到较高温度
流动床反应器	部分氧化法的反应过程是放热过程，需要谨慎操作，以防甲烷与氧气混合比例达到爆炸极限；流动床反应器比固定床反应器具有明显的优点。在流动床内，混合气体在翻腾的催化剂里可以充分与催化剂接触，不仅可以使热量及时传递，而且反应更加完全；流动床内的压降比同尺寸同空速固定床内的压降低
蜂窝状反应器	蜂窝状反应器是指反应器内的催化剂结构为多孔状或蜂窝状。通过加入水来缓和部分氧化反应。在催化剂的出口处测量温度，当水蒸气与甲烷的比例在 0 ～ 0.4 之间时，此处的温度在 1143 ～ 1313K 范围内，空速在 20000 ～ 500000h^{-1} 之间，反应无积炭
膜反应器	甲烷制得的 H_2 与 CO 混合气体，通过膜分离出纯氢。将钯膜用在制备合成气的反应器里，可以选择渗透生成 H_2，既可以一次性得到纯净的 H_2，也可以提高产率，钯膜的缺点是不耐高温，适于 800K 以下使用；钙钛矿型致密透氧膜在高温下具有氧离子、电子混合导电性，当膜两侧存在氧分压梯度时，高压侧的氧表面经化学吸附解离成氧离子、电子，从膜主体内扩散至另一侧，并重新结合，脱附至低氧压体系

甲烷制氢过程中，催化剂的作用是非常重要的，催化剂同时具有解离活化甲烷分子和活化 O—O 键或 H—O 键的能力。目前研究最多的是多种过渡金属和贵金属负载型催化剂，这些催化剂在高空速下使反应达到热力学平衡，使甲烷的转化率和 CO/H_2 的选择性都得到了提升。表 3-4 总结了甲烷制氢催化剂的种类及性能。

表 3-4　甲烷制氢催化剂种类及性能

催化剂种类	催化剂性能
ⅧB 族复合金属氧化物或担载在 MgO、Al_2O_3、SiO_2、Yb_2O_3 和独石上的负载型催化剂	Fe、Co、Ni 具有良好的催化活性，稳定性好，价格低，现大规模应用于工业生产；NiO 的担载量（质量分数）范围为 7% ～ 79%，一般在 15%，如果 Ni 的含量高，在反应时，容易有积炭形成。Ni-稀土氧化物催化剂在反应温度为 573 ～ 1073K 之间具有活性
担载在 MgO、Al_2O_3、SiO_2、ZrO_2 和独石上的贵金属，及其与稀土金属氧化物形成的复合氧化物	贵金属催化剂比 Ni 基催化剂具有更高的活性，但是其价格比较贵；贵金属中 Rh 比 Pt 好，Ru 和 Rh 最稳定，Ru 在贵金属中价格比较便宜，比 Ni 稳定，在高蒸气压下不会形成羰基

3.3.2　天然气制氢气工艺

天然气制氢技术起源于 20 世纪初，最早是通过甲烷蒸汽重整（steam methane reforming, SMR）过程来制备氢气。随着时间的推移，这项技术不断发展和改进，出现了多种制氢方法，如甲烷部分氧化（partial oxidation of methane, POM）、甲烷自热蒸汽重整（auto thermal reforming of methane, ATRM）等。这些反应通常在高温和高压下进行，并使用催化剂提高反应速率和选择性。

（1）蒸汽重整

蒸汽重整是目前最常用的天然气制氢方法之一。它是一种通过在高温下将天然气与水蒸气反应来产生氢气的过程。该反应在催化剂的存在下进行，通常使用镍基催化剂。主要反应包括：

$$CH_4 + H_2O \longrightarrow CO + 3H_2$$

$$CO + H_2O \longrightarrow CO_2 + H_2$$

上述反应需要高温（700～1000℃）和一定的压力。蒸汽重整产生的合成气主要由H_2和CO组成。随后，通过变换反应和纯化步骤，可以将CO转化为CO_2，并将H_2从副产物中分离和纯化。

甲烷蒸汽重整制取氢气工艺流程如图3-4所示。原料气经脱硫等预处理后进入转化炉中进行甲烷蒸汽重整反应。该反应是一个强吸热反应，反应所需要的热量由天然气的燃烧供给。由于重整反应是强吸热反应，为了达到高的转化率，需要在高温下进行，重整反应温度维持在750～920℃。由于反应过程是体积增大的过程，因此，反应压力通常为2～3MPa。同时在反应进料中采用过量的蒸汽来加快反应的速度。工业过程中蒸汽和甲烷的摩尔比一般为（2.8～3.5）∶1。

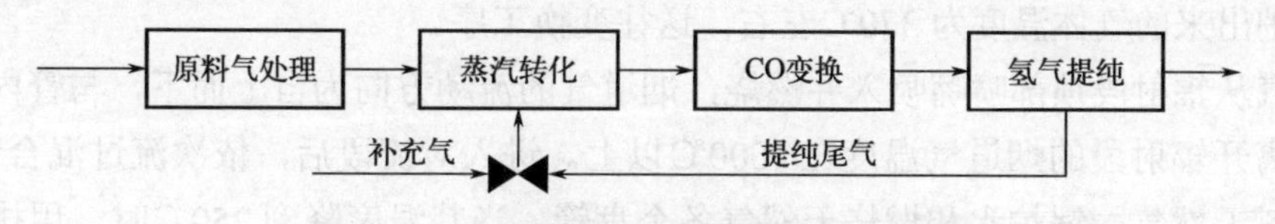

图3-4 甲烷蒸汽重整制取氢气工艺流程

天然气蒸汽转化制得的合成气，进入水汽变换反应器，经过两段温度的变换反应，使CO转化为CO_2和H_2，提高了H_2的产率。高温变换温度一般在350～400℃，而中温变换操作温度则不超过300～350℃。氢气提纯的方法包括物理过程的冷凝-低温吸附法、低温吸收-吸附法、变压吸附法（PSA）、钯膜扩散法和化学过程的甲烷化反应等方法。

目前，天然气蒸汽转化采用的工艺流程主要有美国的Kellogg流程、Braun流程以及英国的ICI-AMV流程。除一段转化炉和烧嘴结构不同之外，其余均类似，包括有一段转化炉、二段转化炉、原料预热和余热回收。Kellogg流程如图3-5所示。天然气经脱硫后，硫含量（体积分数）小于0.5×10^{-6}，然后在压力3.6MPa、温度380℃左右配入中压蒸汽，达到约3.5∶1的水碳摩尔比。进入一段转化炉的对流段预热到500～520℃，然后送到一段转化炉的辐射段顶部，分配进入各反应管，从上而下流经催化剂层，转化管直径一般为80～150mm，加热段长度为6～12m。气体在转化管内进行蒸汽转化反应，从各转化管出来的气体由底部汇集到集气管，再沿集气管中间的上升管上升，温度升到850～860℃时，送到二段转化炉。

空气经过加压到3.3～3.5MPa，配入少量蒸汽，并在一段转化炉的对流段预热到450℃左右，进入二段转化炉顶部与一段转化气汇合并燃烧，使温度升至1200℃左右，经过催化层后出来的二段转化炉的气体温度为1000℃左右，压力为3.0MPa，残余甲烷含量在0.3%左右。

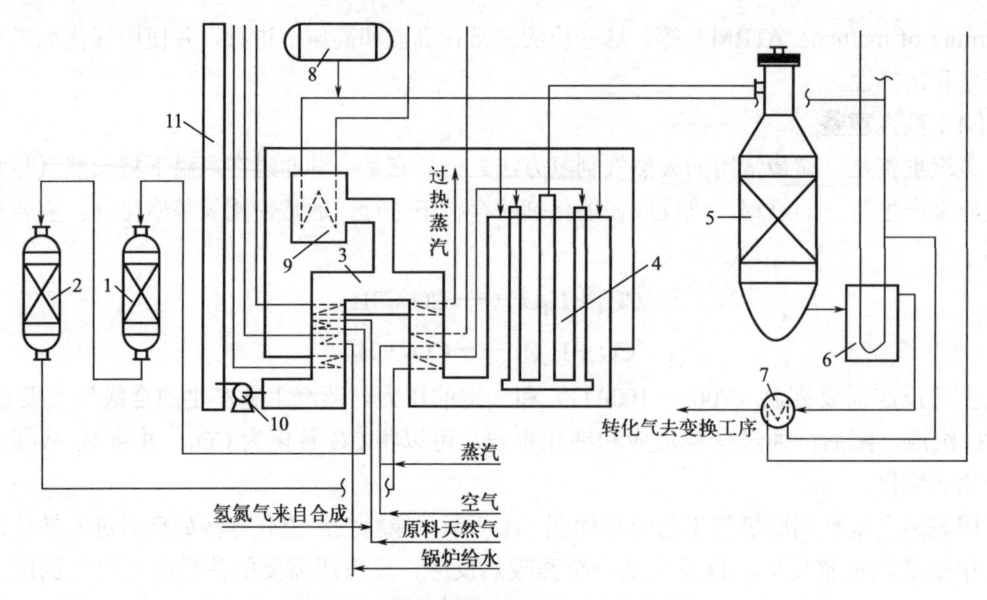

图 3-5　天然气蒸汽转化 Kellogg 流程简图

1—钯膜加氢反应器；2—氯化锌脱硫罐；3—对流段；4—辐射段（一段转化炉）；5—二段转化炉；6—第一废热锅炉；7—第二废热锅炉；8—汽包；9—辅助锅炉；10—排风机；11—烟囱

从二段转化炉出来的转化气依次送入两台串联的废热锅炉以回收热量，产生蒸汽，从第二废热锅炉出来的气体温度为370℃左右，送往变换工序。

天然气从辐射段顶部喷嘴喷入并燃烧，烟道气的流动方向为自上而下，与管内的气体流向一致。离开辐射段的烟道气温度在1000℃以上。进入对流段后，依次流过混合气、空气、蒸汽、原料天然气、锅炉水和燃烧天然气各个盘管，当其温度降到250℃时，用排风机向大气排放。

Braun 工艺是在 Kellogg 工艺的基础上发展起来的，其主要特点是深冷分离和较温和的一段转化条件。Braun 工艺一段转化炉炉管的直径为150mm，相比 Kellogg 工艺 71mm 的炉管直径要大得多。Braun 工艺一段转化炉的温度为690℃，炉管压降为250kPa，相比 Kellogg 工艺的炉管温度（800℃）、炉管压降（478kPa）要低很多。Braun 工艺较低的操作温度降低了对耐火材料的要求，也降低了投资成本和操作成本。

（2）部分氧化

部分氧化是另一种常见的天然气制氢方法，工艺流程如图 3-6 所示。该过程涉及将天然气与氧气或空气在高温下反应，产生 H_2 和 CO。主要反应方程式为：

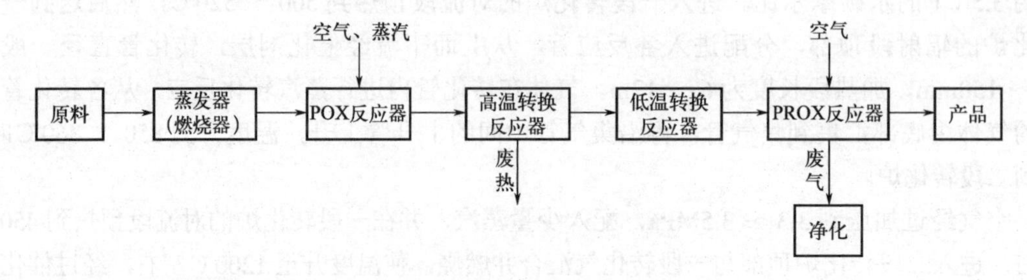

图 3-6　甲烷部分氧化制取氢气工艺流程

$$CH_4 + \frac{1}{2}O_2 \longrightarrow CO + 2H_2$$

部分氧化需要高温（约1500℃）和高压，以确保反应进行得足够完全。部分氧化产生的合成气中CO含量相对较高，因此后续的变换反应和纯化步骤非常重要。相对于传统的蒸汽重整方法，该过程具有能耗低、可在高空速下进行的优势。通过天然气部分氧化实现自热反应，无需外部加热和使用高温合金钢管反应器，而是采用成本低廉的耐火材料堆砌反应器，从而显著降低了设备投资成本。因此，天然气部分氧化制氢（合成气）已经得到了较大的发展。部分氧化工艺主要由于以下几个因素限制了其发展：a. 廉价氧气的来源；b. 催化剂床层的热点问题；c. 催化材料的反应稳定性问题；d. 操作体系的安全性问题。逐步解决这些问题是天然气部分氧化工艺研究的发展趋势。

（3）自热重整

自热重整制氢是国际上流行的先进方法之一，它包括自热重整工艺和联合重整工艺。其原理是在反应器中耦合放热的天然气燃烧反应和强吸热的天然气蒸汽重整反应，反应体系本身能够提供所需的热量。主要反应方程式如下：

$$4CH_4 + O_2 + 2H_2O \longrightarrow 4CO + 10H_2$$

与重整工艺相比，该工艺实现了自给自足的热量供应，更合理地利用反应热量，但与蒸汽重整过程相似，其速控步骤仍然是反应过程中的慢速蒸汽重整反应。此外，由于自热重整反应器中的放热反应和吸热反应分步进行，因此仍需要使用耐高温的不锈钢管作为反应器，这使得天然气自热重整反应过程存在装置投资高和生产能力低等缺点。反应器由带有空气供应装置的燃烧器、燃烧室和带耐火涂层的容器组成。使用自热重整反应器制备氢气的工艺流程如图3-7所示。

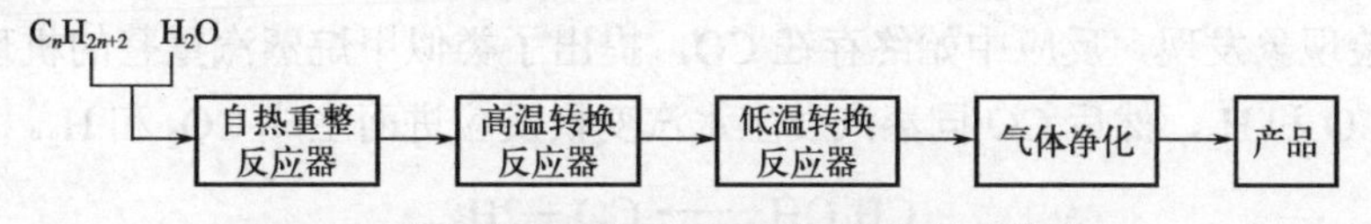

图3-7　使用自热重整反应器制备氢气的工艺流程

天然气制氢技术有许多优点，例如天然气作为原料广泛可用，并且价格相对较低；制氢效率较高，可以产生大量的氢气；天然气制氢过程相对成熟，技术可靠性较高。然而这种技术也面临着一系列挑战，其中首先是二氧化碳排放，天然气制氢过程中会产生二氧化碳。处理和减少这些排放是一个重要的挑战，以确保对环境的影响最小化。其次是催化剂选择，铑、钯、铂以及氧化铈和钙钛矿都可用作催化剂，选择和设计适合的催化剂对于实现高效的制氢过程至关重要。最后是分离和纯化，将氢气从合成气中分离和纯化也是一项挑战，因为合成气中可能含有其他成分，如一氧化碳、二氧化碳和甲烷。

3.4 甲醇制氢工艺

甲醇（CH_3OH）是由H_2和CO加压催化合成的，同样甲醇也可以根据需要催化分解产生H_2。碳质能源气化产物可以以甲醇作为氢载体，为氢能的储存、运输和转化应用提供了可行的途径，因此，甲醇是一种二次能源产品。甲醇原料纯度高，不需要再进行净化处理，反应条件温和，流程简单，易于操作。

甲醇制氢可以采用甲醇蒸汽重整制氢、甲醇裂解制氢、甲醇部分氧化制氢以及甲醇部分氧化重整制氢等工艺。甲醇蒸汽重整制氢是甲醇和蒸汽在催化剂存在的条件下重整产生 H_2 和 CO_2 以及少量 CO 的过程。甲醇裂解制氢也称热分解制氢，指甲醇蒸气在催化剂作用下直接热分解为 H_2 和 CO 的过程。甲醇部分氧化制氢是甲醇蒸气和氧气反应生成 H_2 和 CO_2 的过程，而部分氧化重整则是甲醇蒸气与蒸汽和 O_2 重整生成 H_2 和 CO_2 的过程。以上各制氢工艺产生的气体，都需经过变压吸附进一步分离和提纯得到氢气。

3.4.1 甲醇蒸汽重整制氢气

与其他制氢方法相比，甲醇蒸汽重整制氢具有以下特点：

① 甲醇蒸汽重整制氢能耗低，适合中小规模制氢。由于反应温度低（200 ～ 300℃），因而燃料消耗也少，而且不需要考虑废热回收。与同等规模的天然气或轻油转化制氢装置相比，甲醇蒸汽重整制氢的能耗仅是前者的 50%。

② 甲醇蒸汽重整制氢单位氢气成本较低。与电解水制氢相比，电解水制氢一般规模小于 $200m^3/h$，但由于它的电耗高（5 ～ $8kW·h/m^3$），因此，一套规模为 $1000m^3/h$ 的甲醇蒸汽重整制氢装置的单位氢气成本比电解水制氢要低得多。

③ 甲醇蒸汽重整制氢的装置可做成组装式或可移动式的装置，操作方便，搬运灵活。

（1）甲醇蒸汽重整反应机理

甲醇蒸汽重整制氢多采用铜系催化剂，对反应历程的研究基于以铜作催化剂。最初，Pour 等由实验现象发现，反应中始终存在 CO，提出了类似甲烷蒸汽重整的机理，即甲醇首先裂解生成 CO 和 H_2，然后 CO 同蒸汽发生水汽变换反应进而生成 CO_2 和 H_2。反应式如下：

$$CH_3OH \longrightarrow CO + 2H_2$$

$$CO + H_2O \longrightarrow CO_2 + H_2$$

这一机理合理解释了 CO 始终存在于产物中这一现象。Santacesaria 和 Carra 研究了在 $Cu/ZnO/Al_2O_3$ 催化剂上甲醇蒸汽反应的动力学，也将产物中出现的少量 CO 归因于甲醇裂解反应后的水汽变换反应的化学平衡。

后续研究提出的机理还有：一步甲醇蒸汽重整反应历程、蒸汽重整-甲醇裂解-逆水汽变换反应历程和甲酸甲酯中间体历程等。

（2）甲醇蒸汽重整制氢工艺流程

甲醇蒸汽重整制氢的工艺流程如图 3-8 所示。甲醇和脱盐水按照一定比例混合后经过换热器预热后进入汽化塔，汽化后的甲醇和蒸汽经过换热器后进入反应器在催化剂床层进行催化裂解和变换反应，从反应器出来的气体含有 H_2 约 74%、CO_2 约 24%，经过换热、冷却冷凝后进入水洗塔，塔釜收集未转化的甲醇和水供循环使用，塔顶气送变压吸附装置提纯氢气。根据对产品氢气纯度和微量杂质组分的不同要求，采用四塔或者四塔以上变压吸附（PSA）流程，氢气纯度可达到 99.9% ～ 99.999%。

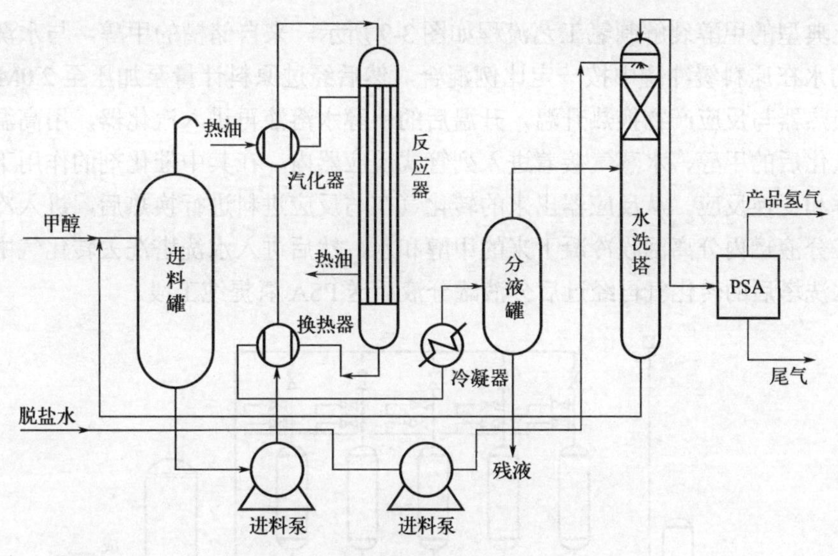

图 3-8 甲醇蒸汽重整制氢的工艺流程

甲醇蒸汽重整发生如下反应：

$$CH_3OH(g) + H_2O(g) \longrightarrow CO_2(g) + 3H_2(g)$$

该反应为吸热反应，1 mol 甲醇重整需要 131kJ 的能量，其中 82kJ 用于液态反应物的汽化。而在实际操作中，为了提高甲醇的转化率和降低产物气体中杂质 CO 的含量，一般采用超过化学计量的水醇比。在工业操作中，水醇比一般为 2∶1，甚至更高。

制氢工艺流程中必须有 CO 脱除的部分。CO 的脱除一般有 CO 的选择氧化法、CO 和 H_2 的甲烷化法和水汽变换除 CO 等几种方法。

3.4.2 甲醇裂解制氢气

甲醇裂解制氢是指甲醇在催化剂的作用下直接分解为 CO 和 H_2，裂解气中 H_2 约占 60%，CO 占 30% 以上，其中 CO 可采用低温水汽变换进一步转变为 H_2，然后再经过低温选择性氧化可以得到 CO 含量（体积分数）低于 100×10^{-6} 的高纯 H_2。

一些研究者认为 $HCOOCH_3$ 是甲醇裂解反应的中间产物，低温时 CH_3OH 先脱氢生成 $HCOOCH_3$，随着温度的升高，$HCOOCH_3$ 会进一步分解，生成 CO 和 CH_3OH。反应式如下：

$$2CH_3OH \longrightarrow HCOOCH_3 + 2H_2$$

$$HCOOCH_3 \longrightarrow CH_3OH + CO$$

另一些研究者则认为 CH_2O 为甲醇裂解的中间产物，CH_3OH 先脱氢生成 CH_2O，然后 CH_2O 可能通过两种途径反应，一是直接裂解为 H_2 和 CO，二是先生成 $HCOOCH_3$，再按照上述的反应生成 CH_3OH 和 CO。反应式如下：

$$CH_3OH \longrightarrow CH_2O + H_2$$

$$CH_2O \longrightarrow CO + H_2$$

$$2CH_2O \longrightarrow HCOOCH_3$$

工业上典型的甲醇裂解制氢工艺流程如图 3-9 所示。来自储槽的甲醇，与水洗塔底部经加压后来的水在原料缓冲罐中按一定比例混合，然后经过原料计量泵加压至 2.0MPa 后送入甲醇预热换热器与反应产物换热升温，升温后的甲醇水溶液再进入汽化器，用高温导热油加热汽化。汽化后的甲醇、水蒸气接着进入列管式反应器内，在其中催化剂的作用下分别进行一系列裂解和变换反应。从反应器出来的转化气在与反应进料进行换热后，进入冷却器冷却至常温，在分液罐内分离回收冷凝下来的甲醇和水，然后进入水洗塔洗去转化气中夹带的残余甲醇。水洗塔后的转化气再经过后分液罐分液后送 PSA 氢提纯工段。

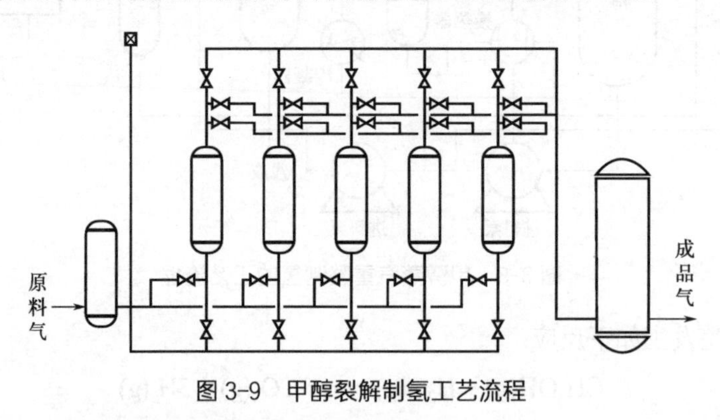

图 3-9 甲醇裂解制氢工艺流程

3.4.3 甲醇部分氧化制氢气

甲醇部分氧化制氢是在进料中通入甲醇蒸气和氧气经反应生成 H_2 和 CO_2 的过程。反应式如下：

$$CH_3OH + \frac{1}{2}O_2 \longrightarrow CO_2 + 2H_2$$

同甲醇蒸汽重整、甲醇分解制氢相比，甲醇部分氧化制氢具有非常明显的优势。该优势主要体现在该反应是强放热反应，因此从开始到正式发生反应的时间要比吸热反应的甲醇蒸汽重整和甲醇分解反应短得多。甲醇蒸汽重整制氢工艺已经比较成熟，它是一个较强的吸热反应，在实现开车时需要反应器外部燃烧大量的甲醇和废气供热，造成热效率较低和启动速率较慢。相反，甲醇部分氧化重整制氢在实现供氢的同时，可以实现自热反应，有利于质子交换膜燃料电池移动氢源的实现。

另外，催化剂是影响甲醇部分氧化制氢过程机理的关键。Murcia-Mascaros 等研究了 $Cu/ZnO/Al_2O_3$ 催化剂催化甲醇的部分氧化反应，提出了甲醇部分氧化反应中包含甲醇的热氧化、甲醇的热分解和甲醇的重整反应。其中甲醇热氧化和热分解是平行反应，同甲醇重整反应构成串联反应。三个反应式如下：

$$CH_3OH + \frac{3}{2}O_2 \longrightarrow 2H_2O + CO_2$$

$$CH_3OH \longrightarrow CO + 2H_2$$

$$CH_3OH + H_2O \longrightarrow CO_2 + 3H_2$$

控制进料气体中 O_2 与 CH_3OH 的摩尔比在（0.3 ～ 0.4）∶1 之间。当 O_2 完全消耗后，甲醇转化率增加，超过了按照部分氧化计算的化学量，产物气体中 H_2 的选择性增加，CO 的选择性并无明显增加。因此认为后续反应是甲醇同副产物 H_2O 发生重整反应。

甲醇部分氧化制氢是一个体积增大的反应，高压对平衡不利；但如果反应压力过低，要实现与质子交换膜燃料电池（工作压力 0.3 ～ 0.5MPa）的顺利匹配，产品气将不得不预先经过压缩才能使用，造成了能量的二次浪费。另外，由反应动力学可知，压力的升高可提高反应速率，缩短反应达到平衡的时间，从而有可能在较短的催化剂床层内实现较高的氢产率。研究表明，甲醇燃烧瞬间完成，在整个催化剂床层上进行的实质为甲醇水蒸气重整和甲醇分解的竞争过程。在反应远离平衡前，随着反应压力的提高，氢选择性降低，CO/CO_2 摩尔比提高，但甲醇的转化率和氢的产率提高。同时，当反应压力由 0.1MPa 逐渐提高到 0.3MPa 和 0.7MPa 时，产物中 CO 的摩尔分数由 2.1% 提高到 2.5% 甚至 3.0%，因此反应压力要适中，为便于与燃料电池顺利匹配，可选择 0.3 ～ 0.5MPa。

3.4.4 甲醇自热重整制氢气

甲醇自热重整是将甲醇部分氧化和甲醇蒸汽重整反应相结合的过程。甲醇蒸气和体系中的水蒸气与氧气反应生成 H_2 和 CO_2 的过程，反应式为：

$$CH_3OH + (1-2n)H_2O + nO_2 \longrightarrow CO_2 + (3-2n)H_2 \quad (0<n<0.5)$$

由于反应体系是由吸热的甲醇水蒸气重整和放热的甲醇部分氧化反应构成，体系由甲醇部分氧化供热，其理论摩尔甲醇产氢量介于甲醇水蒸气重整和甲醇部分氧化之间。影响产物气体组成的主要因素为反应器气体进口温度和水醇摩尔比。较高的水醇摩尔比和气体进口温度可以防止甲醇同氧气发生氧化反应，而且产物中 H_2 含量高，同时可以减少催化剂的积炭，但能耗升高。

研究认为，在甲醇自热重整体系中发生的反应历程同部分氧化体系中发生的反应历程类似，即甲醇氧化分解，然后发生甲醇水蒸气重整，最后根据甲醇的转化率发生的反应可能是逆水汽变换或者 CO 的氧化。在甲醇氧化阶段，还原处理后的催化剂 $Cu/ZnO/Al_2O_3$ 中的 Cu^0 由于体系中初期存在的大量 O_2 而被氧化成 Cu^{2+}。当体系中 O_2 被完全消耗后，体系发生甲醇的重整反应，而体系由于存在 H_2 和 CH_3OH，即在还原性的气氛下，Cu^{2+} 被还原成 Cu^0。Cu 可以在体系中存在不同的氧化态，从而起到不同的催化作用。Cu^{2+} 对 H_2 的生成基本上无催化作用，但是却可以催化 CO_2 和 H_2 的生成，而 CuO 却可以催化 H_2 的生成。

3.5 以氯碱尾气、轻烃裂解为主的工业副产气制氢工艺

3.5.1 工业副产气制氢概述

工业副产气制氢工艺是利用工业生产过程中产生的副产气体来生产氢气的一种方法。副产气是指在生产过程中产生的废气或副产品，其中可能含有可利用的氢气。通过采用适当的

技术和工艺，这些副产气可以被提纯和转化，从而得到高纯度的氢气。

一般的工业副产气制氢工艺的基本步骤和主要原理如下：

① 收集和净化副产气。首先，副产气需要被收集和引导到氢气生产装置。在收集过程中，副产气可能携带有害物质、杂质或其他不需要的气体组分，因此需要进行净化处理。净化包括脱硫、除尘、除湿等操作，以去除硫化物、颗粒物和水分等。

② 氢气分离和纯化。一旦副产气被收集并经过初步净化，接下来的步骤是将氢气与其他气体组分分离和纯化。这可以通过各种技术实现，如压力摩擦吸附、膜分离、吸附剂吸附等。这些技术利用气体分子的不同物理和化学特性，选择性地分离氢气并去除杂质气体，从而提高氢气的纯度。

③ 氢气储存和利用。氢气被分离和纯化之后，它可以被储存起来以满足需要。常见的氢气储存方式包括高压气瓶、氢气储罐和液氢储罐等。储存后的氢气可以有不同的用途，根据具体的需求，需要做进一步的加工和处理，以适应特定的应用场景。

值得注意的是，具体的工业副产气制氢工艺会因不同的副产气来源和要求而有所差异。例如，氯碱尾气和轻烃裂解等都是常见的副产气来源，它们在气体成分、含氢量和杂质组分等方面可能有所不同，因此需要针对性地选择和优化适应的工艺。

3.5.2 氯碱尾气制氢气工艺

氯碱尾气制氢是在氯碱工业过程中利用水电解副反应产生的尾气来进行制氢。氯碱尾气制氢的一般工艺步骤如下：

① 脱硫和除尘。氯碱尾气中常含有硫化氢和颗粒物等有害物质，需要进行脱硫和除尘处理。脱硫方法包括物理吸收和化学吸收，物理吸收通常使用有机溶剂或物理吸收剂来吸收硫化氢。化学吸收常使用碱性溶液（如氢氧化钠）进行反应，将硫化氢转化为硫化钠。

② 压缩和冷凝。处理后的氯碱尾气进入压缩和冷凝系统。压缩操作旨在提高氢气的压力，以便后续处理和存储。冷凝过程通过降低气体温度，使气体中的水分凝结为液体，进一步净化氢气。

③ 氢气回收和提纯。在压缩和冷凝后，氢气可以通过分离和纯化技术进行回收和提纯。常见的技术包括压力摩擦吸附、膜分离和吸附剂吸附等。这些方法可以去除杂质气体，提高氢气的纯度。

3.5.3 轻烃裂解制氢气工艺

轻烃裂解是将石油和其他烃类化合物在高温条件下分解为较小分子的过程。在裂解过程中，也会产生副产气，其中包括氢气。下面是轻烃裂解制氢的一般工艺步骤：

① 预处理。轻烃（如天然气、液化石油气等）在进入裂解反应器之前需要经过预处理。预处理的目的是除去硫化物、饱和烃和炭等杂质，以降低对催化剂的毒性和减少催化剂的热降解。常见的预处理包括脱硫、脱碳和脱饱和烃等操作。

② 裂解反应。预处理后的轻烃进入裂解反应器，在高温和适当的催化剂存在下发生裂

解反应。这个过程将较大分子的烃类化合物分解为较小的分子，其中包括氢气。裂解反应通常在高温（800～1000℃）和一定压力下进行。

③ 氢气净化。裂解反应后，产生的气体混合物中可能含有未转化的烃类化合物和杂质气体。为了提高氢气的纯度，需要进行进一步的净化。常用的净化方法包括压力摩擦吸附、膜分离和吸附剂吸附等。

工业副产气制氢具有以下优点：

① 资源利用。工业副产气制氢利用了生产过程中产生的副产气体，有效利用了资源，降低了能源消耗和废弃物排放。

② 经济性。相比于单独建设氢气生产设施，利用副产气制氢可以减少投资和运营成本，提高经济效益。

③ 环境友好。副产气是工业生产过程中的废气或副产品，通过制氢转化利用，可以减少对环境的负面影响，促进环境保护。

④ 多样性。工业副产气制氢技术可以适用于不同的副产气来源，例如焦炉煤气、氯碱尾气和轻烃裂解等，具有一定的灵活性和适应性。

同时，工业副产气制氢也具有以下缺点：

① 氢气产量和质量限制。副产气中的氢气含量和质量可能相对较低，导致制氢过程中的氢气产量和纯度较低，需要经过多个处理步骤来提高产量和纯度。

② 工艺复杂性。副产气制氢工艺通常需要多个步骤，如净化、分离和纯化等，工艺流程相对复杂，需要控制和管理多个参数，增加了操作难度和设备投资。

③ 适用性限制。不同的副产气来源具有不同的气体成分和特性，因此需要针对每种副产气进行适应性调整和优化，工艺可能在不同的情况下具有不同的效率和适用性。

综合考虑这些优缺点，工业副产气制氢作为一种资源利用和环境友好的方式，在特定的应用场景下具有重要的意义。然而，具体应用时需要仔细评估副产气的特性和工艺的适用性，以确保实现可行和经济有效的制氢过程。

3.6 电解水制氢工艺

3.6.1 电解水制氢概述

电解水制氢技术的优点是工艺比较简单、完全自动化、操作方便，其氢气产品的纯度也极高，一般可达到99%～99.9%，并且由于其主要杂质是H_2O和O_2，无污染，特别适合对一氧化碳要求极为严格的质子膜燃料电池使用。加压水电解制氢技术的成功开发，减小了电解槽的体积，降低了能耗，成为电解水制氢的发展趋势。

电解水制氢技术产氢量目前只占氢气总量的约4%。尽管电解水制氢以水为原料，原料价格比较便宜，但其制氢成本的主要部分是电能的消耗。水电解的耗电量较高，一般制得1m^3 H_2（标准状况）不低于4kW·h用电量。目前电解水制氢的电解效率不高，为50%～70%。

为了提高制氢的效率，电解通常在高压环境下进行，采用的压力多为3.0～3.5MPa，因此利用这种方法制备氢气很不经济，从而限制了电解水制氢的大规模应用。

3.6.2 电解水制氢原理

电解水制氢是通过在电解槽中通入直流电将水分解成氢气和氧气的过程。电解槽通常由两个电极（阳极和阴极）和电解质溶液组成。在电解过程中，电流通过电解质溶液，阴极处的水分子还原成氢气（H_2），而阳极处的水分子氧化成氧气（O_2）。在电解水时，由于纯水的电离度很小，导电能力低，属于弱电解质，所以需要加入电解质，以增强溶液的导电能力，使水能够顺利地电解为氢气和氧气，而电解质在水溶液中并不会分解，如硫酸、氢氧化钠、氢氧化钾等。电解水制氢的原理如图3-10所示。

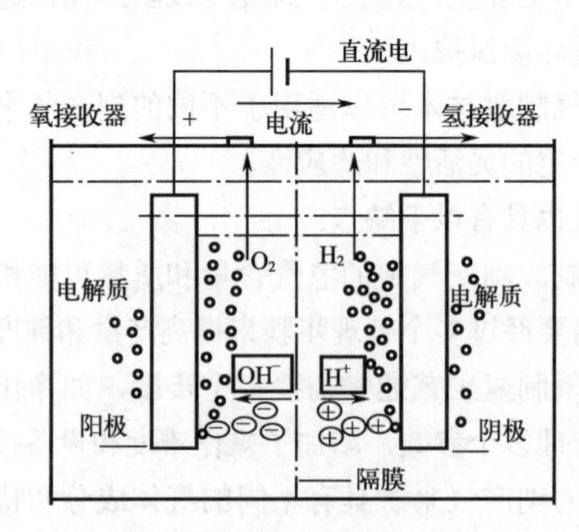

图3-10 电解水制氢的原理

碱性溶液中的电解水制氢化学反应式如下。

阴极反应（还原反应）：　$2H_2O + 2e^- \longrightarrow H_2 + 2OH^-$

阳极反应（氧化反应）：　$4OH^- \longrightarrow 2H_2O + O_2 + 4e^-$

总反应式：　$2H_2O \longrightarrow 2H_2 + O_2$

当水中溶有KOH时，在电离的K^+周围围绕着极性的水分子，形成水合钾离子，K^+的作用使水分子有了极性方向。在直流电作用下，K^+带着有极性方向的水分子一同迁向阴极。在水溶液中同时存在H^+和K^+时，H^+将在阴极上首先得到电子而变成氢气，而K^+仍留在溶液中。

3.6.3 电解水制氢工艺流程

碱性电解液电解水制氢工艺简图如图3-11所示。碱液通过循环泵在电解槽内循环并经过电解连同产生的氢气或氧气分别进入氢气或氧气分离器。在分离器中经气液分离后得到的碱液，经换热器冷却换热后，再经液体处理系统，除去碱液中因冷却而析出的固体杂质，然后通过碱液循环泵再进入电解槽继续进行电解。电解出来的氢气或氧气经气体分离器分离、气体冷却器冷却降温，再经分离系统除去夹带的水分，送纯化系统或输送到使用场所。

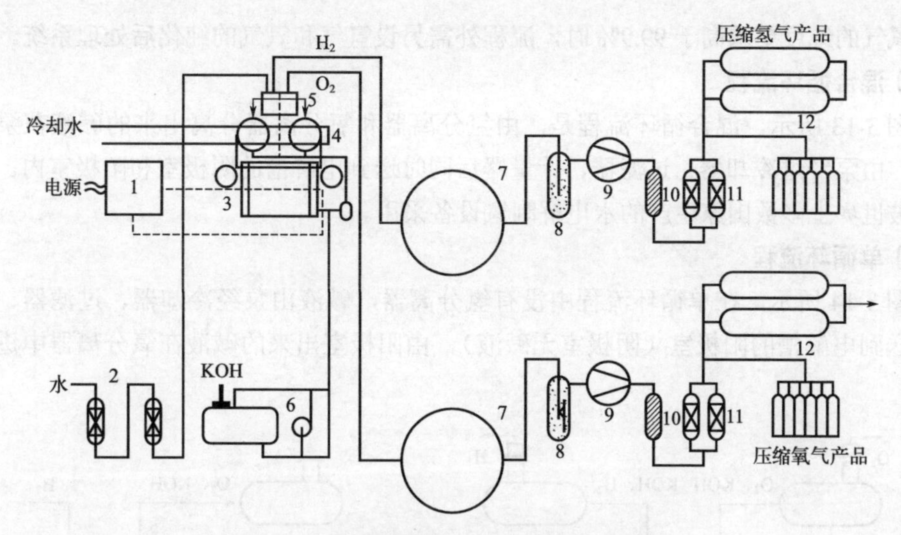

图 3-11 碱性电解液电解水制氢工艺简图

1—整流装置；2—离子净化器；3—电解槽；4—气体分离及冷却设备；5—气体洗涤塔；6—电解液储罐；7—气罐；8—过滤器；9—压缩机；10—气体精制塔；11—干燥设备；12—高压氢气、氧气贮存及装瓶

以上工艺中的碱液循环方式可分为强制循环和自然循环两类。自然循环主要是利用系统中液位的高低差和碱液的温差来实现的。强制循环主要是用碱液泵作动力来推动碱液循环，其循环强度可由人工来调节。强制循环过程又可分为三种流程。

（1）双循环流程

如图 3-12 所示，双循环是将氢分离器分离出来的碱液用氢侧碱液泵经氢侧冷却器、过滤器、计量器后送到电解槽的阴极室，由阴极室出来的氢气和碱液再进入氢分离器。同样，将氧分离器分离出的碱液，用氧侧泵经氧侧冷却器、过滤器、计量器后送到电解槽的阳极室，由阳极室出来的氧气和碱液再进入氧分离器。这样各自形成一个循环系统，碱液互不混合。采用双循环流程电解水制氢的优点是获得的氢气、氧气纯度可达 99.5% 以上，能满足直接使用的要求。缺点是流程复杂，设备仪器仪表多，控制检测点也多，造价高。此外，当对

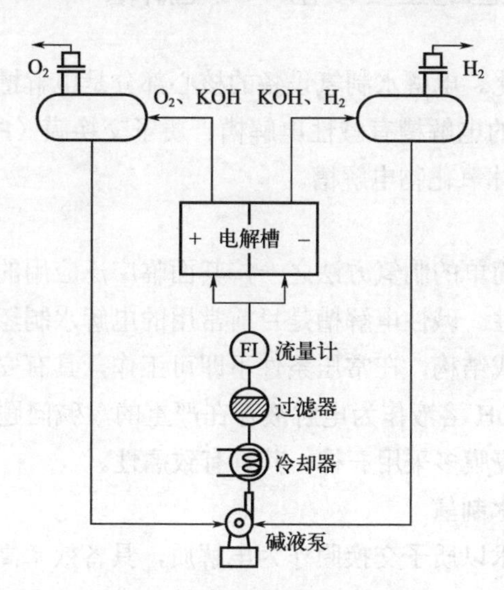

图 3-12 电解液双循环流程

氢气和氧气的纯度要求高于99.9%时，流程外需另设氢气和氧气的纯化后处理系统。

（2）混合循环流程

如图3-13所示，混合循环流程是，由氢分离器和氧分离器分离出来的碱液在泵的入口处混合，由泵经过冷却器、过滤器、计量器后同时送到电解槽的阴极室和阳极室内。这种循环方式被世界上多数国家生产的水电解制氢设备采用。

（3）单循环流程

如图3-14所示，在单循环流程中没有氢分离器，碱液由泵经冷却器、过滤器、计量器后直接送到电解槽的阳极室（阴极室无碱液），由阳极室出来的碱液在氧分离器中进行气液分离。

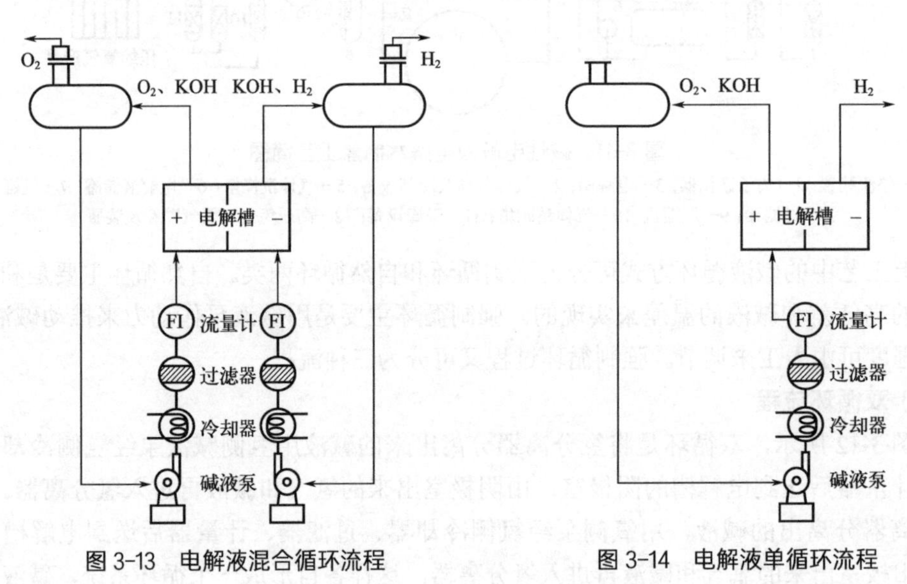

图3-13　电解液混合循环流程　　　图3-14　电解液单循环流程

3.6.4 电解水制氢工艺的主要设备——电解槽

电解水制氢已经工业化。电解水制氢设备的核心部分是电解槽，电解水制氢工艺类型因电解槽不同而不同。常用的电解槽有碱性电解槽、质子交换膜（PEM）［或者固体高分子电解质（SPE）］电解槽和固体氧化物电解槽。

（1）碱性电解水制氢

碱性电解水制氢是最简单的制氢方法之一，其面临广泛应用的挑战在于减少能源消耗成本，提高其持久性和安全性。碱性电解槽是目前常用的电解水制氢电解槽。碱性电解水制氢装置大多具有双极性压滤式结构，在常压条件下即可工作，具有安全可靠等优点。但是碱性电解采用强烈腐蚀性的KOH溶液作为电解液存在严重的渗碱问题，可能会对环境造成潜在的危害。碱性电解槽中的隔膜多采用石棉，其具有致癌性。

（2）质子交换膜电解水制氢

质子交换膜电解水技术以质子交换膜作为电解质，具备效率高、机械强度好、化学稳定性高、耐腐蚀、安全性高、质子传导快、气体分离性好、移动方便等优点，质子交换膜电解槽在较高的电流下工作，其制氢效率却没有降低。质子交换膜电解槽主要由高分子聚合物电解质膜和两个电极构成，质子交换膜与电极为一体化结构，如图3-15所示。当质子交换膜电解槽工作时，水通过阳极室循环，在阳极上发生氧化反应，生成氧气；水中的氢离子在电场作用下透过质子交换膜，在阴极上与电子结合，发生还原反应，生成氢气。质子交换膜中的氢离子是通过水合氢离子形式从一个磺酸基转移到相邻的磺酸基，从而实现离子导电。

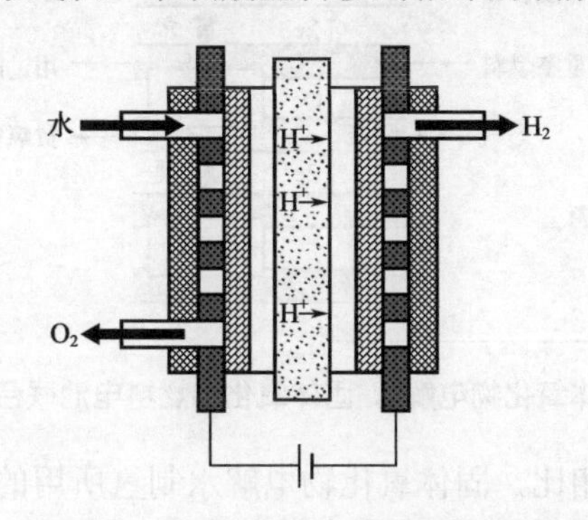

图3-15 质子交换膜电解水制氢示意图

对于质子交换膜电解水技术而言，质子交换膜的研发仍在进行中，目前比较成功的质子交换膜为全氟磺酸高分子膜，商品名有Nafion膜、Flemion膜、Aciple膜和Dow膜，其中杜邦公司生产的Nafion膜效果最好，但是价格昂贵，增加了制氢的成本，并且当工作温度较高（150℃）时质子交换膜就会发生分解，产生有毒气体。为了降低质子交换膜电解水制氢的成本，试图尝试价格比较便宜的聚合物，如聚苯并咪唑（PBI）、聚醚醚酮（PEEK）、聚砜（PS）等，这些聚合物的共同点是不具备质子传导能力或者质子传导能力很低，但是都具有良好的力学性能、化学稳定性和热稳定性。通过对这些聚合物进行质子酸掺杂，使其具有良好的质子传导能力，最终能作为质子交换膜应用到电解水制氢工艺中。对这些高分子聚合物膜的研究仍处于实验阶段。

（3）固体氧化物电解水制氢

根据热力学原理，当温度升高时，固体氧化物电解槽发生分解水反应的吉布斯自由能降低，这就意味着当温度上升时，部分电能可以用热能来代替，即除了电能之外，高温也可以维持水的分解反应；于是人们将固体氧化物燃料电池（SOFC）与固体氧化物电解槽（SOEC）结合起来进行制氢反应，向固体氧化物燃料电池中注入天然气，为固体氧化物电解槽提供电能，在固体氧化物燃料电池中发生不可逆过程产生的热量也是有用的，将提供给固体氧化物电解槽；固体氧化物燃料电池产生的电能和热能提高了能源的转化效率。据报道，中等温度（550～800℃）下的固体氧化物电解槽与其他类型的电解槽相比，产氢所消耗的电能较低，约3kW·h/m^3。

在实际中，固体氧化物燃料电池和固体氧化物电解槽之间是分开的，分别是两个独立的反应槽，通过中间介质的热循环途径，将固体氧化物燃料电池中产生的热量传输给固体氧化物电解槽；或者将固体氧化物燃料电池与固体氧化物电解槽合并为一个槽体，两者之间就像三明治一样，使热和电在两种池体之间的传输更加方便。图3-16为固体氧化物电解槽-固体氧化物燃料电池联合制氢示意图。

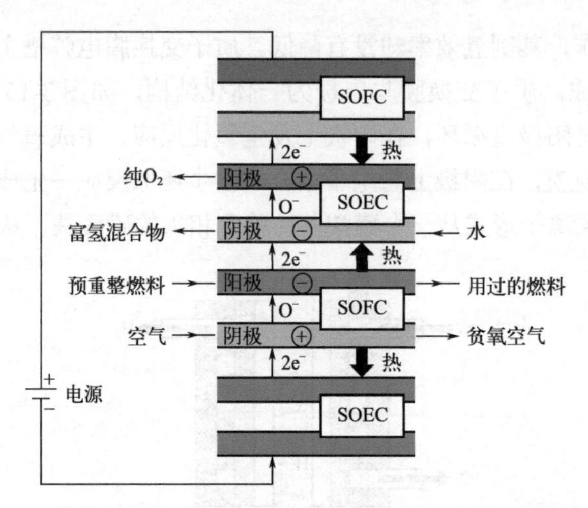

图 3-16　固体氧化物电解槽-固体氧化物燃料电池联合制氢示意图

与其他电解水制氢方法相比，固体氧化物电解水制氢所用的固体氧化物电解槽的工作温度较高，存在高温下生成氧气的可能，与氢气接触，易发生爆炸。

利用传统的电能电解水制氢能耗成本较高，转由可再生能源转化的电能来进行电解水制氢的成本相对较低。研究发现，利用风力发电与电解水制氢联用技术的产氢成本最低，而且风力发电过程对环境造成的危害很小，如果风力发电允许的条件下，通过这种可再生的新能源作为电解水的能源供应，会大大降低电解水制氢的成本。

3.6.5　电解水制氢优缺点

概括而言，电解水制氢工艺有以下一些优点：

① 可再生能源利用。电解水制氢技术可以与可再生能源（如太阳能和风能）结合使用。通过利用可再生能源来提供电力，电解水制氢可以实现零排放的氢气生产，有助于减少对传统化石燃料的依赖，推动清洁能源转型。

② 高纯度氢气产生。电解水制氢技术可以产生高纯度的氢气。相比于其他氢气生产方法，如天然气蒸汽重整，电解水制氢能够获得更高纯度的氢气，通常可达到 99.9% 以上的纯度要求。

③ 灵活性和可调性。电解水制氢技术具有灵活性和可调性，能够根据需求进行氢气产量的调节。通过调整电流密度和电解槽的规模，可以灵活地控制和调整氢气的产量，以适应不同的应用需求。

④ 零排放。电解水制氢过程本身是零排放的，因为唯一的副产品是氧气。相比于传统的化石燃料燃烧产生的二氧化碳等有害气体，电解水制氢是一种环保和可持续的氢气生产方法。

⑤ 资源可再利用。电解水制氢技术可以利用可再生水资源进行氢气生产。水是地球上最丰富的资源之一，可以通过循环利用和再生水处理来供给电解水制氢过程，实现资源的有效利用。

⑥ 适应多种应用。电解水制氢技术可以应用于各种领域，如能源存储、交通运输、工

业加氢等。由于产生的氢气具有高纯度和可调性，可以满足不同应用对氢气质量和数量的要求。

⑦ 系统的可持续性。电解水制氢技术与其他氢气生产方法相比，系统的可持续性更高。它可以通过使用可再生能源作为电力来源，并与碳捕集和储存技术相结合，实现低碳和零碳排放的氢气生产。

尽管电解水制氢有上述优点，但也存在一些缺点，包括以下几个方面：

① 能源消耗大。电解水制氢是一个能量密集型过程。大量的电能被用于分解水分子，而电能的产生可能来自传统能源，如化石燃料，这会导致温室气体排放和环境影响。虽然使用可再生能源可以减少对传统能源的依赖，但其可再生能源的可用性和成本仍然是一个挑战。

② 原材料成本高。电解过程需要电解质溶液来提供离子以增加水的导电性，这通常需要额外的成本和能源，例如用于制备和回收电解质溶液的化学品和设备。同时，电解水制氢电解槽材料常用到贵金属如铂等，这些材料价格较高，而且供应有限。

③ 氢气纯度有待提高。电解水制氢过程产生的氢气通常含有少量的杂质，如氧气、水蒸气和其他气体。如果需要高纯度的氢气，可能需要进一步的处理和纯化步骤，增加了复杂性和成本。

④ 系统复杂性。电解水制氢工艺涉及多个步骤和设备的协调工作，包括电解槽、电源系统、分离和收集系统等。系统的复杂性增加了操作和维护的难度，并可能导致设备故障和停机时间的增加。

⑤ 氧气产量和处理。电解水制氢过程中产生的氧气通常是副产物，产量较大。处理和利用副产的氧气可能需要额外的成本和设备。

需要注意的是，随着技术的不断发展和改进，一些缺点可以得到缓解或解决。例如，使用可再生能源来供应电能、开发新型的电解槽材料及改进的分离和纯化技术等，有助于克服一些缺点并提高电解水制氢工艺的可持续性和经济性。

参考文献

[1] 白雪松，国内外氢气 (H_2) 的生产和消费分析报告 [OL]. 2010-12-29. https://wenku.baidu.com/view.

[2] 徐振刚，王东飞，宇黎亮 . 煤气化制氢技术在我国的发展 [J]. 煤，2001, 10(4): 3-6.

[3] 贺根良，门长贵 . 制氢技术的思考 [J]. 山东化工，2009, 38(2): 19-21.

[4] 肖钢，常乐 . 低碳经济与氢能开发 [M]. 武汉：武汉理工大学出版社，2011.

[5] 许祥静 . 煤气化生产技术 [M]. 2 版 . 北京：化学工业出版社，2010.

[6] 许珊，王晓来，赵睿 . 甲烷催化制氢气的研究进展 [J]. 化学进展，2003, 15(2): 141.

[7] 汪寿建，天然气综合利用技术 [M]. 北京：化学工业出版社，2003.

[8] Amphlett J C, Creber K A M, Davis J M, et al. Hydrogen production by steam reforming of methanol for polymer electrolyte fuel cells [J]. Int J Hydrogen Energy, 1994, 19(2): 131-137.

[9] 郝树仁，李言浩 . 甲醇蒸汽转化制氢技术 [J]. 齐鲁石油化工，1997, 25(5): 225-226.

[10] Pour V, Barton J, Benda A. Kinetics of catalyzed reaction of methanol with water vapour[J]. Collect Czech Chem C. 1975, 40(10): 2923-2934.

[11] Geissler K，Newson E, Vogel F, et al. Autothermal methanol reforming for hydrogen production in fuel cell applications [J]. Phys Chem Chem Phys, 2001, 3(3): 289-293.

[12] Breen J P, Meunier F C, Ross J R H. Mechanistic aspects of the steam reforming of methanol over a $CuO/ZnO/ZrO_2/Al_2O_3$ catalyst[J]. Chem Communication, 1999, 59: 2247-2248.

[13] Harold P M, Nair B, Kolios G. Hydrogen generation in a Pd membrane fuel processor: assessment of methanol-based reaction systems [J]. Chem Eng Sci, 2003, 58(12): 2551-2571.

[14] 徐元利 . 甲醇裂解气对点燃式电控发动机性能影响研究 [D]. 天津：天津大学，2009.

[15] 秦建中，张元东 . 甲醇制氢工艺与优势分析 [J]. 玻璃，2004, 176: 29-32.

[16] Murcia-Mascaros S, Navarro R M, Gomez-Sainero L, et al. Oxidative methanol reforming reactions on Cu/Zn/Al catalysts derived from hydrotalcite-like precursors [J], J Catal, 2001, 198(2): 338-347.

[17] Schuyten S, Guerrero S, Miller J T, et al. Characterization and oxidation states of Cu and Pd in Pd-CuO/ZnO/ZrO_2 catalysts for hydrogen production by methanol partial oxidation [J]. Appl Catal A: Gen, 2009, 352(1): 133-144.

[18] Rabe S, Vogel F. A thermogravimetric study of the partial oxidation of methanol for hydrogen production over a Cu/ZnO/Al_2O_3 catalyst [J]. Appl Catal B: Environ, 2008, 84(3): 827-834.

[19] Semelsberger T A, Brown L F, Borup R L, et al. Equilibrium products from autothermal processes for generating hydrogen-rich fuel-cell feeds [J]. Int J Hydrogen Energy, 2004, 29(10): 1047-1064.

[20] Zeng K, Zhang D. Recent progress in alkaline water electrolysis for hydrogen production and applications [J]. Prog Energy Comb Sci, 2010, 36: 307.

[21] 林才顺 . 质子交换膜水电解技术研究现状 [J]. 湿法冶金，2010, 29: 75.

[22] 陈晓勇 . 燃料电池用质子交换膜 [J]. 化学推进剂与高分子材料，2009, 7: 16.

[23] Iora P, Taher M A A, Chicsa P, et al. A novel system for the production of pure hydrogen from natural gas based on solid oxide fuel cell-solid oxide electrolyzer [J]. Int J Hydrogen Energy, 2010, 35: 12680.

[24] 王璐，牟佳琪，侯建平，等 . 电解水制氢的电极选择问题研究进展 [J]. 化工进展，2009, 28（增刊）: 512-515.

[25] 朱同清，朱宇 . 水电解制氢的现状和发展趋势 [J]. 中国气体，2006（氢能专刊）: 86-90.

第 4 章

锂离子电池材料合成工艺

4.1 锂离子电池的组成材料

4.1.1 电极材料

化学电源即电池，通常由电极、电解液、隔膜和外壳等组成。电极是电池的核心，是发生成流反应并传导电子的组件，主要由活性物质、集流体和其他辅助材料（如导电剂、黏结剂、添加剂等）组成。活性物质是指电池放电时，通过化学反应能产生电能的电极材料。活性物质多为固体，但也有液体和气体，是决定化学电源基本特性的重要部分。活性物质制备电池需满足以下条件：

① 正负极组成电池后，电动势要尽可能高。

② 电化学活性高，即自发进行反应的能力强。

③ 质量比容量和体积比容量大。

④ 在电解液中化学稳定性高，其自溶速度应尽可能慢。

⑤ 具有高的电子导电性。

⑥ 资源丰富，价格低廉。

（1）正极材料

锂离子电池正极材料主要有：

① 层状结构的钴酸锂（$LiCoO_2$）、镍酸锂（$LiNiO_2$）、锰酸锂（$LiMnO_2$）以及它们的复合物镍钴锰三元材料（如 $LiNi_{1-x-y}Co_xMn_yO_2$，其中 $x+y \leqslant 1$；$xLi_2MnO_3 \cdot (1-x)LiMeO_2$，其中 $0 < x < 1$，Me=Mn、Co、Ni、Fe 等）和镍钴铝三元材料（$LiNi_{1-x-y}Co_xAl_yO_2$，其中 $x+y \leqslant 0.5$）等；

② 尖晶石结构的锰酸锂（$LiMn_2O_4$）和其衍生物尖晶石结构镍锰酸锂（$LiNi_{0.5}Mn_{1.5}O_4$）；

③ 橄榄石结构的磷酸盐，如磷酸铁锂（$LiFePO_4$）、磷酸锰锂（$LiMnPO_4$）和它们两者的复合物磷酸锰铁锂（$LiMn_{1-x}Fe_xPO_4$）等，以及其他聚阴离子化合物，如过渡金属的硫酸盐、硼酸盐、硅酸盐等；

④ 单质硫正极材料，一般为硫 / 碳复合物。

得到商业化应用的锂离子电池正极材料主要有 $LiCoO_2$、镍钴锰（NCM）三元材料（NCM523、NCM622、NCM811）、镍钴铝（NCA）三元材料、$LiFePO_4$、$LiMn_2O_4$ 等。几种常见锂离子电池正极材料与石墨碳负极组成的电池性能如表 4-1 所示。

（2）负极材料

锂离子电池负极材料主要有：

① 层状结构的石墨、层状结构的过渡金属硫化物（如 TiS_2、MoS_2、WS_2 等）；

② 尖晶石结构的钛酸锂，如 $Li_4Ti_5O_{12}$、$LiTi_2O_4$、$Li_2Ti_3O_7$ 等；

③ 能够与锂形成合金的单质，如锡、硅、铝、锑等；

④ 能够发生转化反应的过渡金属氧化物、硫化物、卤化物等，如 MnO、MnS、MnF_2、FeO、CuS 等。

得到商业化应用的锂离子电池负极材料有石墨、钛酸锂、硅/碳复合物等。

表 4-1　各类锂离子电池性能指标比较

性能指标	$LiCoO_2$	$LiMn_2O_4$	$LiNi_{0.5}Mn_{1.5}O_4$	NMC 三元材料	$LiFePO_4$
结构	层状	尖晶石	尖晶石	层状	橄榄石
开路电压/V	3.0～4.2（3.7）	3.0～4.2（4.0）	3.5～5.0（4.5）	3.0～4.6（3.7）	3.4
正极比容量/(mA·h/g)	155	148	146.7	158～280	170
能量密度/(W·h/kg)	160～200	120～160	150～200	150～250	110～160
循环性能/次	500～1000	300～500	300～500	1000～3000	1000～3000
热稳定性	不稳定	稳定	稳定	较稳定	稳定
振实密度/(g/cm^3)	2.0～2.4	1.8～2.4	1.8～2.4	1.8～2.4	1.1～1.5
原材料资源	贫乏	丰富	丰富	较贫乏	丰富
环保性	较差	好	好	较差	好
安全性	较差	好	好	较差	优异
原材料成本	高	低	低	中	低
电池综合性能	好	一般	较好	较好	较好

4.1.2　电解质

电解质是电池的重要组成部分之一，是在电池内部正、负极之间建立离子导电通道，同时阻隔电子导电的物质，因此锂离子电池的电化学性能与电解质的性质密切相关。锂离子电池通常采用有机电解质，其化学稳定性好，电化学稳定电势窗口宽，工作电压通常比使用水溶液电解质的电池高出1倍以上，接近4V，使锂离子电池具备了高电压和高比能量的性质。但是有机电解质离子电导率较低，热稳定性较差，容易受水分影响，导致锂离子电池存在安全隐患。锂离子电池电解质包括液态电解质、半固态电解质和固态电解质。

4.1.2.1　液态电解质

液态电解质也称为电解液，锂离子电池常用的有机液体电解质（有机电解液）也称非水液体电解质。有机液体电解质由锂盐、有机溶剂和添加剂组成，其物理化学性质包括电化学稳定性、传输性质、热稳定性，锂离子电池的性能与电解液的物理化学性质密切相关。常见的锂离子电池有机电解液的组成实例及其性质见表4-2。

① $LiPF_6$。商业化锂离子电池采用得最多的锂盐，但其热稳定性较差，遇水极易分解，导致在制备和使用过程中需要严格控制环境水分含量。

② 有机溶剂。主要作用是溶解锂盐，使锂盐电解质形成可以导电的离子。常用的有碳酸丙烯酯（PC）、碳酸乙烯酯（EC）、碳酸二甲酯（DMC）和碳酸二乙酯（DEC）等。有机溶剂一般选择介电常数高、黏度小的有机溶剂。介电常数越高，锂盐就越容易溶解和解离；黏度越小，离子移动速度越快。但实际上介电常数高的溶剂黏度大，黏度小的溶剂介电常数低。因此，单一溶剂很难同时满足以上要求，锂离子电池有机溶剂通常采用介电常数高的有机溶剂与黏度小的有机溶剂混合来弥补各组分的缺点。如EC的介电常数高，有利于锂盐的

表 4-2 锂离子电池有机电解液的组成实例及其性质

正极 / 负极	有机电解液	电导率 /（mS/cm）	密度 /（g/cm³）	水分 /（μg/g）	游离酸（以 HF 计）/（μg/g）	色度（Hazen）
钴酸锂或三元材料 / 人造石墨或改性天然石墨	$LiPF_6$+EC + DMC + EMC+VC	10.4±0.5	1.212±0.01	<20	<50	<50
高电压钴酸锂 / 人造石墨	$LiPF_6$+EC + PC + DEC + FEC + PS	6.9±0.5	0.15±0.01	<20	<50	<50
高压实钴酸锂 / 高压实改性天然石墨	$LiPF_6$+EC+ EMC+EP	10.4±0.5	1.154±0.01	<20	<50	<50
$LiNi_{1/3}Co_{1/3}Mn_{1/3}O_2$/ 人造石墨	$LiPF_6$+EC + DMC + EMC+VC	10.0±0.5	1.23±0.01	<20	<50	<50
钴酸锂材料 / 硅碳材料	$LiPF_6$+EC+ DEC + FEC	7.0±0.5	1.208±0.01	<20	<50	<50
高倍率三元材料 / 人造石墨或复合石墨	$LiPF_6$+EC + EMC + DMC+VC	10.7±0.5	1.25±0.01	<20	<50	<50
磷酸铁锂 / 人造石墨或改性石墨	$LiPF_6$+EC + DMC + EMC+VC	10.9±0.5	1.23±0.01	<20	<50	<50
锰酸锂 / 人造石墨	$LiPF_6$+EC + PC + EMC + DEC + VC + PS	8.9±0.5	1.215±0.01	<10	<30	<50
钴酸锂或三元材料 / 钛酸锂	$LiPF_6$+PC +EMC + LiBOB	7.5±0.5	1.179±0.01	<10	<30	<50
钴酸锂或三元材料 / 人造石墨或改性天然石墨凝胶电解质	$LiPF_6$+EC + EMC + DEC + VC	7.6±0.5	1.2±0.01	<10	<30	<50

注：$LiPF_6$—六氟磷酸锂；EC—碳酸乙烯酯；DMC—碳酸二甲酯；EMC—碳酸甲乙酯；PC—碳酸丙烯酯；DEC—碳酸二乙酯；FEC—氟代碳酸乙烯酯；VC—碳酸亚乙烯酯；PS—聚砜；EP—丙酸乙酯；LiBOB—双草酸硼酸锂。

离解，DMC、DEC、EMC 黏度低，有助于加快锂离子的迁移速度。

③ 添加剂。起改进和改善电解液电性能和安全性能的作用。一般来说，添加剂主要有三方面的作用：a. 改善 SEI 膜的性能，如添加碳酸亚乙烯酯（VC）、亚硫酸乙烯酯（ES）和 SO_2 等；b. 防止过充电（添加联苯）、过放电；c. 阻燃添加剂可避免电池在过热条件下燃烧或爆炸，如添加卤系阻燃剂、磷系阻燃剂以及复合阻燃剂等；d. 降低电解液中的微量水和 HF 含量。

④ 关键性能。电化学窗口越宽，电解液电化学稳定性越好，锂离子电池的电化学窗口一般要求达到 4.5V 之上；电解液的电导率在很大程度上受溶剂组成的影响，高介电常数和低黏度系数混合溶剂能显著提高电解质的电导率和 Li^+ 迁移数，改善锂金属电极的循环性能及循环效率；电解液的热稳定性对锂离子电池的高温性能和安全性能起着至关重要的作用，目前商用锂离子电池只能在室温下（＜40℃）使用，否则电池的性能将急剧恶化。

4.1.2.2 半固态电解质

凝胶聚合物电解质（GPE）是液体与固体混合的半固态电解质，聚合物分子呈现交联的空间网状结构，在其结构孔隙中间充满了液体增塑剂，锂盐则溶解于聚合物和增塑剂中。其中聚合物和增塑剂均为连续相。凝胶聚合物电解质减少了有机液体电解质因漏液引发的电极腐蚀、氧化燃烧等生产安全问题。

凝胶聚合物电解质的相存在状态复杂，由结晶相、非晶相和液相三个相组成。其中结晶相由聚合物的结晶部分构成，非晶相由增塑剂溶胀的聚合物非晶部分构成，而液相则由聚合物孔隙中的增塑剂和锂盐构成。在凝胶聚合物中，聚合物之间呈现交联状态。

凝胶聚合物电解质具有导电作用和隔膜作用。离子导电以液相增塑剂中导电为主，在凝胶聚合物电解质中增塑剂含量有时可以达到 80%，电导率接近液态电解质。凝胶聚合物电解质要求既保持高的导电性，同时具有符合要求的机械强度，但这两个要求是难以调和的。研究比较多的是聚偏二氟乙烯（PVDF）系聚合物电解质，它可以由聚合物基体［聚偏二氟乙烯-六氟丙烯共聚物（PVDF-HFP）］、增塑剂［碳酸乙烯酯-碳酸丙烯酯共聚物（EC-PC）］和锂盐组成。

与液态电解质相比，半固态的凝胶电解质具有很多优点：安全性好，在遇到如过充过放、撞击、碾压和穿刺等非正常使用情况时不会发生爆炸；采用软包装铝塑复合膜外壳，可制备各种形状电池、柔性电池和薄膜电池；不含液态成分或含有的液态成分很少，比液态电解质的反应活性要低，对于碳电极作为负极更为有利；凝胶电解质可以起到隔膜作用，省去常规的隔膜；可将正负极黏结在一起，电极接触好；可以简化电池结构，提高封装效率，从而提高能量和功率密度，节约成本。但凝胶电解质也存在一些缺点：电解质的室温离子电导率是液态电解质的几分之一甚至几十分之一，导致电池高倍率充放电性能和低温性能欠佳，并且力学性能较低，很难超过聚烯烃隔膜，同时生产工艺复杂，电池生产成本高。

4.1.2.3　固态电解质

固态电解质可分为固体聚合物电解质和无机固体电解质。

（1）固体聚合物电解质

固体聚合物电解质具有不可燃、与电极材料间的反应活性低、柔韧性好等优点。固体聚合物电解质是由聚合物和锂盐组成，可以近似看作是将盐直接溶于聚合物中形成的固态溶液体系。固体聚合物电解质与凝胶聚合物电解质的主要区别是不含有液体增塑剂，只有聚合物和锂盐两个组分。固体聚合物电解质中存在聚合物的结晶区和非晶区两个部分，聚合物中的官能团是通过配位作用将离子溶解的，溶解的离子主要存在于非晶区，离子导电主要是通过非晶区的链段运动来实现的。锂盐的溶解是通过聚合物对阴离子、阳离子的溶剂化作用来实现的，主要是通过对锂离子的溶剂化作用来实现溶解。杂原子上的孤对电子与阳离子的空轨道产生配合作用，使得锂离子溶剂化。研究较多的有聚醚系、聚丙烯腈系、聚甲基丙烯酸酯系、含氟聚合物系等系列。

（2）无机固体电解质

一般是指具有较高离子电导率的无机固体物质，用于锂离子电池的无机固体电解质也称为锂快离子导体。用于全固态锂离子电池的无机固体电解质包括玻璃电解质和陶瓷电解质。无机固体锂离子电解质不仅能排除电解质泄漏问题，还能彻底解决因可燃性有机电解液造成的锂离子电池的安全性问题，因此在高温电池和动力电池组方面显示了很好的应用前景。无机固体电解质分为晶态固体电解质、非晶态固体电解质和复合型固体电解质。

晶态固体电解质和非晶态固体电解质的导电性都与材料内部的缺陷有关。在电场的作用下大量无序排列的离子就会移动，从一个位置跳跃到另一个位置，因此晶态固体电解质具备了导电性。当可移动离子浓度高时，离子遵循欧姆定律进行迁移；而当浓度低时，离子遵循费克定律进行迁移。前者与可移动离子浓度有关，后者与浓度梯度有关。研究较多的主要包括 Perovskite 型、NaSiCON 型、LiSiCON 型、LiPON 型和 GARNET 型。

非晶态固体电解质的结构具有远程无序状态，其中存在大量的缺陷，为离子传输创造了良好条件，因此电导率较高。主要包括氧化物玻璃（由 SiO_2、B_2O_3、P_2O_5 等分别与 Li_2O 组成）和硫化物玻璃固体电解质。S 比 O 电负性小，对 Li^+ 的束缚力弱，并且 S 原子半径较大，可形成较大的离子传输通道，利于 Li^+ 迁移，因而硫化物玻璃显示出较高的电导率，在室温下为 $10^{-4}\sim10^{-3}$S/cm。研究较为深入的硫化物非晶态电解质有 Li_2S-SiS_2、Li_2S-P_2S_5、Li_2S-B_2S_3 等。

4.1.3 其他关键组成材料

在锂离子电池的制造过程中，除了上述的电极材料和电解质外，还需要隔膜、导电剂、黏结剂、壳体、集流体和极耳等关键材料，这些关键组成材料的设计和质量对电池的性能、寿命和安全性也至关重要。

① 锂离子电池的隔膜是一种多孔塑料薄膜，能够保证锂离子自由通过形成回路，同时阻止两电极相互接触起到电子绝缘作用。隔膜厚度、孔径大小及其分布、孔隙率、闭孔温度等物理化学性能与电池的内阻、容量、循环性能和安全性能等关键性能都密切相关，直接影响电池的电化学性能。尤其是对于动力锂离子电池，隔膜对电池倍率性能和安全性能的影响更显著。目前商品化的液态锂离子电池大多使用微孔聚烯烃隔膜，包括聚乙烯（PE）单层膜、聚丙烯（PP）单层膜以及 PP/PE/PP 三层复合膜。同时有机 / 无机复合膜也已经在逐步推广应用。

② 导电剂被添加到电极材料中，在活性物质颗粒之间、活性物质颗粒与集流体之间起到收集微电流的作用，从而减小电极的接触电阻，减少电池极化，促进电解液对极片的浸润。锂离子电池常用导电剂有炭黑、碳纳米管、石墨烯等。

③ 黏结剂主要是将活性物质粉体黏结起来，增强电极活性材料与导电剂以及活性材料与集流体之间的电子接触，更好地稳定极片的结构。黏结剂主要分为油溶性黏结剂［如聚偏二氟乙烯（PVDF）的 *N*-甲基吡咯烷酮（NMP）溶液］和水溶性黏结剂［如丁苯橡胶（SBR）乳液］。

④ 集流体的作用主要是承载电极活性物质、将活性物质产生的电流汇集输出、将电极电流输入给活性物质。要求集流体纯度高，电导率高，化学与电化学稳定性好，机械强度高，与电极活性物质结合好。锂离子电池的集流体通常采用铜箔和铝箔，铜箔厚度通常为 6 ～ 12μm，铝箔厚度通常为 10 ～ 16μm。

⑤ 极耳就是从锂离子电池电芯中将正负极引出来的金属导电体，正极通常采用铝条，负极采用镍条或者铜镀镍条。极耳应具有良好的焊接性。

⑥ 电池壳体用于保护电池内部组件免受外部环境的影响。锂离子电池的壳体按材质可分为钢壳、铝壳和铝塑复合膜。钢壳不易变形，抗压能力大，可以制备体积较大的电池，但其质量比能量低；铝壳的质量轻，质量比能量高于钢壳，但受铝材强度限制不适合制备大电池；铝塑复合膜制备的电池尺寸范围比铝壳电池大，也能制备薄型电池和异形电池。目前，动力锂离子电池组外壳也有采用聚己二酰己二胺（PA66）、丙烯腈-苯乙烯-丁二烯共聚物（ABS）或聚丙烯（PP）塑料作为壳体的。

4.2　新能源材料合成方法

新能源材料的制备方法包括物理法、化学法、生物法等多种方法。其中，化学法是从原子、分子微观层面实现物质转化的有效方法，其特点是合成工艺简单，产品纯度高，制备周期短。新能源材料的合成方法可以简单地根据反应物的状态分为固相法、液相法和气相法。

（1）固相法

固相反应是固体间发生化学反应生成新固体产物的过程，具体是通过将反应物粉体按一定比例充分混合、压块、煅烧、粉碎等工序制得粉体产物，其微观过程是反应物分子或离子接触、发生扩散、反应生成新物质（旧键的断裂和新键的形成）。固相法的特点是反应选择性高，产率高，工序短，容易实现工业化，但是其反应物接触不充分，产物纯度不够理想，常存在批次差现象。固相法还可以按反应机理不同分为扩散控制过程、化学反应速率控制过程、晶核成核速率控制过程和升华控制过程等；按反应物状态不同分为固 / 固反应、固 / 气反应、固 / 液反应及固 / 气 / 液反应；按反应性质不同分为氧化反应、还原反应、加成反应、置换反应和分解反应。

（2）液相法

液相法是反应物原子、分子或纳米颗粒在液态分散相中充分接触，在一定的条件下发生化学反应生成新产物的过程。液相法可制备高纯或超纯物质，对所需温度可大幅度降低，但工艺流程较长。液相法根据制备过程特征可分为沉淀法、溶剂热法、溶胶-凝胶法、电解法、超临界法、喷雾热解法等。

（3）气相法

气相法是通过一定的方法使原料变为气体，在气相条件下发生反应，经冷却沉积形成纳米颗粒或者薄膜的过程。气相法可分为激光诱导气相沉积法、蒸发凝结法、溅射法和化学气相沉积法。气相法的好处是反应条件易控制、产物易精制，只要控制反应气体及气体的稀薄程度就可以制备出粉体产物，颗粒的粒径小、分散性好、分布窄；其缺点是产率较低、对设备要求高且粉末收集较难。

新能源材料合成方法还可以根据过程的其他特点进行分类，这里不再赘述。常见方法归纳于图 4-1。

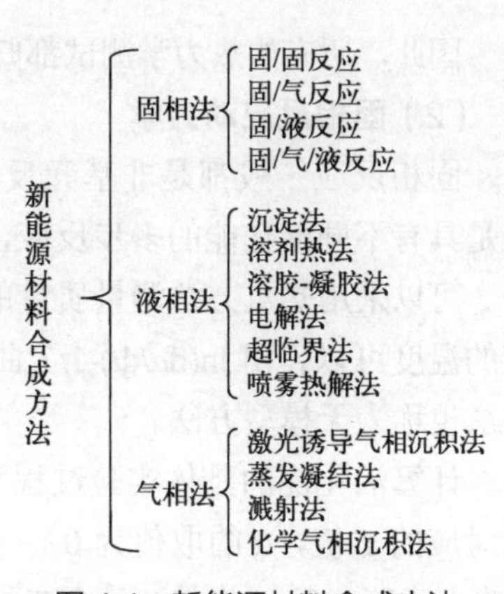

图 4-1　新能源材料合成方法

4.3 固相法合成锂离子电池钴酸锂正极材料

4.3.1 固相法合成原理

固相物质键合作用较强，低温下反应较难进行，为加快反应，采取提高温度的方法，促进各种元素之间的相互扩散从而发生化学反应，最终生成结构更加稳定的化合物。高温固相反应是否发生由热力学决定，反应进行快慢则受动力学控制。

（1）固相反应热力学

固相反应过程一般是一个恒温、恒压系统，当系统达到平衡状态时热力学状态函数 ΔG、ΔH、ΔS 满足热力学第二定律。

$$\Delta G=\Delta H-T\Delta S \tag{4-1}$$

一个潜在反应，如果热力学计算显示吉布斯自由能ΔG 的变化是负值的时候，表明这个反应可以发生并且将释放能量。释放的能量等于这个化学反应所能够做的最大的功。相反，如果ΔG 为正值，能量必须通过做功的方式进入反应系统使得此反应能够进行。

由于吉布斯自由能的绝对值很难求出，同时它又是一个状态函数，所以实际应用时，就采用各种物质与稳定单质的相对值，即标准摩尔生成吉布斯自由能变（用符号$\Delta_f G^{\ominus}_{298.15}$ 表示）。它是由处于标准状态下的稳定单质生成 1mol 标准状态下的化合物的吉布斯自由能变。通过生成吉布斯自由能，能够算出标准反应自由能。在材料合成固相法应用中，在常规压力下（可视为标准大气压）升高反应温度，物质的生成焓和生成熵变化相对较小，但生成吉布斯自由能的变化较大，从而可以估算确定适当的反应温度。

但是在化合物热力学基本数据库中，可能无法找到非标准条件下反应物或产物的热力学数据。可以根据$\Delta_r H^{\ominus}_{298.15}$ 和$\Delta_r S^{\ominus}_{298.15}$ 以及常压下比热容 c_p 随温度的变化函数来确定。

$$\Delta_r H^{\ominus}_T=\Delta_r H^{\ominus}_{298.15}+\int_{298.15}^{T} c_p \, dT \tag{4-2}$$

$$\Delta_r S^{\ominus}_T=\Delta_r S^{\ominus}_{298.15}+\int_{298.15}^{T} \frac{c_p}{T} dT \tag{4-3}$$

因此，所有的热力学测试都归结于不同温度下比热容的测量及其对温度依赖关系的确定。

（2）固相反应动力学

固相反应一般都是非基元反应，其反应机理容易随着温度的变化而变化，反应很有可能是具有不同活化能的多步反应，因此对新能源材料固相反应合成过程的动力学参数报道较少。可以采用热重方法测量质量的变化，通过不同升温速率下达到相同转化率（$d\alpha/dt$）所对应的温度可以作出 $\ln(d\alpha/dt)$-$1/T$ 曲线。根据斜率即可获得不同转化率下的反应活化能 E_a。该方法也称为无模型方法。

计算活化能的具体实验过程为：设定不同的升温速率，记录每一个升温速率下转化率 α 和对应的 T 值，α 的取值为 0 ～ 1 之间，以 $\ln(d\alpha/dt)$-$1/T$ 进行作图，然后将各条曲线上相同 α 的点连在一起，并通过最小二乘方法拟合直线。计算该直线的斜率，从而获得活化能。根据一定温度范围内对应活化能数值的不同，可以分析讨论可能对应的化学反应过程。

固相反应经历四个阶段，即扩散—反应—成核—生长，每一步都有可能是反应速率的控制步骤。固相反应的发生起始于两个反应物分子的扩散接触，接着发生化学反应，生成产物分子。此时生成的产物分子分散在母体反应物中，只能当作一种杂质或缺陷的分散存在，只有当产物分子聚集到一定大小，才能出现产物的晶核，从而完成成核过程。随着晶核的长大，达到一定的大小后才会出现产物的独立晶相。

4.3.2 固相法生产工艺

固相法生产工艺具体是将金属氧化物或金属盐按照一定比例充分混合、装钵、整平、切块、烧结、粉碎、合批、除铁、筛分、包装，然后检验。为了获得纯相且颗粒均匀的产物，有时候需将焙烧和球磨技术结合进行长时间或多阶段加热。钴酸锂（$LiCoO_2$）正极材料是锂离子电池商业化的关键材料，其工业生产主要采用高温固相法工艺，本节主要以工业生产 $LiCoO_2$ 为例介绍一般新能源材料的固相法合成工艺（图 4-2）。

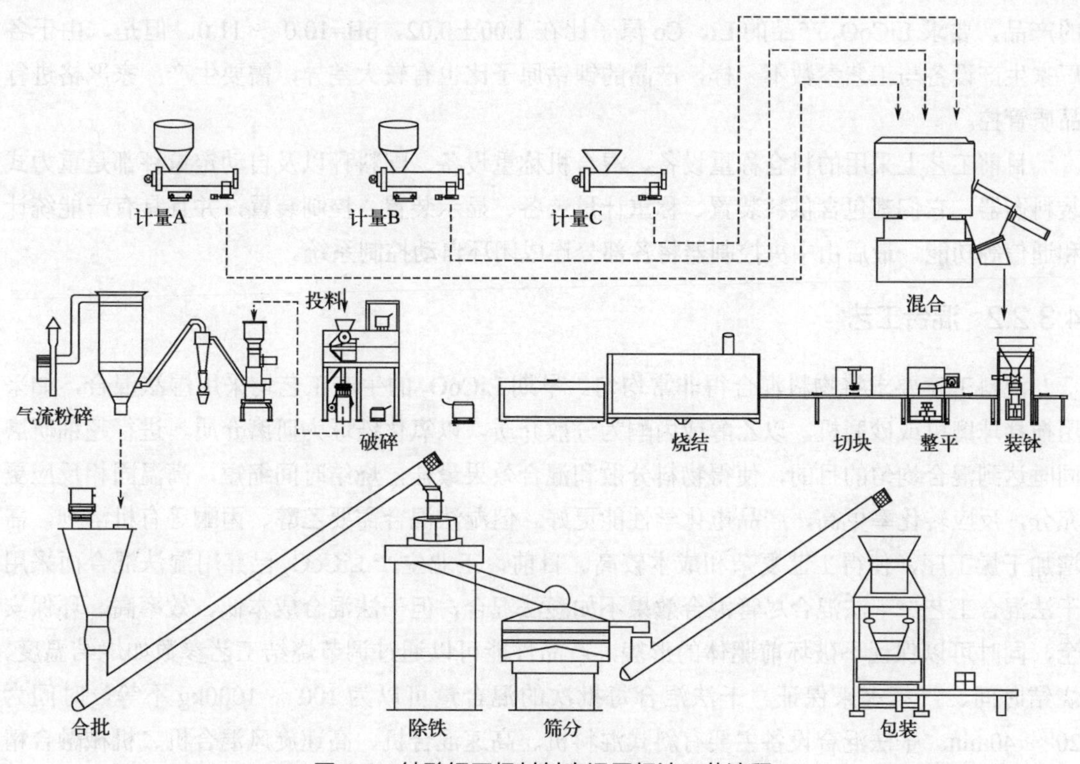

图 4-2　钴酸锂正极材料高温固相法工艺流程

4.3.2.1　原料性质和配料

（1）原料性质的影响

原料性能主要涉及主要元素、杂质和水分等的含量，以及粒径大小和分布、形貌、振实密度、比表面积等性能，这些因素对合成反应速率、工艺过程、产品性能等均有重要影响。

生产企业应该配备相应的测试手段和专业人员，跟进原料各项性能指标。

一般来说，原料粒径小，可采用较低的反应温度和较短的反应时间，产物的粒度也会较小，在实际工作中应该通过实验来确定反应温度和反应时间等工艺条件。原料化合物类型对材料合成也有重要影响，如采用熔点较低的氢氧化锂作为锂源，烧结反应温度一般应该较碳酸锂作为锂源低一些，否则可能会出现产物颗粒团聚严重、分散性较差等不利现象；如果以熔点较高且有二氧化碳气体释出的碳酸锂作为锂源，烧结温度应略高，此时合成产物颗粒的粒度较小，粒径分布较均一，并且颗粒团聚较少。四氧化三钴结构稳定，钴含量高（约73.5%）且非常稳定，成为生产钴酸锂的主要原材料，它由沉淀法生产的碳酸钴或氢氧化钴经过高温煅烧而成。

（2）配料

根据钴酸锂（$LiCoO_2$）的原子计量比确定两种原料的用量。由于碳酸锂在高温下会挥发，使得实际得到的 $LiCoO_2$ 中锂的含量偏低，因此生产中将 Li、Co 的配比设计为 1.01 ～ 1.05。配料时 Li、Co 原子比越高，$LiCoO_2$ 产品中的残留锂含量越高，产品表面的 pH 值越高，产品的粒度、振实密度和压实密度也越大，但产品的电化学循环性能变差。若要生产性能优异的产品，要求 $LiCoO_2$ 产品的 Li、Co 原子比在 1.00±0.02，pH=10.0 ～ 11.0。但是，由于各厂家生产设备与工艺参数不一样，产品的锂钴原子比也有较大差异，需要生产厂家严格进行品质管控。

目前工艺上采用的料仓称重设备、混合机称重设备、配料秤以及自动定量秤都是重力式装料衡器，它们都包含供料装置、称重计量装备、显示装置、控制装置，并且具有产能统计和通信等功能，最后由中央控制器将各部分连成闭环自动控制系统。

4.3.2.2 混合工艺

混料工序要求将物料混合得非常均匀。早期 $LiCoO_2$ 的生产工艺均采用湿法混合，如采用搅拌球磨机或砂磨机，以乙醇或丙酮为分散介质，以氧化锆球为研磨介质，进行超细研磨同时达到混合均匀的目的，使得物料分散和混合效果最佳，烧结时间缩短，高温固相反应更充分，反应转化率更高，产品电化学性能更好。但湿法混合需要乙醇、丙酮等有机溶剂，需增加干燥工序，使得工艺复杂和成本较高。目前，工业生产 $LiCoO_2$ 已弃用湿法混合而采用干法混合工艺。干法混合尽管混合效果不如湿法混合，但干法混合成本低、效率高、环保安全，同时可以保证不破坏前驱体的形貌，产品性能可以通过调节烧结工艺参数如烧结温度、烧结时间、气氛等来保证。干法混合每批次的混合量可以为 100 ～ 1000kg 不等，时间为 20 ～ 40min。干法混合设备主要有斜式混料机、高速混合机、高速旋风混合机、机械融合精密混合机等。

4.3.2.3 烧结工艺

（1）烧结工艺流程

$LiCoO_2$ 正极材料的烧结工艺流程如图 4-3 所示。烧结工序是 $LiCoO_2$ 生产的核心工序，是生产过程中最关键的控制点。

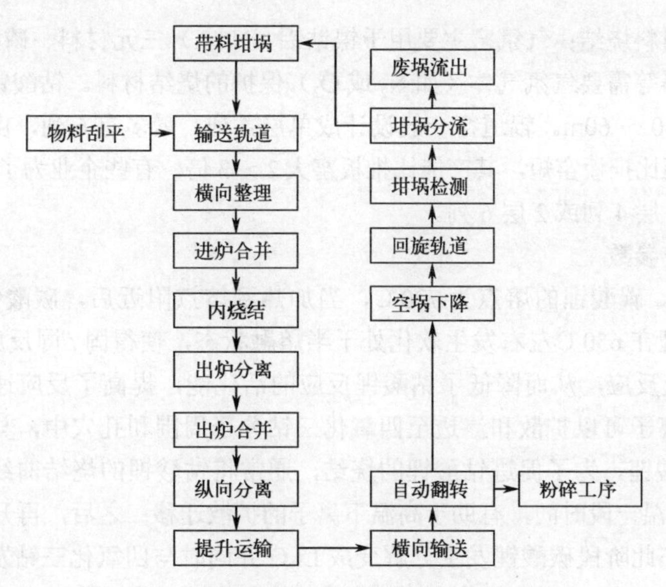

图 4-3　钴酸锂正极材料的烧结工艺流程

(2) 烧结窑炉

目前，固相法高温烧结设备主要有推板窑、辊道窑、钟罩炉。辊道窑是一种连续式加热烧结的中型窑，物料在辊道窑中的前进靠辊棒的滚动来实现，滚动摩擦阻力比推板窑的滑动摩擦小，辊道窑理论上可以设计很长，有些辊道窑长度可达到 100m 以上；辊道窑炉膛截面高度小，温度均匀性好；由于没有推板，气体流动性好。因此，辊道窑烧结的产品性能优于推板窑，是大规模生产的首选设备。辊道窑的结构原理示意见图 4-4。

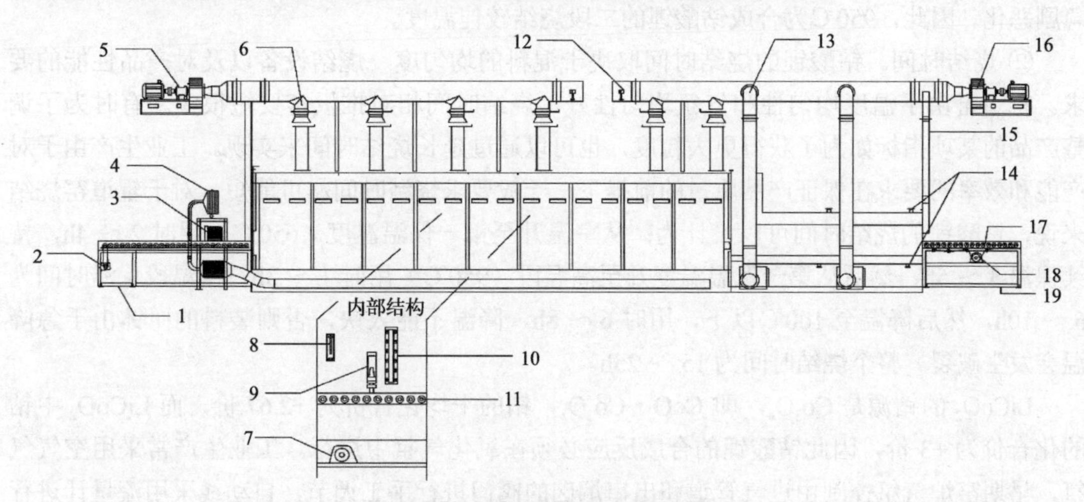

图 4-4　辊道窑结构原理示意图

1—窑头进料架；2—窑头转动机；3—进气风机；4—过滤器；5—排风机；6—排风闸阀；7—窑炉传动机；8—氧气流量计；9—空气流量计；10—温区隔断；11—辊棒；12—调节风阀；13—冷却风管；14—新进风口；15—温区隔断；16—窑尾排风机；17—出料口传动棒；18—窑尾传动电机；19—窑尾传动架

对锂离子电池电极材料生产而言，窑炉的温度控制、温度均匀性、气氛控制与均匀性、连续性、产能、能耗和自动化程度等技术经济指标至关重要。按照炉体氛围，辊道窑分为空气窑和气氛窑。空气窑主要用于锰酸锂材料、钴酸锂材料和镍钴锰（NCM）三元材料等需要氧化性气氛的材料烧结；气氛窑主要用于镍钴铝（NCA）三元材料、磷酸铁锂（LFP）材料、石墨负极材料等需要气氛气体（如 N_2 或 O_2）保护的烧结材料。钴酸锂材料生产用的辊道窑长度一般在 40 ～ 60m。辊道窑一般设计成单层 4 列，最多有 6 列，由于温度和气氛均匀性好，烧结时间比推板窑短，其产能比推板窑大 2 ～ 3 倍。有些企业为了进一步提高产能，将辊道窑设计成 2 层 4 列或 2 层 6 列。

（3）主要工艺参数

① 烧结温度。碳酸锂的熔点为 720℃，当加热到熔点附近后，碳酸锂开始发生分解，实际情况下碳酸锂在 650℃左右发生软化处于半熔融状态，使得固 / 固反应变成了固 / 液反应或者部分固 / 液反应，从而降低了钴酸锂反应的活化能，提高了反应速率和反应的转化率，在此阶段锂离子可以扩散和渗透至四氧化三钴分子周围和孔穴中，与四氧化三钴发生反应初步生成钴酸锂。为了促进钴酸锂的烧结，通常将钴酸锂的烧结曲线设计成从室温升至 650 ～ 750℃保温一段时间，有助于高温下离子的扩散迁移；之后，再升至 900 ～ 1000℃保温一段时间，在此阶段碳酸锂发生分解变成 Li_2O 并同时与四氧化三钴发生化学反应生成钴酸锂。早期的钴酸锂一般为小颗粒团聚的二次粒子，钴酸锂的结晶性较差，其振实密度和压实密度偏小，后来由于电池厂家追求锂离子电池的体积能量密度，要求钴酸锂的压实密度越高越好，目前钴酸锂的压实密度由早期的 $3.6g/cm^3$ 提高到了 $4.0g/cm^3$ 以上。当温度继续升高，如高于 1000℃时，钴酸锂的电化学容量不但没有升高，反而有所下降。实际上，在高于 1000℃的烧结温度下钴酸锂可能发生分解，特别是锂的挥发增加，生成的产物中可能还含有 CoO、Co_3O_4 以及缺锂型钴酸锂，它们在高温下形成固溶体，冷却后形成坚硬的烧结块状物使产物出现板结现象。这给粉碎分级等后续工序带来很大的困难，且产品的电化学性能急剧恶化。因此，950℃为合成钴酸锂的二段烧结较佳温度。

② 烧结时间。钴酸锂的烧结时间取决于混料的均匀度、烧结设备以及对产品性能的要求。辊道窑由于温度均匀性和气氛均匀性好，烧结时间相对推板窑要短很多。有时为了调整产品的某项指标如为了获得更大粒度，也可以通过延长烧结时间来实现。工业生产由于对产能和效率的要求在保证产品质量的前提下，一般要求烧结时间尽可能短。对于辊道窑烧结来说，钴酸锂的烧结时间可以设计为：从室温升至第一保温温度（650℃）用时 2 ～ 4h，持续保温 3 ～ 5h，然后从第一保温温度升至高温段（950℃）用时 1 ～ 3h，高温段保温时间为 6 ～ 10h，然后降温至 100℃以下，用时 6 ～ 8h，降温不能太快，否则装料的匣钵由于急降温会发生破裂。整个烧结时间为 15 ～ 25h。

$LiCoO_2$ 的钴源是 Co_3O_4，即 CoO · Co_2O_3，钴的平均化合价为 +2.67 价，而 $LiCoO_2$ 中钴的化合价为 +3 价，因此钴酸锂的合成反应必须在氧化气氛中进行。工业生产常采用空气气氛，早期窑炉气氛控制由进气管道和出口烟囱的阀门进行手工调节，自动线采用流量计进行精确自动调节，以确保产品的一致性。

4.3.2.4 粉碎分级工艺

（1）烧结产物的粉碎

经过窑炉烧结合成的钴酸锂结块严重，颗粒粉碎至关重要。常见的粉碎设备有颚式破碎机、辊式破碎机、旋轮磨机、高速机械冲击式粉碎机和气流粉碎机。由于机械式粉碎机磨损严重且粉碎效率太低，目前已被气流粉碎机所取代。颚式破碎机将粒度破碎至 1 ～ 3μm，经过辊式破碎机将粒度破碎至 50 ～ 100 目，最后经过机械粉碎或气流粉碎使粒度达到 D_{50} 为 10 ～ 20μm、D_{10} 为 1 ～ 5μm、D_{90} 为 20 ～ 30μm。

钴酸锂的破碎和粉碎过程中应注意的事项如下：

① 防止单质铁的带入。凡是与物料接触的易磨损的部件均需要采用非金属陶瓷制备，而与物料接触的管路应采用塑料制备，料仓可用不锈钢材质表面喷特氟龙涂层。

② 要防止过粉碎。目前粉碎设备均带有分级轮，粗颗粒由于不能通过分级轮而进行循环粉碎，主要是要防止过粉碎造成细粉偏多，如果细粉偏多则要进行后续分级。

③ 机械粉碎或气流粉碎一级旋风收料应大于 95%，而布袋捕集器收料应小于 5%，捕集器收的物料粒度偏小，不能作为钴酸锂正品试用，可以降级销售，有时也作为废品卖给上游前驱体厂家回收钴。

（2）产品筛分分级

锂离子电池生产过程中对正极材料钴酸锂的粒度及粒度分布有严格要求，粒度大小用 D_{50} 来表示平均粒径，D_{10} 表示小颗粒的粒径，D_{90} 表示大颗粒的粒径。粒度大小影响材料的许多性能，如粒度影响电池制浆工艺的加工性能、极片的压实密度、电池的倍率性能等。一般来说粒度分布好，电池制浆加工性能好，极片光滑柔韧性好。如果粒度分布差，如细粉偏多材料比表面积偏大，则浆料的黏结性能差，极片容易发脆掉粉。若材料的粗颗粒偏多，则有可能刺穿隔膜造成电池短路，严重时引起燃烧爆炸。因此对钴酸锂材料的粒度及粒度分布制定了严格的标准。目前商业化钴酸锂的粒度要求：D_{50} 为 10 ～ 20μm；D_{10} 为 1 ～ 5μm；D_{90} 为 20 ～ 30μm。D_{50} 越小，材料的倍率性能越好，但压实密度小，电池体积密度偏小；D_{50} 越大，材料的倍率性能越差，但压实密度大，电池体积密度大。早期钴酸锂的粒度比较小，D_{50} 在 6 ～ 12μm，后来为了提高材料的压实密度，钴酸锂的粒度 D_{50} 在 10 ～ 20μm，甚至有大于 20μm 的钴酸锂出现。

4.3.2.5 合批工艺

经过前面配料混合、烧结、粉碎分级等工序后，钴酸锂产品已成型。但钴酸锂是一种超细粉末产品，产品品质从肉眼上是看不出来的，产品品质受人、机、料、法、环等影响，每一批次的产品品质总是存在或大或小的差别，必须将不同批次产品的质量均匀化或一致化。因此，钴酸锂生产过程中在粉碎分级后经过一个合批工序，即将不同批次原料、不同设备、不同时间生产的小批次产品混合成一个大批次，保证在这一大批次下的产品质量是一致的、均匀的，这对下游产品的使用是非常有益的。根据生产规模和客户需求，合批的单一批次的数量一般是 5 ～ 10t。目前合批工序使用的设备主要有双螺旋锥形混合机和卧式螺带混合机。

4.3.2.6 除铁工艺

正极材料中的铁杂质在充电过程中会溶解，然后在负极上还原成金属铁，铁的晶核较大，又具有一定的磁性，晶体的生长很快，所以很容易在负极形成铁枝晶，有可能会造成电池的微短路，对电池的安全性能造成很大隐患。国际一线品牌电池企业对钴酸锂中的单质铁含量要求在 20×10^{-9} 以下。单质铁通常是由原材料带入，制造过程中金属设备带入，生产环境中由于机器磨损、门窗开关磨损造成空气中微量铁带入等，因此要求原材料厂家预先除铁，所有与物料接触的机器设备均采用非金属陶瓷部件或内衬和涂覆陶瓷或特氟龙涂层等。早期采用永磁磁棒制造的除铁器除铁，效果不佳。现已改用高磁场强度的电磁除铁器除铁，效果好，产能大，效率高。除铁工序最好放在粉碎、合批之后和包装工序之前。

4.3.2.7 包装工艺

钴酸锂是一种易扬尘的粉末，价格高，对包装要求严格，精度要求高。规模企业均采用自动化的粉体包装机。采用铝塑复合膜真空包装，10 ～ 25kg/ 袋，置于牛皮纸桶或塑料桶内，为了降低包装成本，现在也有吨袋包装。包装车间最好与生产车间隔离，要求恒温除湿，相对湿度最好小于 30%。包装车间的墙、顶、门、窗等不要采用金属材质，以防带入金属杂质。

为了防止在储存和周转过程中材料受到外界的污染，成品粉料制备完成后应尽快装袋、计量和密封保存，为了在周转过程中对其外包装进行保护还需装桶或装箱并做好信息的贴标和记录登记。

4.4 液相法合成镍钴锰三元前驱体

4.4.1 共沉淀反应机理

4.4.1.1 氨水的作用

三元前驱体的沉淀反应是三元前驱体制备的核心步骤，其实质是 Ni^{2+}、Co^{2+}、Mn^{2+} 与 OH^- 一起沉淀形成均匀的复合物 $M(OH)_2$（M 代表 Ni^{2+}、Co^{2+}、Mn^{2+}）。但是，从表 4-3 给出的 Ni^{2+}、Co^{2+}、Mn^{2+} 的溶度积和沉淀平衡常数可以看出，$Ni(OH)_2$ 和 $Co(OH)_2$ 的沉淀速率几乎是 $Mn(OH)_2$ 的 10^4 倍，如果直接让三种离子与沉淀剂发生反应，显然无法达到共沉淀的目的。比较表 4-3 中加氨前后数据可知，如果在沉淀反应体系中预先加入氨水配位剂，替换 Ni^{2+}、Co^{2+}、Mn^{2+} 水合离子中的水分子配位剂，不仅使三种金属离子的沉淀速率降低了，而且还使它们的沉淀速率转化为同一数量级，这就从化学反应的角度达到了共沉淀的要求，可见氨水在三元前驱体共沉淀体系中起着至关重要的作用。

表 4-3 $Ni(OH)_2$、$Co(OH)_2$、$Mn(OH)_2$ 的溶度积与加入氨前后的沉淀平衡常数

沉淀名称	溶度积（K_{sp}）	沉淀平衡常数（K_M）	沉淀平衡常数（加氨后）（$K_{M\text{-}N}$）
$Ni(OH)_2$	$10^{-14.70}$	$10^{14.70}$	$10^{9.11}$
$Co(OH)_2$	$10^{-14.80}$	$10^{14.80}$	$10^{9.34}$
$Mn(OH)_2$	$10^{-10.74}$	$10^{10.74}$	$10^{9.23}$

4.4.1.2　Ni^{2+}、Co^{2+}、Mn^{2+} 共沉淀的氧化行为

由于 Ni、Co、Mn 元素都有多种价态的离子及其化合物存在，在空气中氧的作用下，共沉淀之前和共沉淀过程中会出现金属离子价态的改变或生成其他杂质，导致三元前驱体比例的偏离以及纯度的降低，所以要考虑共沉淀之前以及共沉淀过程中易出现的氧化副反应，从而采取预防措施，避免副反应的出现。

表 4-4 给出了三元前驱体共沉淀体系中几种物质的氧化特性。从表中可知，在标准状态下，$Co(OH)_2$、$Mn(OH)_2$、$Co(NH_3)_6^{2+}$ 均有很强的氧化趋势，并且随着温度升高，氧化趋势逐渐增大。同时，$Mn(OH)_3$ 很容易发生歧化反应生成 MnO_2 和 $Mn(OH)_2$，只要氧气足够，$Mn(OH)_2$ 又会被氧化，直到全部生成 MnO_2 为止。因此，沉淀过程必须在无氧环境下进行。

表 4-4　三元前驱体共沉淀体系中几种物质的氧化特性

物质名称	氧化反应方程式	$\Delta_r G^{\ominus}$ /（kJ/mol）	备注
$Ni(OH)_2$	$4Ni(OH)_2 + O_2 + 2H_2O \longrightarrow 4Ni(OH)_3$	30.49	较难氧化
$Co(OH)_2$	$4Co(OH)_2 + O_2 + 2H_2O \longrightarrow 4Co(OH)_3$	−89.15	较易氧化，且随着温度的升高，氧化趋势增大
$Mn(OH)_2$	$4Mn(OH)_2 + O_2 + 2H_2O \longrightarrow 4Mn(OH)_3$	−96.87	较易氧化，且随着温度的升高，氧化趋势增大
$Co(NH_3)_6^{2+}$	$4Co(NH_3)_6^{2+} + O_2 + 2H_2O \longrightarrow 4Co(NH_3)_6^{3+} + 4OH^-$	−113.08	较易氧化，且随着温度的升高，氧化趋势增大

4.4.1.3　Ni^{2+}、Co^{2+}、Mn^{2+} 共沉淀的热效应

Ni^{2+}、Co^{2+}、Mn^{2+} 共沉淀反应可以分为三个步骤：

① Ni^{2+}、Co^{2+}、Mn^{2+} 与氨发生配位形成 Ni^{2+}、Co^{2+}、Mn^{2+} 氨配合物；

② Ni^{2+}、Co^{2+}、Mn^{2+} 氨配合物发生解离，形成 Ni^{2+}、Co^{2+}、Mn^{2+} 和氨；

③ Ni^{2+}、Co^{2+}、Mn^{2+} 和 OH^- 沉淀，形成 Ni^{2+}、Co^{2+}、Mn^{2+} 复合氢氧化物。

Ni^{2+}、Co^{2+}、Mn^{2+} 共沉淀反应是一个放热反应，但放热量不是很大，沉淀反应速率对温度（＞25℃）不是特别敏感，所以从化学反应的角度来讲，温度对反应进程影响不大，但对于沉淀来说，温度较高时，会减少沉淀对杂质离子的吸附，溶液内离子的“热运动”会增强，易获得纯度较高、粒度较大的沉淀，所以共沉淀反应宜在较高温度下进行。但是，温度越高，$Mn(OH)_2$、$Co(OH)_2$、$Co(NH_3)_6^{2+}$ 的氧化趋势会增大，且共沉淀体系的氨也更容易挥发，氨的损失易造成体系中金属离子的配位作用下降，导致沉淀速率加快。所以三元前驱体共沉淀反应的温度不能过高，通常情况下控制在 60℃以下为宜。

4.4.1.4　Ni^{2+}、Co^{2+}、Mn^{2+} 共沉淀的结晶过程

在三元前驱体的共沉淀过程中，加入氨水减缓沉淀的析出速率，可以得到晶形沉淀。β-$Ni(OH)_2$、β-$Co(OH)_2$、$Mn(OH)_2$ 都具有相同的 CdI_2 型层状水镁石结构，其结晶过程包括晶核的形成和晶体的长大两个阶段。

（1）晶核的形成

溶液中过饱和的M^{2+}、OH^-通过热运动碰撞、反应器内表面碰撞以及晶体剥落的微晶三种途径形成晶核，这三种成核形式分别称为初级均相成核、初级非均相成核和二次成核，过饱和度越大成核越容易，外力剥落的微晶越大成核越容易，其中二次成核更容易发生。三元前驱体工业化生产是在大量晶体存在及强搅拌的情况下进行的，由于二次成核的势垒较低，初级成核可以忽略不计，当结晶过程中固含量、搅拌强度一定时，晶体的成核速率与过饱和度成幂函数关系。

（2）晶体的生长

一旦形成晶核，溶质离子会不断沉积到晶核上去，使晶体得以生长。三元前驱体单个晶体的生长经历基元的形成、基元扩散至生长界面、基元在生长界面结晶或脱附三个过程。

① 当界面相的溶质离子过饱和后，则在界面上发生结晶长大；如果晶体表面有杂质如非晶态物质、有机类的杂质阻碍晶体的表面反应，则晶体较难生长。

② 晶体的生长速率和过饱和度成正比，当过饱和度很高时晶体的生长速率以扩散控制为主；当过饱和度较低时主要以表面反应控制为主。

③ 晶体的成核速率与生长速率的关系。晶体的成核速率和生长速率都和过饱和度成正相关，但两者对不同大小的过饱和度的敏感度不同，在溶液中存在竞争共存的关系。如图 4-5 所示，当过饱和度在低范围时，以生长为主；过饱和度在高范围时，以成核为主；当过饱和度超过成核临界过饱和度后，随着过饱和度的升高，成核速率开始迅速增大，晶体的生长速率开始迅速下降，甚至趋近于零，这时溶液中基本以成核为主，晶体很难长大，趋近于生成无定形沉淀。实际上由于三元前驱体沉淀速率较快，过饱和度很高，其制备过程中过饱和度基本在Ⅱ区和Ⅲ区，为了制备出一定粒度的晶体，三元前驱体的制备过程中一定要控制过饱和度在Ⅱ区，保证成核速率和生长速率可控，避免由于过饱和度较高出现成核速率极高的Ⅲ区。

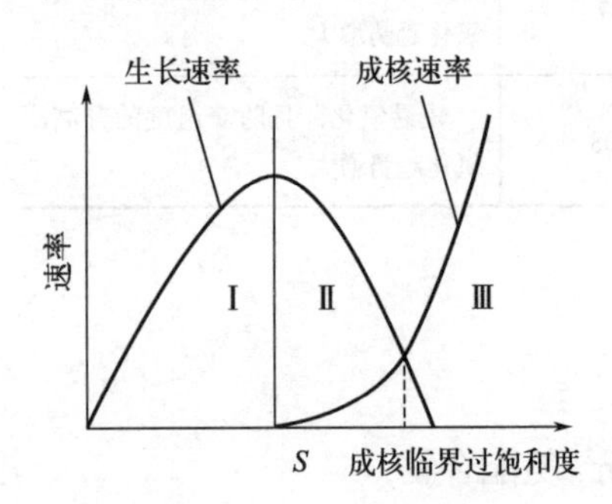

图 4-5　晶体的成核速率、生长速率与过饱和度（S）的关系

4.4.1.5　Ni^{2+}、Co^{2+}、Mn^{2+} 共沉淀晶体的聚结式生长

单个晶体由于颗粒较小、比表面能较大，可以通过碰撞、黏附或搭桥固化等方式自发聚结在一起形成多晶晶粒，快速降低比表面能。三元前驱体结晶过程中溶液过饱和度越大，聚结速度越快。此时，聚结生长不可避免，且贯穿于整个结晶过程。当溶液过饱和度很小时，由于单晶颗粒之间的聚结，其界面相相互交联后的过饱和度依然很小，需要更大的界面交联，这样会导致多晶体之间的团聚现象。

在三元前驱体结晶过程中，由于不同结晶环境因素如溶液过饱和度的差异、杂质影响等，会导致三元前驱体的晶体形貌与其平衡形态发生偏离，而得到不同形状的单晶。其中，晶体的形貌和过饱和度有极大的关系，所以为了得到均一的形貌，必须严格控制晶体结晶过程中过饱和度的稳定。如果结晶过程中过饱和度不稳定，常常会看到多种晶体形貌的混合体。

晶体生长的平衡态有最小的比表面能，这不仅适用于单晶，也适用于多晶。三元前驱体的单晶聚结形成多晶的过程中同样趋向于形成比表面能最小的形状。相同体积球形的比表面积最小，因此三元前驱体的多晶最终也趋于形成球形形貌。

4.4.1.6　三元前驱体共沉淀晶体颗粒的粒径生长

晶体颗粒的粒度大小和晶体聚结速率相关，也和晶体的成核速率相关，必须综合考虑它们之间的关系。

① 当过饱和度较高时，虽然单晶体的聚结速率较快，但成核速率占据主导，由于成核速率与过饱和度呈幂函数关系，产生了大量的晶核，所以也聚结出许多细小颗粒多晶，小粒径颗粒占比增大，粒度特征值减小，粒度分布变宽；

② 当过饱和度处于中等水平时，单晶体的聚结速率较快，晶体的生长速率占据主导，成核速率较小，产生的晶核长大后迅速聚结到原有的二次晶体表面，晶体颗粒粒径稳步增长，粒度分布变窄；

③ 当过饱和度处于较低水平时，成核速率趋近零，晶体生长速率也较小；

④ 当晶体长大消耗掉过饱和度后，过饱和度所剩无几，晶体的聚结速率也较慢，造成晶体粒度增长缓慢；

⑤ 当过饱和度处于极低水平（$S<1$）时，单晶聚结速度变慢，多晶之间聚结速度加快，粒度快速增大，但颗粒形貌变得不规则。

除去过饱和度处于极低水平（$S<1$）的极端情况，控制粒度的增长和得到窄的粒度分布，除了要保持一定晶体聚结速度之外，更要降低晶体的成核速率。当成核速率仅受过饱和度影响时，降低成核速率的方法是提高晶体的生长速率，粒度的增长速率基本随过饱和度的增加先增加后减小，因此粒度的增长速率和过饱和度有一个最佳值，如图4-6所示。控制S在A区，粒度有较好的增长速率，其过饱和度范围的上限就是不能超过成核速率的临界过饱和度。

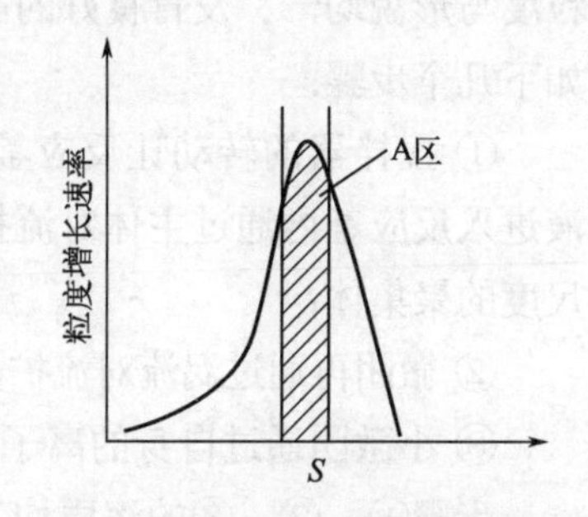

图4-6　晶体粒度增长速率与过饱和度S的关系图

4.4.1.7　影响过饱和度的因素

通过前面的分析可知，晶体的成核速率、生长速率、微观形貌、粒度都和过饱和度大小以及过饱和度均匀性有密切的关系，找到三元前驱体结晶过程中影响过饱和度的因素，才能控制结晶。

① 氨浓度。氨与M^{2+}发生配位反应，导致［M^{2+}］减小，因此结晶体系中氨浓度越高，饱和度越小。

② pH值。pH值越高，即游离的OH^-浓度越高，溶液的过饱和度越高，反之亦然。要注意的是饱和度S和［OH^-］呈平方关系，因此在通过pH值控制溶液的过饱和度时，一定要缓慢变化，防止饱和度变化太快。

③ 温度。理论上讲，温度T升高，$K^{\ominus}_{sp,M(OH)_2}$增大，过饱和度S减小，但温度升高，也会同时增大金属离子氨配合物的解离常数，造成［M^{2+}］增大，导致过饱和度S增大。由于三元前驱体反应的温度不是很高，对平衡常数影响不大，相比于其他因素，温度对过饱和度的

影响几乎可以忽略不计。温度的影响在于温度升高时，溶质离子的热运动增强，导致其溶液中过饱和度 S 更加均匀。

④ 固含量。固含量是指单位体积溶液中固体的质量。相同体积下，固含量越高，水的体积越小，相同盐流量下进入反应釜内瞬时的［M^{2+}］越高，溶液的瞬时过饱和度 S 增大，同时固含量增大，体系的黏度增大，溶质离子较难分散，导致局部过饱和度 S 增大。

⑤ 溶液流量和盐浓度。盐溶液流量和盐浓度增大时，溶液中瞬时［M^{2+}］升高，如果溶质离子不能及时扩散均匀，会导致局部过饱和度 S 增大。

⑥ 搅拌。搅拌在结晶体系中起分散作用，搅拌强度不够，溶质离子分散不好，会在溶液中出现局部过浓现象，导致局部过饱和度 S 增大，结晶的稳定性变差。因此搅拌分散在结晶体系中起着非常重要的作用。

4.4.1.8 搅拌混合

搅拌混合在三元前驱体结晶过程中起着极为重要的作用，通过搅拌混合可以让结晶体系中晶体颗粒在液体中均匀悬浮；能够将进入体系的原料溶液分散均匀，能够让溶质离子较快传送到晶体表面，或者增大溶质离子与晶体的接触面积，促进晶体的生长；还能够促进结晶过程的传热，保证结晶体系中温度的稳定。所以搅拌混合是否均匀是决定能否得到粒度与形貌均一、发育良好的晶体颗粒的重要因素。三元前驱体结晶体系中的混合过程分为如下几个步骤：

① 搅拌器的转动让反应釜内的固液混合物通过主体对流扩散达到宏观混合均匀，原料液进入反应釜内通过主体对流扩散分散成微团，达到设备尺度上的混合均匀，微团是指液滴尺度的聚集体；

② 微团再通过涡流对流扩散的剪切作用拉伸、撕裂，进一步缩小，达到更小尺度的均匀；

③ 小微团通过自身的离子运动而消失，达到离子级别的混合，即微观混合。

步骤①、②、③的溶质均匀性依次增加，溶质过饱和度均匀性也依次增加。在三元前驱体的结晶体系中，反应结晶需要将原料液快速达到离子扩散级别，保证过程的均匀性而让结晶过程稳定，需要形成强的剪切性能流体，增强其微观混合效果。三元前驱体晶体颗粒具有较大的沉降特性，为保证晶体在液体中均匀悬浮，其固液混合物也需要形成强循环性能的流体，保证其好的宏观混合效果，显然强轴向流和强径向流的混合流体才能保证其混合效果最佳。

4.4.1.9 共沉淀晶体的熟化

当达到固液平衡状态时，晶体会趋向于自身体系能量最低的方向发展，这种过程称为晶体的熟化。熟化可导致三种过程的发生：

① 第二相粒子粗化。它是指小尺寸晶粒不断脱溶后转移到邻近的大颗粒晶体，大颗粒吸收了小颗粒的溶质而长大，使粒子粗化。一般而言，晶体颗粒越小，熟化速度越快；温度越高，溶质扩散速度越快，熟化速度越快。

② 相转移。是指晶体由亚稳态转变为稳定的晶体形态的现象。由于晶体可能会有多种

结构，如 $Ni(OH)_2$ 有 α 型和 β 型两种结构，α-$Ni(OH)_2$ 并不像 β-$Ni(OH)_2$ 紧密堆积，其层间插入了大量与氢键作用的水分子，其层间距比 β-$Ni(OH)_2$ 大，且层的取向是随机的，所以 α 型结晶不完整。三元前驱体结晶过程如果结晶速度较快，先生成结晶度较差的 α 型氢氧化镍和氢氧化钴，由于晶体在反应釜内结晶过程包含溶质扩散、克服结晶势垒，会有短暂的生长中断期，在此期间会慢慢转化成致密的 β 型。因此结晶要想避免出现这种疏松、结晶度差的亚稳态结构，可以延长结晶时间或者减缓结晶速度。另外，要避免前驱体被氧化导致金属元素价态升高，使其层间吸附大量的阴离子导致其亚稳态结构稳定存在。

③ 定向附着熟化。取向不一致的单晶纳米颗粒，通过粒子旋转使得晶格取向一致，然后通过定向附着生长，使这些小单晶生长成为一个取向一致的大单晶。三元前驱体的多晶往往在聚结过程中由于聚结速度较快，其单晶的取向是各不一致的，如果晶体发育时间够长，相互聚结的单晶可能会形成取向一致的单晶结构。剖开三元前驱体多晶，内部常看到中心向四周发散的放射性结构。发生定向附着熟化的前提条件必须是纳米级单晶颗粒，因此三元前驱体要制备出此种结构必须保证单晶在纳米级别才行。

4.4.2 镍钴锰三元前驱体生产工艺

镍钴锰三元正极材料前驱体的生产工艺简图如图 4-7 所示。

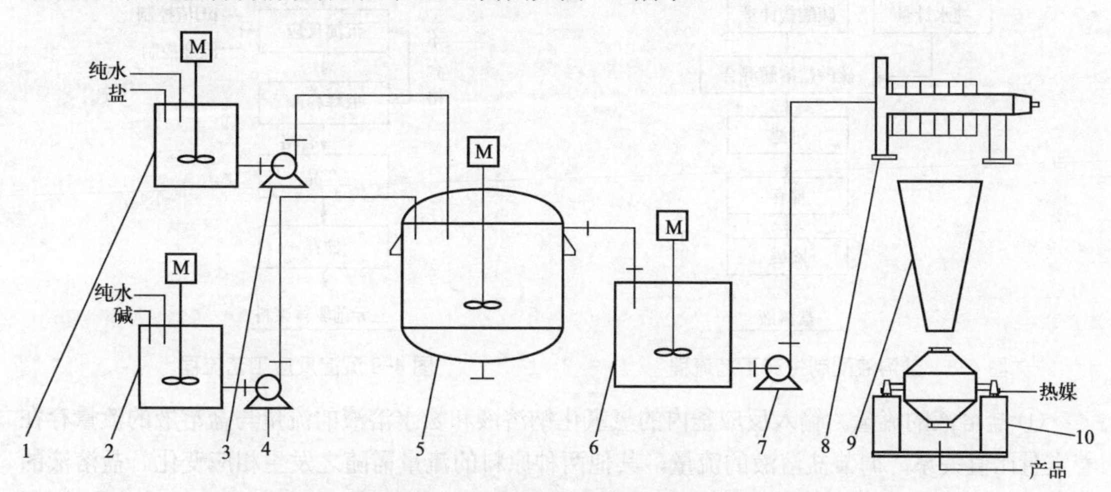

图 4-7 镍钴锰三元正极材料前驱体的生产工艺简图

1—盐溶解罐；2—碱溶解罐；3—盐转移泵；4—碱转移泵；5—反应釜；6—陈化罐；7—浆料泵；8—压滤机；9—倒料斗；10—双锥干燥机

(1) 配料工艺

配料工序就是按目标三元前驱体的化学计量和工艺条件要求，对反应物的用量进行计算、计量和制成方便使用的溶液的过程，主要包括盐溶液、氢氧化钠溶液、氨水溶液的配制三部分。配料所用的主要设备包括吨袋挤压机、电子衡器、配制罐、储罐、管道过滤器、管道除铁器等。盐溶液配制生产工艺流程如图 4-8 所示。

硫酸盐原料有固体硫酸盐和液体硫酸盐溶液两种，其中液体硫酸盐因杂质较多而需预先进行除油、混合处理。配制罐和储罐均装配有搅拌系统、温控系统和通氮气系统，硫酸盐溶液、混合盐溶液经过管道过滤器和除铁器消除杂质后输入反应釜使用。

氢氧化钠溶液、氨水溶液或氨和氢氧化钠混合溶液的配制与硫酸盐溶液的配制流程类似。需要注意的是氢氧化钠在溶解过程中会释出大量热量，待氢氧化钠溶液冷却至 30 ～ 40℃时加入配料单中所需用量的氨水，继续搅拌混合。氢氧化钠液储存过程应保持密封条件，防止氢氧化钠溶液与空气反应。

盐、氢氧化钠、氨水溶液配制所需纯水的计量为间歇式操作，即每次需一次性定量输入一定数量的液体，三者的计量设备常为液体化工定量计量控制仪。

（2）沉淀反应工艺

沉淀反应是三元前驱体生产的核心工段。它是指盐溶液、氢氧化钠溶液、氨水溶液以一定流速并流进入反应釜中，并在一定搅拌速度下控制反应温度和 pH 值，发生沉淀反应，生成一定粒度分布的三元前驱体晶体颗粒浆料的过程。沉淀反应工艺流程如图 4-9 所示。生产过程中影响三元前驱体浆料品质的因素有如下几点。

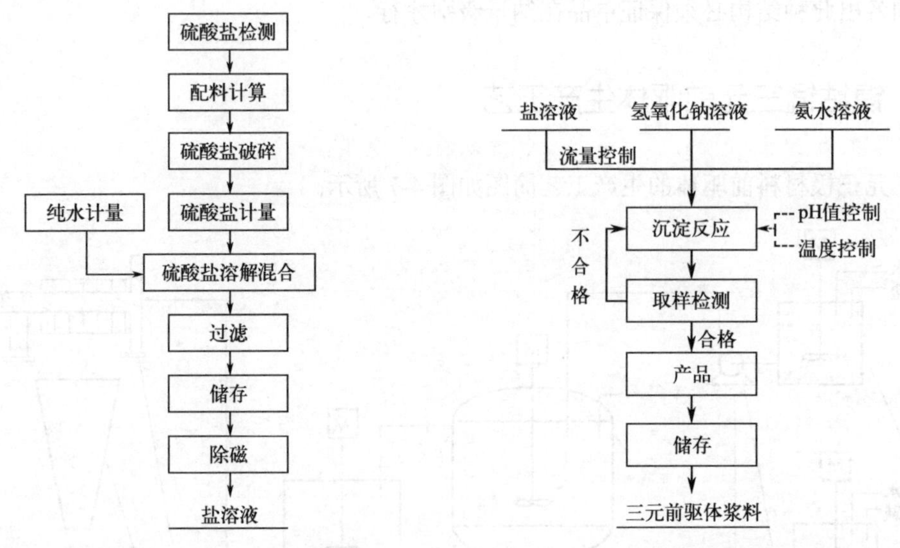

图 4-8　盐溶液配制生产工艺流程　　图 4-9 沉淀反应工艺流程

① 盐溶液的流量。输入反应釜内的氢氧化钠溶液和氨水溶液的流量与盐溶液的流量存在着定量比值关系，调节盐溶液的流量，其他两种原料的流量需随之发生相应变化。盐溶液的流量决定反应釜内局部饱和度、粒度分布和生产能力等，如局部过饱和度过大，将导致浆料的粒度分布范围变宽，应根据产能和产品品质制定一个最佳的盐溶液流量，且不要随意更改。

② 氨水浓度。反应釜内氨水浓度是影响过饱和度的关键因素。氨水浓度越低，过饱和度越大；氨水浓度越高，过饱和度越小。当氨水浓度过高时，金属离子与氨结合太紧密，沉淀剂很难夺得金属氨配合离子中的金属离子，从而造成金属离子损失。所以要保持反应釜内氨水浓度的稳定。

③ 搅拌速度。反应釜的搅拌起分散、促进结晶的重要作用。搅拌速度太慢，釜内浆料及进入釜内的原料分散效果不好，易造成过饱和度不均匀，引起浆料粒度分布变差。当搅拌速度太快时，晶体的二次成核速率会变大，也会引起反应釜内的液面飞溅，增加浆料与空气的接触机会而氧化。生产中确定好最佳转速后不要随意变更。

④ 氮气流量。反应釜内存在多种氧化副反应，会造成三元前驱体结晶度变差、杂质含量增多等，在生产过程中，必须对通入的氮气流量和釜内总氮气存量进行监控，保持氮气流量的稳定。

⑤ 反应温度。反应釜内的温度越高，溶质离子的布朗运动加剧，对溶质的分子扩散起促进作用，并减少晶体对杂质离子的吸附，但也会加速釜内氨的挥发，反而引起过饱和度不稳定。同时，温度升高会增大釜内氧化副反应的发生概率。另外，温度和 pH 值互为反比关系，釜内温度波动时会引起 pH 值的变化。因此，必须保持反应温度的稳定。根据生产经验，反应釜内温度控制在 50 ～ 60℃。

⑥ 反应 pH 值和粒度检测。反应釜内过饱和度与 pH 值呈指数关系，pH 值的变化会对釜内的过饱和度产生较大影响，通过 pH 值调节可实现对粒径及粒度分布的控制。生产过程中，釜内 pH 值波动控制在 ±0.01，应定时对釜内浆料取样进行 pH 值和粒度检测，浆料粒度的检测数据至少应包括 D_{10}、D_{50}、D_{90}、D_{min}、D_{max} 等项目。为了保证 pH 值、粒度检测结果的准确性，要及时校正、维护 pH 计和粒度仪，并采用线下、线上检测相结合的方式。

⑦ 沉淀的核心设备——反应釜。反应釜是用于三元前驱体反应结晶操作的装置。它和盐溶液、氢氧化钠溶液配制罐类似，属于搅拌罐的一种，多为立式、圆筒形结构，也是由罐体、搅拌系统、轴封三大部分构成，有时为了改变其反应结晶条件或结晶方式，会给反应釜配备固含量提浓装置。虽然反应釜为沉淀反应工序的核心设备，但它是一个非标设备，其结构如图 4-10 所示。反应釜的罐体由顶盖、筒体、罐底及换热系统组成。顶盖上设有盐溶液进口、氢氧化钠溶液进口、氨水溶液进口、氮气口、纯水口、pH 值测量口、温度测量口、浓浆返回口、排气口，筒体上部设有溢流口，罐底设有出料口。筒体内部设有挡流板。反应釜各附件的作用如表 4-5 所示。反应釜内搅拌操作的目的如表 4-6 所示。

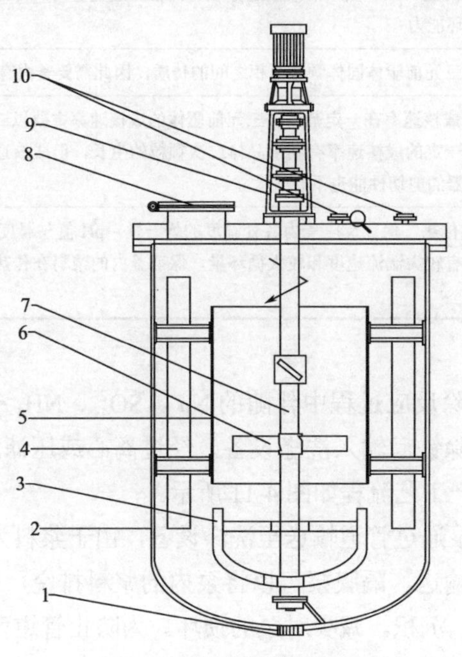

图 4-10 反应釜罐体结构图

1—出料口；2—筒体；3—下层搅拌器；4—挡流板；5—夹套；6—上层搅拌器；7—传动轴；8—人孔；9—减速机架；10—进料口

表 4-5 反应釜各附件的作用

附件名称	作用
盐溶液进口	盐溶液注入釜内入口，设置成管道深入釜内
氢氧化钠溶液进口	氢氧化钠溶液注入釜内入口，设置成管道深入釜内
氨水溶液进口	氨水溶液注入釜内入口，设置成管道深入釜内
氮气口	氮气注入釜内入口，设置成管道深入罐底
纯水口	纯水注入釜内入口
pH 值测量口	用于釜内 pH 计探头插入口
温度测量口	用于釜内温度探头插入口
浓浆返回口	提固器的浓缩浆料返回反应釜入口，也可将该口设计在筒体上
人孔	人进入釜内进行清理或维修的入口
排气口	釜内气体的排放口，防止罐内压力过高，常配套单向阀
溢流口	釜内浆料液位满后浆料出口，常设置多个
排放口	釜内液体的排放出口，常设置排污、排液两个排放口
挡板	强化搅拌强度附件，在反应釜内均布，一般 4 ～ 6 块

表 4-6 反应釜内搅拌操作的目的

序号	搅拌操作目的
1	让三元前驱体固体颗粒在液相中均匀悬浮。三元前驱体颗粒具有较快的沉降速度，需要釜内的浆料具有较大的循环流量和流动速度
2	让进入反应釜内的盐、碱、氨水溶液快速分散、混合，避免釜内局部过饱和度过大，因此需要搅拌器有较强的剪切性能和循环能力
3	强化原料溶液与三元前驱体固体颗粒两相之间的传质，因此需要釜内有较大的湍流速度以加快传质速度
4	保证釜内结晶的成核速率在一定范围。三元前驱体的成核速率主要以二次成核为主，剪切力越大，二次成核速率越大。虽然一定的成核速率有利于晶体二次颗粒的生长，但成核速率过大，会大大影响二次颗粒的粒度分布。因此搅拌器的剪切性能也不宜太大
5	强化反应釜内的传热，保证反应釜内各处温度的均一性。pH 值与温度相关，温度均一则 pH 值较为稳定，因此需要釜内浆料有较大湍流速度和较大循环量，保证釜内的浆料在传热面上有较大的更新速度以加快传热速度

(3) 洗涤工艺

洗涤工艺的目的是脱除反应过程中伴随的 Na^+、SO_4^{2-}、$NH_3 \cdot H_2O$ 等杂质，并得到前驱体滤饼。三元前驱体浆料除铁后输入洗涤设备，经过离心或压滤脱去母液，接着进行碱洗、水洗、脱水等工序，其生产工艺流程如图 4-11 所示。

三元前驱体浆料采用泵通过管道输送至洗涤设备，由于浆料为固液混合物，且具有易沉降的特性，常采用隔膜泵输送，隔膜泵可以将泵内的浆料排空，同时防止管道内余料回流，有效减少浆料在泵内残留、沉积，减少对泵的损坏。为防止管道残余浆料中的固体颗粒在管道内沉积，造成管道堵塞，输送管道还要用纯水冲洗。

洗涤工序的主要设备是全自动板框压滤机，是在普通板框压滤机的基础上增加了自动拉板、自动接液翻板、自动清洗滤布等系统，通过 PLC 程序控制，全自动完成整个过滤、洗涤、卸料及滤布清洗过程，成为一种新型的自动化洗涤设备。全自动板框压滤机由机架、过滤机构、自动拉板、液压系统、电气系统等组成，如图 4-12 所示。

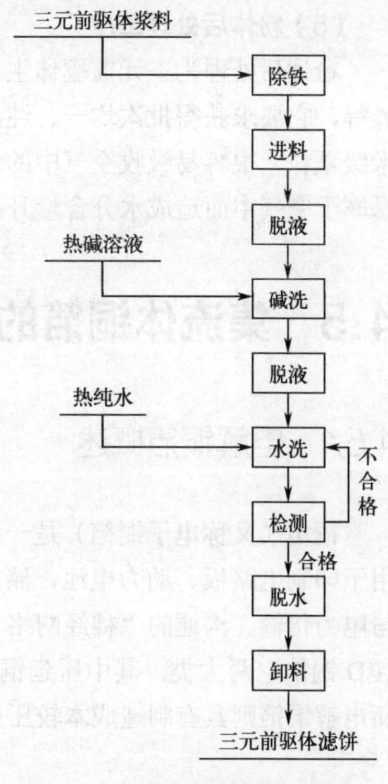

图 4-11　洗涤工序生产工艺流程

全自动板框压滤机采用滤布为过滤介质，三元前驱体采用的滤布目数为 1500 ～ 2500 目。全自动板框压滤机采用的压力差不宜过大，它的滤饼厚度通常为 30 ～ 40mm，其操作压力通常不超过 0.8MPa，一般处理后的三元前驱体滤饼的含水率为 15% ～ 20%。

（4）干燥工艺

干燥工艺也是除杂过程，是为除去三元前驱体中的水分，即将滤饼加入干燥设备通过加热将水分去除的过程。干燥工序的主要影响因素包括干燥设备、滤饼加料量、干燥温度、进风速度、干燥时间等。三元前驱体干燥设备常见的有热风循环烘箱、盘式干燥机以及回转筒式干燥机三大类。

热风循环烘箱是一种传统的干燥设备，价格低，但是由于物料为静态，循环热风传递给烘盘表层物料，深层物料干燥速度慢，再加上烘箱干燥为间歇操作，因此干燥效率较低，能耗也较大。

盘干机，即盘式干燥机，它是在间歇搅拌干燥机的基础上改进的一种连续热传导干燥设备，目前在三元前驱体行业得到了大规模的应用。盘干机在干燥过程中由通有加热介质的加热圆盘将热量传递给物料，并且物料在干燥过程中不断翻炒，内层和表层的温度梯度较小，大大提高了内层物料的水分扩散速率，干燥时间短，效率高，并且干燥较为均匀。盘干机为连续作业，不需要频繁开停车，能耗较低。其缺点是加热圆盘上的物料不易清理干净。因此盘干机适合于大批量、稳定规格产品的干燥。

回转筒式干燥机是一种大型的干燥设备，仅适合大规模的生产厂家应用。

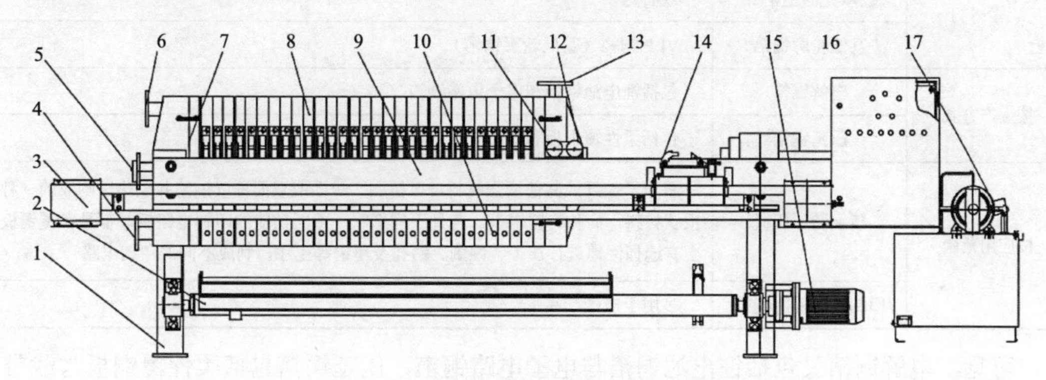

图 4-12　全自动板框压滤机结构示意图

1—支腿；2—接料托盘；3—拉板传动；4—排液口；5—进料口；6—洗涤口；7—止推板；8—滤板；9—横梁；10—明流排液口；11—压紧板；12—压紧板导轮；13—反吹口；14—拉板机构；15—托盘传动；16—控制箱；17—液压系统

(5)粉体后处理工序

粉体后处理为三元前驱体生产的最后一道工序。主要包括批混、过筛、除铁、包装、检验等，它要求获得批次均一、纯净、达到可售卖要求的包装成品。另外，三元前驱体属于微米级颗粒，很容易吸收空气中的水分，粉体后处理过程中应确保粉体处于密闭状态，避免因暴露于空气中而造成水分含量升高。

4.5 集流体铜箔的电解法生产工艺

4.5.1 电解铜箔概述

铜箔（又称电子铜箔）是一种电解阴极沉积材料，是电子信息产业的基础原材料，主要用于印制电路板、动力电池、储能电池、消费电池等产品的制造，铜箔被称为电子产品信号与电力传输、沟通的“神经网络”。铜箔按生产方式常分为压延铜箔（RA 铜箔）与电解铜箔（ED 铜箔）两大类。其中压延铜箔具有较好的延展性等特性，是早期软板制程所用的铜箔；而电解铜箔则具有制造成本较压延铜箔低的优势。铜箔分类方式与具体类型如表 4-7 所示。

表 4-7 铜箔类型

分类方式	类型	介绍
按厚度	厚铜箔	厚度大于 70μm
	常规厚度铜箔	厚度大于 18μm 小于 70μm
	薄铜箔	厚度大于 12μm 小于 18μm
	超薄铜箔	厚度小于 12μm
按表面状况	单面处理铜箔	单面毛
	双面处理铜箔	双面粗
	光面处理铜箔	双面毛
	双光面铜箔	双面光
	甚低轮廓铜箔	VLP 铜箔（甚低轮廓铜箔）
按生产方式	电解铜箔	包括锂电池铜箔和电子电路铜箔
	压延铜箔	包括柔性覆铜板和载带
按应用范围	覆铜薄层压板	将电子玻纤或其他增强材料浸以树脂，一面或双面覆以铜箔并经热压制成的一种板状材料，简称为覆铜板。各种不同形状、不同功能的印制电路板，都是在覆铜板上有选择性地进行加工、蚀刻、钻孔及覆铜等工序，制成不同的印制电路
	印制电路板用铜箔	多用于电子产品

可见，电解铜箔又包括锂电池铜箔与电子电路铜箔，压延铜箔包括柔性覆铜板与载带，下游应用领域主要为消费电子、计算机及相关设备、汽车电子、通信设备等行业。

集流体是电池中承载活性物质，汇集、传输电极活性材料产生的电子的构件，能够降低电池的内阻，提高电池的库仑效率、循环稳定性和倍率性能。集流体应是电子良导体，具有良好的化学稳定性、耐腐蚀性、机械加工性能和延展性，并且具有与电极材料的兼容性和结合力好、廉价易生产以及质量轻等优点。在电池空间有限的情况下，降低集流体和隔膜的厚度，增加正负极活性材料的质量，提高正负极涂层的厚度，能够提高电池的容量。锂离子电池正负极一般分别采用铝箔、铜箔作为集流体。铝箔采用机械压延工艺制造，铜箔绝大部分采用电解工艺生产。

4.5.2　铜箔的电沉积原理

目前，国内外大都采用辊式阴极、不溶性阳极连续生产法来制备电解铜箔。其原理是安装在电解槽里的阴极辊筒，一部分浸在电解液中，通直流低压电，使溶液中的铜离子电化学还原沉积到阴极辊筒的表面形成电解铜箔。阴极辊以一定的速度连续转动，辊筒上的铜箔不停地剥离下来，再经水洗、烘干、剪切等工序，最后绕卷成铜箔卷。采用该工艺制备的电解铜箔必须进行表面处理，以满足用作锂离子电池集流体和印制电路板的性能要求。

铜箔制造采用硫酸铜作为电解液，其主要成分是 Cu^{2+}、H^+、SO_4^{2-}和少量添加剂。在直流电的作用下，Cu^{2+} 移向阴极，阴离子移向阳极。在阴极上 Cu^{2+} 得到两个电子还原成 Cu，并在阴极辊上沉积结晶形成铜箔。电解槽阴、阳极上发生的反应式为：

阴极　$Cu^{2+} + 2e^- \longrightarrow Cu$

$2H^+ + 2e^- \longrightarrow H_2\uparrow$

阳极　$2H_2O - 4e^- \longrightarrow 4H^+ + O_2\uparrow$

电解液经过电解后，其 Cu^{2+} 含量下降，H_2SO_4 含量升高。将电解液返回到溶铜槽内进行调整，使电解液 Cu^{2+} 含量升高，H_2SO_4 含量下降。通过电解和溶铜两个过程，电解液中的 Cu^{2+} 和 H_2SO_4 含量保持平衡。

4.5.3　电解铜箔的生产工艺

电解铜箔的生产工艺主要包含两部分：①制成满足宽度和厚度要求的卷状铜箔及表面处理工序；②对铜箔的表面进行粗化、化成皮膜和防锈等处理，以提高箔材与绝缘基材料的高温黏结强度。电解铜箔的生产工艺流程见图 4-13。

4.5.3.1　生箔工艺

（1）原料要求

铜箔厚度越薄，质量档次越高，要求电解液中的杂质含量越低。为了保证铜箔质量，铜材的纯度必须大于 99.9%。

（2）设备

① 阴极辊。阴极辊的材质通常采用三层复合式结构，其表层材料现多为纯钛，具有良好的耐腐蚀性，其表面质量直接影响到生箔的表面质量和视觉效果，因此辊面粗糙度 $Ra < 0.3\mu m$。阴极辊直径分别有 1m、1.5m、2.2m 和 2.7m 等，宽度为 1400 ～ 1500mm。

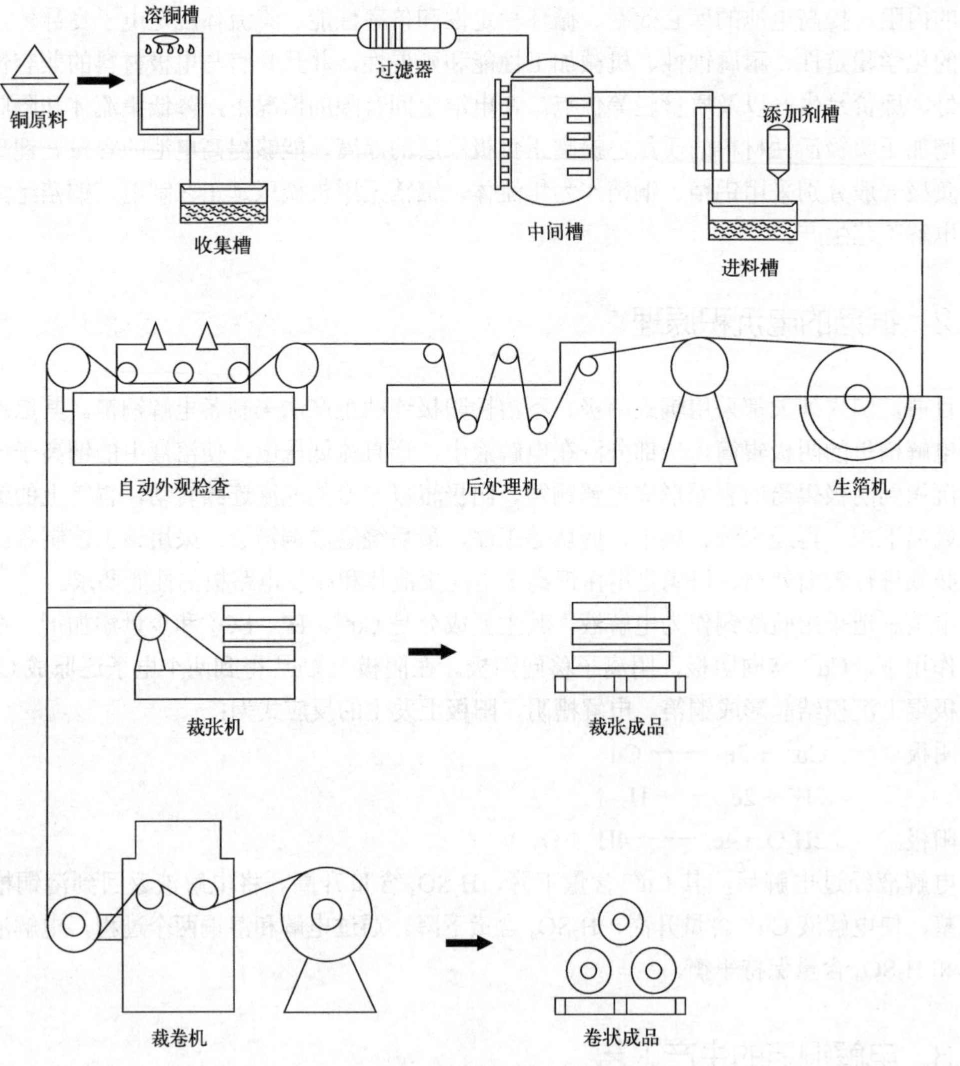

图 4-13　电解铜箔生产工艺流程

三层复合式结构的阴极辊，其最外层为钛质层，是由钛经锻造、穿孔、旋压而成，具有良好的耐化学腐蚀性能；中间层为铜质层，由铜板弯曲焊接而成，具有良好的导电性能；最内层是不锈钢材质层，主要起支撑作用。另外，在阴极辊的内部还按照一定的规则分布有许多导电铜排，其作用是使电流沿阴极辊的表面分布更均匀。

也有两层的阴极辊，如美国的 Yatcs 公司采用的是两层复合材料，外层用不锈钢或钛，用温差法将外壳套在辊芯上，这种温差法的配合、接触良好，可以解决大电流导电的问题。

我国以前一直用不锈钢材质单层结构的阴极辊，不锈钢耐硫酸的腐蚀性差，容易产生腐蚀点，使铜箔表面出现毛刺和针孔。

阴极辊一般使用半年到一年的时间，由于表面腐蚀而要对其进行抛光处理，我国多采用离线抛光工艺。美国则采用每个电解机分别装有抛光装置，在电解槽的尾端，通过连杆机构控制，使之与阴极辊接触或脱离。抛光轮工作时，一面高速旋转一面往复运动。

② 阳极座。先进的阳极结构是由超级阳极和主阳极组合而成。超级阳极为高电流密度

阳极，分布于阴极辊进出电解液的两侧。即在阴极辊开始进入电解液时，提供一个高电流密度，可以提高阴极辊的表面粗糙度，以提高铜箔光面的品质；在阴极辊即将出液面时，再次提供一个高电流密度，使铜箔毛面产生一种预粗化效果。这种组合式阳极结构对提高铜箔表面品质的作用很大。阳极多半是用铅合金浇铸，经表面车削加工而成，也可用铅合金板弯制而成。阳极弧面的同轴度越高，表面加工的精度越高，电解铜箔的品质也越好。

（3）添加剂

在电解铜箔中，添加剂起着调节铜箔物理性质如光泽度、平滑度、硬度或韧性等作用，电解铜箔常用的添加剂有光亮剂、润湿剂、整平剂等，其作用机理可以归纳为如下几个方面：

① 光亮剂加入电解液中后，会吸附在电极的表面，使化学反应的阻力增大，阴极极化提高 10 ～ 30mV，使铜离子还原反应变得困难，降低了浓度极化的可能性，从而获得均匀细致的沉积层。电解铜箔常用的光亮剂包括硫脲、聚乙二醇、明胶、2-巯基苯并咪唑。

② 润湿剂的作用机理是增大金属还原过程的电化学极化和加快新晶核的形成速度，使金属表面细致、均匀；还有一些添加剂由于在不同的晶面的吸附行为不同，能有效促进晶面的择优取向，改进沉积层的光亮程度。润湿剂的典型代表是聚乙二醇（PEG）和聚丙二醇（PPG）。

③ 整平剂的作用是能使铜箔的表面粗糙度比阴极表层更平滑。整平剂吸附在晶面以及晶面的生长点上，使阴极极化提高 50 ～ 120mV，减慢晶体继续生长的速度，如阴极表面有凸起部位，整平剂在凸起部位的吸附量会大于其他部位的吸附量，进而形成一层吸附膜，增大电阻，减少或停止铜离子在这些部位的放电，减少微晶的形成。这将有利于新晶核的形成，得到平整、致密、晶粒极为细小的阴极铜箔。常用的整平剂是含氮杂环的有机分子，如明胶等。

4.5.3.2　电解铜箔的表面处理工艺

电解铜箔表面处理工艺是将电解铜箔预先洗净、活化洗净、表面粗化处理、化成皮膜处理、防锈处理，经干燥后制成铜箔的系列工艺过程。电解铜箔表面处理方法大致可分为机械法、化学法和电化学法三种。

（1）机械法

此种方法是对铜箔的粗糙表面进行机械磨削加工，以提高铜箔表面粗糙度，改善其黏结强度，这种方法作用不明显，特别是对 0.05mm 以下的铜箔。

（2）化学法

这种方法是在不加任何外部电源的情况下，采用浸渍或喷射的方式对铜箔表面进行镀覆或腐蚀处理，使铜箔表面产生一定的化学反应，形成具有一定形貌特征的凸凹表面结构，达到改善铜箔表面黏结性的目的。表面处理还包括涂黏结剂和干燥工序，再按规定的尺寸剪切成箔片或卷制成卷制品。

（3）电化学法

电化学法是借助外部电源，对铜箔表面实施一定的电化学沉积或电化学氧化处理来提高和改善铜箔表面的黏结性能。根据铜箔所处电极的不同，该法又分为阳极处理和阴极处理。

① 阳极处理。阳极处理是将铜箔作为阳极，使铜箔表面发生氧化反应，生成氧化铜或氧化亚铜，以氧化铜为主的处理称为黑色氧化处理，以氧化亚铜为主的处理称为红色氧化处

理。阳极氧化过程中，表面先形成红色的氧化亚铜，再继续氧化形成黑色的氧化铜薄膜。氧化膜的形成提高了铜箔表面对绝缘树脂的化学键合力，同时使铜箔表面凹凸不平，增加了机械黏合力。

② 阴极处理。阴极处理是将铜箔作为阴极，对铜箔表面进行电沉积，使之形成一种或多种功能层，以改善铜箔的黏结性能。按控制不同又分为复合电沉积处理、添加剂型处理和工艺性处理等。

a. 复合电沉积处理即采用悬浮有不溶性微粒子的处理液，用铜箔作阴极进行沉积处理，使铜箔表面形成一层含不溶性微粒子的沉积层，以改善铜箔表面的黏结性能。不溶性微粒子必须不导电、具有化学稳定性和热稳定性。常用的物质有硅、氧化铝、玻璃、硫酸钡等无机化合物及其混合物，以及环氧树脂、酚醛树脂、聚乙烯醇缩丁醛等有机高分子化合物及其混合物。

b. 添加剂型处理即在电解液中加入某种物质改善沉积层的组织，以添加某种成分的多少来控制其表面状态。

c. 工艺性处理即在不添加任何添加剂的情况下，通过控制其他工艺参数实现表面处理的方法。即在电化学过程中对诸如组成成分、溶液浓度等溶液参数，以及诸如电流密度、溶液循环量等电解参数的调控来进行控制。此外，工艺性处理过程中还可通过对溶液温度、脉冲电流等的调控来改变铜箔的表面状态。

4.5.3.3 环带式连续电解法

此法是在电解槽内设置由导电材料制成的环形带，将此环形带的下侧运行部分浸入电解液中，环形带为负极，相当于阴极辊筒。与辊式法的原理一样，电解液中的铜离子沉积到环形带上，铜箔则从环形带上剥离下来，卷成铜箔卷。此法的优点是设备结构简单，阴极的有效电沉积面积大，增加了宽度，提高了产量。

4.6 锂离子电池隔膜材料生产工艺

4.6.1 隔膜的类型与性能

在锂离子电池技术中，隔膜的成本大约是电池总成本的25%。隔膜商业化及其高效制备的成本取决于材料和制造技术。锂离子电池的常规聚烯烃类隔膜是通过干法和湿法工艺制造的，涉及高成本及复杂的工序。因此具有成本效益的制造技术和价廉质优的隔膜原料是降低隔膜成本的唯一解决方案。根据制备工艺、结构特性以及物理特性，可以将隔膜分为以下几种：凝胶聚合物电解质、聚烯烃类隔膜、无纺布型隔膜、涂覆复合隔膜。此外静电纺丝、相转化法、湿法抄造等制造工艺也逐渐丰富并规模化，由此产生的不同特性的隔膜，表现为结构、机械强度、孔隙率和孔径有所不同。

(1) 聚烯烃类隔膜

聚烯烃隔膜（PE、PP、PP/PE/PP）是当前市场最大规模使用的锂离子电池隔膜。这些隔膜具有良好的电化学稳定性和机械强度，但是与液体电解质亲和性弱，不能有效保留电解质，从而增加电池内阻。同时有限的耐热性不利于锂离子电池的安全性能。大型工业隔膜的制造主要通过干法和湿法实现。这两个过程之间的共同步骤，第一个是通过挤出制备薄膜，第二个是拉伸形成小孔，而主要区别是成孔的原理不同。

（2）涂覆复合隔膜

涂覆制造工艺是在基底膜表层经历喷涂、浸涂或辊涂等不同途径形成膜层，进而达到增强基底膜性能的效果。涂覆膜的性能依赖于选取涂层的制备材料及结构形貌，大致分类为无机陶瓷涂覆膜、聚合物涂覆膜和有机-无机涂覆膜三类。

无机陶瓷颗粒（SiO_2、TiO_2、Al_2O_3、ZrO_2）作为填料直接引入基膜表面称为无机陶瓷涂覆膜。无机纳米颗粒良好的力学稳定性和耐热性，对于隔膜的机械强度和尺寸稳定性的增强具有一定贡献。大的表面积及亲液性增强了离子的传导能力，对电池的循环性能有一定的改善效果。聚合物涂覆隔膜是采用聚烯烃类膜或无纺布基底膜，在其表层涂覆聚合物或纳米纤维获得。聚烯烃类作为基础材料具有优良的柔性，完全可以满足多种锂离子电池装配工艺的需求。高黏结性和亲液性聚合物涂层的存在有利于复合膜与电极的良好兼容性以及减小电池内阻，在实现电池大倍率循环性能中有重要意义。无机-有机涂覆膜则是结合陶瓷纳米颗粒及聚合物组分的优势，展示了隔膜抗热性、力学稳定性及保液性的增强。

然而，涂覆层与聚合物的界面结合力使得隔膜在电池充放电过程中容易出现界面分离，纳米颗粒容易脱落堵住隔膜孔道影响离子传输。研究者通过调控溶剂用量、采用原位复合技术将无机纳米颗粒预先分散在成膜溶液中，通过改变制膜的工艺手段等方法来改善界面作用。

（3）无纺布型隔膜

无纺布型隔膜是将大量合成纤维或天然纤维通过物理化学或机械方法黏结固化在一起的纤维状膜。未来的新型隔膜发展除了面对安全性能和锂离子快速传导的主要挑战，还需考虑生产和总体设备成本，实现柔性设备，识别环境友好的材料和生产工艺以及开发易于回收的体系。纤维素作为自然界中产量大、原料丰富、分布广的可再生能源，具备高分子材料所不能媲美的生物相容性、可再生、易加工等特点。作为能源化工的主要原料，纤维素在造纸、纤维纺织品及其衍生物的应用中效果俱佳。由于纤维素的众多优势，许多学者对其在隔膜材料的应用上赋予了极大热情，尤其是对改性低成本、可塑性强的纤维素材料的研究。在最近的 30 年中，纤维素无纺布已被广泛地用作 LIBs 和电化学电容器的隔膜。应用于电化学电容器和 LIBs 的生物质隔膜的常见特性包括：①隔膜表面和电解质的界面润湿性好；②高离子电导率；③大规模生产且成本低廉。纤维素作为一种热固性高分子材料，其本身所存在的氢键赋予了大的工作温度范围、高的化学稳定性，且表面富含羟基使其具有吸湿性，或可替代聚烯烃材料用于低成本高性能纤维素基隔膜的制备。但由于纤维素纤维堆积形成的三维网状存在的孔径不均一且孔径较大、机械强度不足等问题限制了其在锂离子电池中的广泛应用。单纯的纤维素不能满足隔膜的综合要求，通过对不同原料的选择包括纤维素纤维及其衍生物或聚合物合成纤维而得到适用于锂离子电池的纳米孔径隔膜结构，缓解锂枝晶的形成，是当前研究的方向。

（4）凝胶聚合物电解质

凝胶聚合物电解质由聚合物基质、锂盐和有机溶剂组成，是通过限制在隔膜结构的液态电解质进行锂离子运输传导，既有液态电解质的高离子电导率的优势，又避免了电解质漏液的缺陷。其性能的优劣依赖于聚合物基体的选取以及制备方法。性能优越的聚合物基体普遍拥有成膜性好、结晶度低、介电常数高、力学性能好等特性，基体中的极性基团要能大量给出电子，结合锂离子成键，从而提升隔膜导电能力。凝胶聚合物电解质担任隔膜以及液态电解液的角色，凭借聚合物的可塑加工性能在隔膜研发领域成为关注热点。当前凝胶聚合物电解质研究相对成熟的体系有以下几个：

① PEO 体系。醚类聚合物聚氧化乙烯（PEO）作为一种以—CH_2CH_2O—为主链的高结晶度水溶性的树脂，其螺旋结构为离子运动提供丰富通道且低成本、来源广，因而成为凝胶聚合物电解质的前景材料。借助锂离子与醚氧原子间键的络合进行锂离子传导，但是 PEO 的高结晶性不利于电解液的浸润，使得 Li^+ 在室温下迁移率低，离子电导率低。目前研究人员主要是通过共聚、共混、添加增塑剂、掺杂盐或无机填料等来提高其离子电导率。

② PAN 体系。聚丙烯腈（PAN）由于耐高温、电化学稳定性好、电化学稳定窗口宽、容易制备等优点在聚合物电解质材料发展中具有很大的潜力。但是高结晶度的 PAN 在升温的环境中易发生电解液泄漏情况，而且大分子链上具有的强极性基团（—CN）导致与金属锂负极间差的兼容性。针对这些缺点，研究人员通过共混或者相反转法制造了新型共混微孔聚合物电解质。

③ PMMA 体系。聚甲基丙烯酸甲酯（PMMA）含丰富的羰基，其与锂盐中氧的强相互作用使得电解液润湿性极大增强，减小了界面电阻。但是单纯 PMMA 基底则不能满足理想隔膜力学性能的需求。研究者通过共聚或添加无机填料改善其力学性能。

④ PVDF 体系。聚偏氟乙烯（PVDF）是具有高结晶性的高分子聚合物。通过氢键作用具备优异的力学性能和热稳定性以及拥有高的电化学稳定窗口而广受青睐。PVDF 具有高介电常数，达 8.4F/m，能有效促进盐的电离进而产生丰富的电荷载流子。研究者通过在 PVDF 基聚合物中加入无机纳米材料或与其他性能互补的聚合物共混等方法来提升性能。

4.6.2 干法制膜工艺

所谓干法制膜工艺就是把聚烯烃树脂进行熔化、挤压、吹膜等工序制成结晶性质的聚合物薄膜，然后再对其进行结晶化处理、退火等复杂提纯工艺，得到多层次结构的薄膜，最后还要在高温环境下对其进行拉伸，剥离其结晶界面，使其结构上具备较多的孔洞，以便提升薄膜的孔径。此外，干法拉伸工艺可以根据拉伸方向分为干法单向拉伸和干法双向拉伸。

干法单向拉伸指的是根据薄膜的硬弹性纤维方向，制造出低结晶度高取向的聚丙烯或聚乙烯薄膜，然后对其进行高温退火提纯，获得取向性薄膜。因为这种薄膜在低温环境下无法拉伸成银纹状薄膜，只能在高温环境下对其进行拉伸处理，使其内部的缺陷形成微型孔洞。如美国的 Celgard 薄膜生产公司，就是采用这种制备工艺进行薄膜的制造，其生产的薄膜大多都是单层的聚丙烯或聚乙烯薄膜或者是三层的该类型薄膜。这种工艺的缺点是吸收性和收缩性差且横向强度不高等。还有一种是干法制备工艺衍生的干法双向拉伸制备工艺，首先提出这种工艺的是中国科学院，主要的制备流程就是在聚丙烯材料中掺入具备成核成分的 β 晶型改进剂，这样就可以利用不同材料之间密度的不同，使其进行拉伸时发生性质转变，在表面形成微型孔洞，这种双向拉伸工艺比单向拉伸具备透气性好、渗透性好、吸收性好等特点。S. W. Lee 等采用干法双向拉伸技术，制备了亚微米级孔径的微孔 PP 隔膜，其微孔具有很好的力学性能和渗透性能，平均孔隙率为 30% ～ 40%，平均孔径为 0.05μm。采用双向拉伸制成的隔膜的微孔外形基本上是圆形的，具有很好的渗透性和力学性能，孔径更加均匀。干法拉伸工艺较简单，且无污染，是锂离子电池隔膜制备的常用方法，但该工艺所制隔膜孔径及孔隙率较难控制，拉伸比较小，只有 1 ～ 3，同时低温拉伸时容易导致隔膜穿孔，产品不能做得很薄。

4.6.3　湿法制膜工艺

湿法制膜工艺如图 4-14 所示。湿法制膜工艺通过将一些液体化的小分子类物质与聚烯烃树脂进行搅拌混合，对其进行高温加热处理，使其充分熔融，并对这种高温液体进行降温处理、分离杂质等工序，对剩下的物质进行压制处理得到薄膜片，然后再进行高温加热达到薄膜熔点，接着采用双向拉伸工艺决定分子链的取向，最后对薄膜材料进行冷却，利用材料的高温挥发物质蒸发带走膜片上残存的溶剂。采用这种方法制造出的薄膜，其表面孔洞更加相互贯通。目前许多薄膜制造公司都在向我国学习这种湿法制备工艺，并采用这种制造方式进行材料制备，如美国的 Entek 制备公司，日本的旭化成、东丽等。采用湿法制膜工艺制造薄膜，其双向拉伸性能相同，薄膜成品的横向拉伸强度比干法制备的要高，此外，这种制备方式对材料的要求不是太高，后期制成的产品能使锂离子电池性能显著提升。

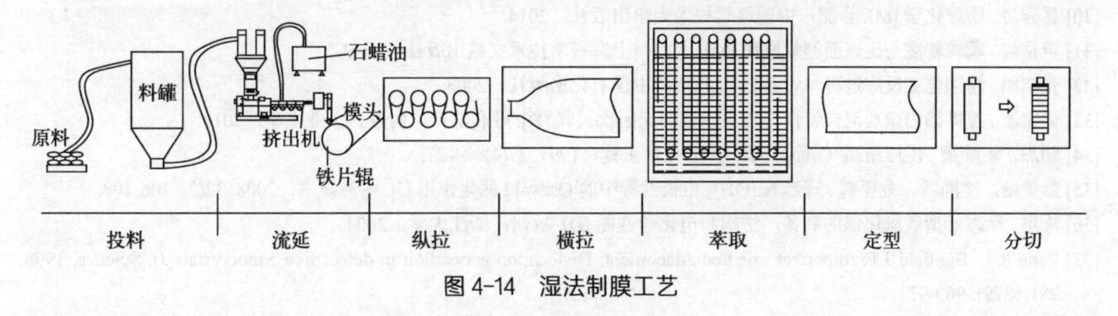

图 4-14　湿法制膜工艺

参考文献

[1] Chang K, Hallstedt B, Music D, et al. Thermodynamic description of the layered O_3 and O_2 structural $LiCoO_2$-CoO_2 pseudo-binary systems[J]. Calphad, 2013, 41: 6-15.

[2] Khawam A, Flanagan D R. Solid-state kinetic models: Basics and mathematical fundamentals[J]. ChemInform, 2006, 110: 17315-17328.

[3] Ammar K. Application of solid-state kinetics to desolvation reactions[D]. Iowa City: The University of Iowa, 2007.

[4] Friedman H L. Kinetics of thermal degradation of char-forming plastics from thermogravimetry. Application to a phenolic plastic[J]. Journal of Polymer Science Polymer Symposia, 2010, 6(1): 183-195.

[5] Friedman H L. New methods for evaluating kinetic parameters from thermal analysis data[J]. Polymer Letters, 1969, 7: 41-46.

[6] 张国旺 . 超细粉碎设备及其应用 [M]. 北京：冶金工业出版社，2005.

[7] 张平亮 . 砂磨机微粉碎理论及技术参数的研究 [J]. 中国粉体技术，1999, 5(1): 10-13.

[8] 位世阳，程广振，马佳航，等 . 双冷却系统湿法研磨砂磨机 [J]. 机床与液压，2015, 43(20): 41-43.

[9] 刘建平，杨济航．自动化技术在粉体工程中的应用 [M]. 北京：清华大学出版社，2012.
[10] 王港，黄锐，陈晓媛，等．高速混合机的应用及研究进展 [J]. 中国塑料，2001, 15(7): 11-14.
[11] 徐大鹏，白城，关世文 .HL1900 型高速混合机的应用 [C]. 2011 全国不定形耐火材料学术会议，2011.
[12] 何咏涛，何崇勇，肖宜波，等．双锥回转真空干燥机的特性和影响因素分析及研究 [J]. 机电信息，2013, 356(2): 29-32.
[13] 钟余发，程小苏，曾令可，等．利用离心喷雾干燥制备球形粉体的工艺因素研究 [J]. 材料导报：纳米与新材料专辑，2009, 23(14): 147-150.
[14] 李争．磷酸铁锂烧结设备——全纤维材料气氛双推板窑的研制 [J]. 电子工业专用设备，2007, 36(7): 31-35.
[15] 潘雄．新型辊道窑节能减排技术应用探讨 [J]. 佛山陶瓷，2014 (5): 45-47.
[16] 刘杰．钟罩式氮气氛炉关键技术研究 [D]. 长沙：国防科学技术大学，2009.
[17] 马宪章，代玉胜，刘飞，等．双螺旋混合机的技术改造 [J]. 化工机械，2015, 42(2): 274-275.
[18] 张晟玮，朱胜美．卧式螺带混合机的混料轴：CN203123927U[P]. 2013-08-14.
[19] 王绪然．振动电磁除铁器基本设计参数的选取 [J]. 中国铸造装备与技术，1996 (2): 50-53.
[20] Lide D R, Haynes W M M. CRC handbook of chemistry and physics[M]. CRC Press, 1996.
[21] 苏继桃，苏玉长，赖智广．制备镍、钴、锰复合氢氧化物的热力学分析 [J]. 电池工业，2008, 13(1): 18-22.
[22] 苏继桃，苏玉长，赖智广，等．共沉淀法制备镍、钴、锰复合碳酸盐的热力学分析 [J]. 硅酸盐学报，2006, 34(6): 695-698.
[23] 时钧．化学工程手册 [M]. 2 版．北京：化学工业出版社，1996.
[24] 郝保红，黄俊华．晶体生长机理的研究综述 [J]. 北京石油化工学院学报，2006, 14(2): 58-64.
[25] 陆佩文．无机材料科学基础：硅酸盐物理化学 [M]. 武汉：武汉工业大学出版社，1996.
[26] 胡英顺，尹秋响，侯宝红，等．结晶及沉淀过程中粒子聚结与团聚的研究进展 [J]. 化学工业与工程，2005, 22(5): 371-375.
[27] 李国华，王大伟，张术根，等．晶体生长理论的发展趋势与界面相模型 [J]. 现代技术陶瓷，2001, 22(1): 13-18.
[28] 闵乃本．晶体生长的物理基础 [M]. 上海：上海科学技术出版社，1982.
[29] 三元材料前驱体形成机理、结晶、结构和形貌分析 [DB/OL]. 2018-08-20. https://max.book118.com/html/2019/0401/813301401600 2015.shtm.
[30] 葛秀涛．物理化学 [M]. 合肥：中国科学技术大学出版社，2014.
[31] 童祜嵩．颗粒粒度与比表面测量原理 [M]. 上海：上海科学技术文献出版社，1989.
[32] 张晓娟．精细化工反应过程与设备 [M]. 北京：中国石化出版社，2008.
[33] 梁宏波．搅拌槽内微观混合特性与离集指数的无因次关联 [D]. 呼和浩特：内蒙古工业大学，2010.
[34] 陆杰，王静康．反应结晶（沉淀）研究 [J]. 化学工程，1997, 27(4): 24-27.
[35] 彭美勋，沈湘黔，危亚辉．球形 $Ni(OH)_2$ 生长过程中的 Ostwald 熟化作用 [J]. 电源技术，2008, 32(2): 106-108.
[36] 陈惠．稳态 α 型氢氧化镍的制备，结构和电化学性能 [D]. 杭州：浙江大学，2004.
[37] Penn R L, Banfield J F. Imperfect oriented attachment: Dislocation generation in defect-free nanocrystals[J]. Science, 1998, 281(5379): 969-971.
[38] 上海毓翔机械有限公司．过滤器系列 [DB/OL].2020-04-05.https://www.yxpec.com.
[39] 王伟东，仇卫华，丁倩倩．锂离子电池三元材料：工艺技术及生产应用 [M]. 北京：化学工业出版社，2015.
[40] 杨小荣．制药行业烘箱的研究及改进方案 [J]. 医药工程设计，2014, 035(5): 36-41.
[41] 金国淼．干燥设备设计 [M]. 上海：上海科学技术出版社，1986.
[42] 凯睿达公司．管链输灰系统 [DB/OL].2020-04-05. https://wenku.baidu.com/view/a57510dcba0d4a7302763ac0.htlm.
[43] 麦科威公司．管链输送机 [DB/OL].2020-04-05.http://www.mechwell.com.cn/web/.

第5章

锂离子电池

5.1 锂离子电池概述

5.1.1 锂离子电池的特性

① 能量密度高。即单位质量或单位体积的锂离子电池提供的能量比其他电池高。锂离子电池的质量比能量一般在 100 ～ 170W·h/kg 之间，体积比能量一般在 270 ～ 460W·h/L 之间，均为镍镉电池、镍氢电池的 2 ～ 3 倍。因此，同容量的电池中锂离子电池要轻很多，体积要小很多。

② 电压高。因为采用了非水有机溶剂，锂离子电池的电动势、开路电压、工作电压均比其他水系电池高 2 ～ 3 倍。锂离子电池的实际工作电压可达 2.5V 以上，这也是其能量密度较高的原因之一。

③ 自放电率低。自放电率，即自放电速率，是指电池搁置单位时间（天、月、年）其容量自发降低的百分数。锂离子电池的月自放电率为 3% ～ 9%，镍镉电池为 25% ～ 30%，镍氢电池为 30% ～ 35%。因此，同样条件下锂离子电池保持电荷的时间长，在优良的环境下可以存储 5 年以上。

④ 无记忆效应。记忆效应是指电池用电未完时，再充电电量下降的现象。锂离子电池无记忆效应，可以随时充电使电池的效能得到充分发挥，而镍氢电池、镍镉电池的记忆效应较严重。对于电动车动力电源而言，这一点至关重要。

⑤ 循环寿命长。循环寿命是指电池在一定的充放电制度下，其容量降至某一规定值（如 85%）之前，电池所能耐受的充放电循环次数。锂离子电池的充放电循环寿命可以达到 1000 ～ 3000 次，而镍镉电池、镍氢电池的充放电循环次数一般为 300 ～ 600 次。

⑥ 工作温度范围广。锂离子电池通常在−20 ～ 60℃的范围内正常工作，但温度变化对其放电容量影响很大。

⑦ 锂离子电池不含任何汞、镉、铅等有毒元素，是良好的绿色环保电池。

5.1.2 锂离子电池的工作原理、结构及分类

（1）锂离子电池的工作原理

锂离子电池是指以两种不同的能够可逆地插入及脱出锂离子的嵌锂化合物分别作为电池正极和负极的二次电池体系。对于典型的石墨（C）/ 钴酸锂（$LiCoO_2$）电池，在充电过程中，锂离子从正极活性材料 $LiCoO_2$ 中脱出并通过电解液嵌入负极活性材料 C 中，负极处于富锂态，正极处于贫锂态；放电过程正好相反，锂离子从负极脱嵌，经过电解液嵌入正极，正极处于富锂态。C/$LiCoO_2$ 锂离子电池工作原理如图 5-1 所示。

在充放电过程中，锂离子在正、负极活性材料中的含量反复发生此降彼涨的变化特征，因而锂离子电池被称为“摇椅式”电池。C/$LiCoO_2$ 锂离子电池的反应机理如下：

正极　　$LiCoO_2 \rightleftharpoons Li_{1-x}CoO_2 + xLi^+ + xe^-$

负极　$6C + xLi^+ + xe^- \rightleftharpoons Li_xC_6$

电池反应　$LiCoO_2 + 6C \rightleftharpoons Li_{1-x}CoO_2 + Li_xC_6$

在正常充放电情况下，锂离子在层状结构的碳材料和层状结构的氧化物的层间嵌入和脱出，一般只引起层面间距变化，不破坏晶体结构，因此锂离子电池反应是一种理想的可逆反应，充放电循环性能优异。

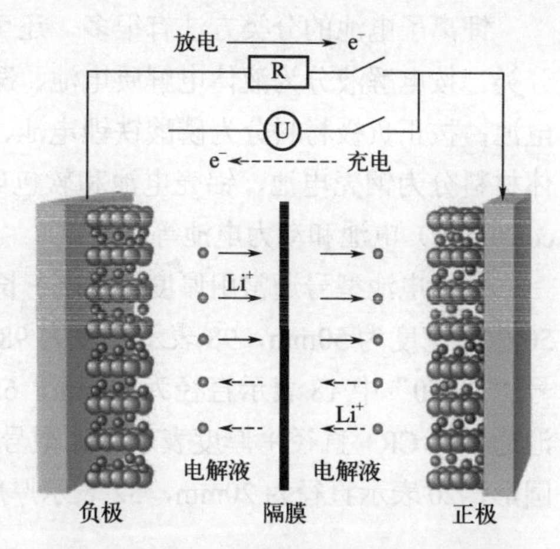

图 5-1　$C/LiCoO_2$ 锂离子电池的工作原理

（2）锂离子电池的结构及分类

锂离子电池由正负极、电解质、隔膜和外壳等部分组成，其主要组成材料可参见第 4 章相应章节。正负极通常由多孔粉体涂覆层和集流体构成，其中，粉体涂覆层由活性物质、导电剂、黏结剂及其他助剂构成，正极的集流体为铝箔，负极的集流体为铜箔。采用多孔粉体涂覆层电极，活性物质粉体间和粉体颗粒内部存在的孔隙可以增大电极的有效反应面积，降低电化学极化。同时由于电极反应发生在固-液两相界面上，多孔电极有助于减少锂离子电池充电过程中枝晶的生成，有效防止内短路。

常见的锂离子电池按照外形分为圆柱、软包、方形和扣式等四种类型，结构如图 5-2 所示。圆柱、软包、方形和扣式电池的正负极集流体采用双面涂覆，按照正极—隔膜—负极顺序，采用卷绕或叠片工艺装配成各种电芯，然后封装入铝壳、铝塑复合膜或不锈钢壳中，软包、方形电池的正、负极极耳直接引出作为正、负极引出端子，圆柱和扣式电池的壳体可以作为外接电极。

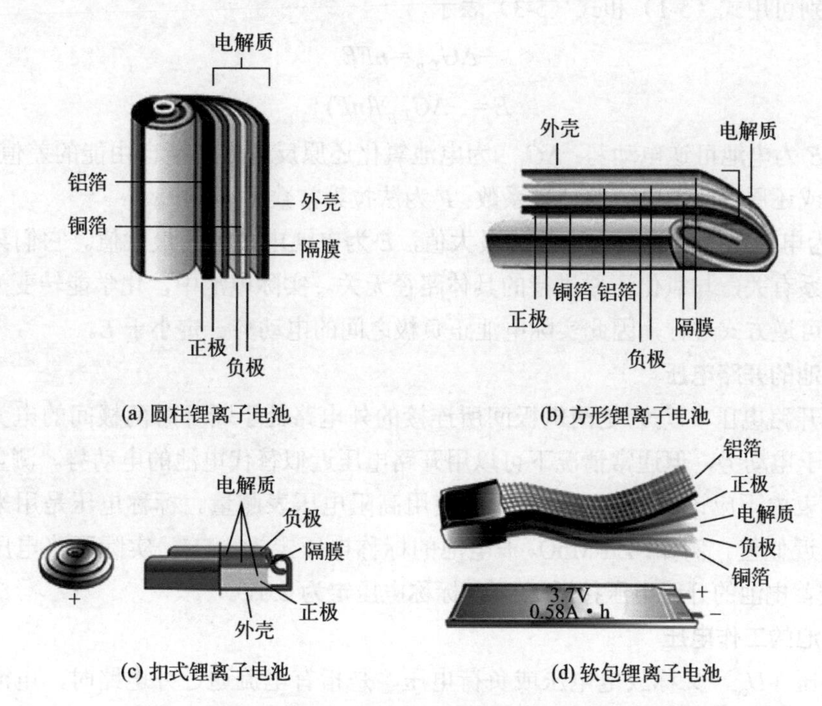

图 5-2　圆柱、方形、扣式和软包锂离子电池结构示意图

锂离子电池的分类方法有很多，还可以按壳体材料、正负极材料、电解液和用途等进行分类。按电解液分为液体电解质电池、凝胶电解质电解池、聚合物电解质电池和固体电解质电池；按正负极材料分为磷酸铁锂电池、三元材料电池、锰酸锂电池和钛酸锂电池等；按壳体材料分为钢壳电池、铝壳电池和软包电池等；按用途分为3C（computer，communication，consumer）电池和动力电池等。

方形电池型号通常用厚度＋宽度＋长度表示，如型号“485098”中48表示厚度为4.8mm，50表示宽度为50mm，98表示长度为98mm；圆柱形电池通常用直径＋长度+0表示，如型号“18650”中18表示直径为18mm，65表示长度为65mm，0表示为圆柱形电池；扣式电池通常用CR+直径＋厚度表示，如型号“CR2032”中C代表扣电体系，R表示电池外形为圆形，20表示直径为20mm，32表示厚度为3.2mm。

5.2 电池的电性能

5.2.1 电池的电动势、开路电压与工作电压

（1）电池的电动势

电池的电动势是外电路开路时，即没有电流流过电池时，正负电极之间的平衡电极电势之差。其热力学原理是：在等温等压条件下，体系发生热力学可逆变化时，吉布斯自由能的减小等于对外所做的最大非膨胀功，如果非膨胀功只有电功，则吉布斯自由能的增量和电池的电动势分别可用式（5-1）和式（5-3）表示。

$$-\Delta G_{T,p}=nFE \tag{5-1}$$

$$E=-\Delta G_{T,p}/(nF) \tag{5-2}$$

式中，E为电池可逆电动势；$\Delta G_{T,p}$为电池氧化还原反应吉布斯自由能的差值；n为电池在氧化反应或还原反应中电子的计量系数；F为法拉第常数。

$\Delta G_{T,p}$为电池化学能转变为电能的最大值，E为电池电动势的最大值。它们只与氧化还原反应的体系有关，与氧化还原进行的具体路径无关。实际电池中，化学能转变为电能通常以热力学不可逆方式进行，因此实际电池正负极之间的电动势一定小于E。

（2）电池的开路电压

电池的开路电压（U_{oc}）是两电极间所连接的外电路处于断开时两极间的电势差。开路电压总是小于电动势，但通常情况下可以用开路电压近似替代电池的电动势。测量开路电压时，测量仪表内不应该有电流通过，一般使用高阻电压表测量。标称电压是用来鉴别电池类型的电压近似值。例如：$Zn\text{-}MnO_2$干电池的标称电压定为1.5V，实际开路电压可能高于1.5V；铅酸蓄电池的开路电压接近2.1V，标称电压定为2.0V。

（3）电池的工作电压

工作电压（U_{cc}）又称放电电压或负荷电压，是指有电流通过外电路时，电池两极间的电位差。工作电压总是低于开路电压，因为电流流过电池内部时，必须克服极化内阻和欧姆

电阻所造成的阻力。因此工作电压可用下式表示：

$$U_{cc} = E - IR_{内} = E - I(R_{\Omega} + R_{f}) \tag{5-3}$$

式中，U_{cc} 为工作电压；E 为电池电动势；I 为工作电流；$R_{内}$为电池内阻；R_{Ω} 为欧姆电阻；R_{f} 为电极极化内阻。

工作电压决定于放电制度，即放电时间、放电电流、环境温度、终止电压等条件。

5.2.2 电池的内阻

电池的内阻（$R_{内}$）又称全内阻，是指电流（I）流过电池时所受到的阻力，它包括欧姆电阻（R_{Ω}）和电化学反应中电极极化引起的电阻（R_{f}）。电池的内阻越大，电池的工作电压就越低，实际输出的能量就越小。损失的能量均以热量形式留在电池内部。若电池升温激烈，电池可能无法继续工作，因此电池内阻是评价电池质量的主要标准。内阻直接影响电池的工作电压、工作电流、输出能量和功率，对于一个实际化学电源，其内阻越小越好。

① 欧姆电阻。欧姆电阻与电极、电解液、隔膜及电路等组件有关。具体包括电解液电阻、隔膜电阻、活性物质颗粒本身的电阻、颗粒之间的接触电阻、活性物质与导电骨架间的接触电阻，以及骨架、导电排、端子的电阻总和。电解液的欧姆电阻与电解液的组成、浓度和温度有关。隔膜电阻是当电流流过电解液时，离子穿过隔膜有效微孔所产生的电阻（R_{M}），由于隔膜本身应是绝缘材料，因而隔膜电阻实际上可表征隔膜的曲折孔路对离子迁移所造成的阻力，可以表示为：

$$R_{M}=\rho_{s}J \tag{5-4}$$

式中，ρ_{s} 为溶液比电阻；J 是表征隔膜微孔结构的因素，结构因素包括膜厚、孔率、孔径、孔的弯曲程度。

② 极化内阻。极化内阻是指电化学反应时由极化引起的电阻，包括电化学极化和浓差极化引起的电阻，其与活性物质的本性、电极的结构、电池的制造工艺等有关，特别与电池的工作条件密切相关。放电电流不同，所产生的电化学极化与浓差极化的值也不同。所以，极化内阻并不是个常数，而是随放电时间的改变而改变，也随放电制度的改变而变化。

5.2.3 电池的容量与比容量

5.2.3.1 电池的容量

电池的容量是指在一定的放电条件下可以从电池中获得的电量，单位常用A・h或mA・h，分为理论容量、实际容量和额定容量。

（1）理论容量

理论容量（C_{t}）是假设活性物质全部参加电池的成流反应时所给出的电量。它是根据活性物质的质量按照法拉第定律计算求得的。

法拉第定律指出，电极上参加反应的物质的质量与通过的电量成正比，即1mol的活性物质参加电池的成流反应所释放出的电量为nF（F为法拉第常数，96500nC/mol或26.8nA・h・mol^{-1}，

n 指活性物质的电荷转移数）。因此，电极的理论容量计算公式为：

$$C_t = 26.8n\frac{m}{M} = \frac{1}{K}m \tag{5-5}$$

式中，m 为活性物质完全反应时的质量，g；n 为成流反应的得失电子数；M 为活性物质的摩尔质量，g/mol；K 为活性物质的电化当量，g/（A・h）。

由式（5-5）可以看出，电极的理论容量与活性物质质量和电化当量有关。在活性物质摩尔质量相同的情况下，电化当量越小的物质，理论容量就越大。

一个电池的容量就是其正极或负极的容量，而不是正负极容量之和。因为电池充放电时通过正负极的电量总是一样的，即正极放出的容量等于负极放出的容量，也等于电池的容量。电池的容量取决于容量较小的那个电极，另一个电极的容量稍过剩或多很多。实际生产中一般多用正极容量控制整个电池的容量，而负极容量过剩。通常，电池中的活性物质数量越多，电池放出的容量越大，但它们并不是严格地成正比关系。电池中的活性物质数量越多，电池的总质量和体积也就越大，所以，就同一类电池而言，大电池放出的容量要比小电池多。在一种电池设计制造出来以后，电池中活性物质的质量就确定了，理论容量也就确定了，而实际上能放出多少容量，则主要取决于活性物质的利用率。

（2）额定容量

额定容量（C_s）是指设计和制造电池时，规定或保证电池在一定的放电条件下（温度、放电制度）应该放出的最低容量。

（3）实际容量

电池的实际容量（C_p）是指在一定放电条件下（温度、放电制度）电池所能输出的电量，一般以 A・h 为单位。蓄电池的实际容量则是对充足电的电池而言。实际容量的计算方法为：

恒电流放电时

$$C_p = It \tag{5-6}$$

恒电阻放电时

$$C_p = \int_0^t I\mathrm{d}t = \frac{1}{R}\int_0^t U\mathrm{d}t \tag{5-7}$$

上式的近似计算是

$$C_p = \frac{1}{R}U_a t \tag{5-8}$$

式中，I 为放电电流，A；U_a 为平均放电电压，V；R 为放电电阻，Ω；t 为放电到终止电压所需的时间，h。

（4）放电率

放电时间、放电电流用放电率表示。放电率指放电时的速率，常用“时率”和“倍率”表示。时率是指以放电时间表示的放电速率，倍率是指电池在规定时间内放出其额定容量时所输出的电流值，数值上等于额定容量的倍数。

电池放电电流（I，单位为 A）、电池额定容量（C_s，单位为 A・h）、放电时间（t，单位为 h）的关系为：

$$I=C_s/t \tag{5-9}$$

如额定容量（C_s）为 1A・h 的电池，10h 放电时，则放电率为 $\frac{C_s}{t}=\frac{1\text{A}\cdot\text{h}}{10\text{h}}=0.1\text{A}$。按国际上规定：放电率在 $\frac{C_s}{5}$ 以下称为低倍率；$\frac{C_s}{5}\sim 1C_s$ 称为中倍率；$1C_s\sim 22C_s$ 称为高倍率。另外，放电率也用 It 来表示，例如 $I1$、$I2$、$I3$ 等，$I1$ 指 1h 率放电的电流强度，$I5$ 指 5h 率放电的电流强度。显然，$I=\frac{1}{t}C_s$。

（5）影响电池容量的因素

化学电源的实际容量取决于活性物质的数量和利用率（K）。影响容量的因素都将影响活性物质的利用率，因而利用率总是小于 1，实际容量总是低于理论容量。利用率的计算式为：

$$K=\frac{m_t}{m_p}\times 100\% \tag{5-10}$$

式中，m_p 为活性物质的实际质量，g；m_t 为按电池的实际容量根据法拉第定律计算出的物质的质量，g。

活性物质的利用率（K）是电池性能优劣的重要标志之一。影响活性物质利用率的因素主要有以下几个方面：

① 活性物质的活性。活性物质的活性是指它参加电化学反应的能力。活性物质的活性大小与晶型结构、制造方法、杂质含量以及表面状态有密切关系，活性高则利用率高，放出容量也大。活性物质在电池中所处的状态，也影响电池的容量。例如，铅酸蓄电池长期在放电状态下存放，极板会发生不可逆硫酸化，使活性物质失去活性，利用率降低，容量下降。有时活性物质吸附一些有害杂质也会使活性降低，造成电池容量下降。

② 电极和电池的结构。电极和电池的结构对活性物质的利用率有明显的影响，也直接影响到电池的容量。电极的结构包括电极的成型方法，极板的孔径、孔率、厚度，极板的真实表面积的大小等。

a. 在各种已应用的电池中，大多数电池的电极材料是粉状物质。无论是哪种方法制成的电极，电解液在微孔中扩散和迁移都要受到阻力，容易产生浓差极化，影响活性物质的利用率。有时电池的反应产物在电极表面生成并覆盖电极表面的微孔，很难使内部的活性物质充分反应，影响活性物质的利用率，从而影响电池的容量。在活性物质相同的情况下，极板越薄，活性物质的利用率越高。电极的孔径、孔率大小都影响电池的容量。电极的孔径大、孔率高，有利于电解液的扩散。同时电极的真实表面积增大，对于同样的放电电流，则它的电流密度大大减小，可以减轻电化学极化，有利于活性物质利用率的提高。但孔径过大、孔率过高，极板的强度就要降低，同时电子导电的电阻增大，对活性物质利用率的提高不利，因此极板的孔径和孔率要适当，才能有较高的利用率。正负极之间在不会引起短路的条件下，极板间距要小，离子运动的路程越短，越有利于电解液的扩散。

b. 电池的结构（如圆柱形、方形、纽扣形）不同，其活性物质的利用率也不同。

③ 电解液的数量、浓度和纯度对容量也有明显的影响。这种影响是通过活性物质的利

用率来体现的。如果电池反应时消耗电解质，则可视其为活性物质。若电解质数量不足，正负极活性物质就不可能充分利用，故电池放出容量低。对于不参加反应的电解质溶液，只要它的数量能保证离子导电即可。任何一种电解质溶液，都存在一个最佳浓度，在此浓度下导电能力最强。电极在此浓度下的腐蚀和钝化也要考虑，若腐蚀严重，造成活性物质浪费，利用率下降。另外电解液中的杂质，特别是有害杂质，同样使活性物质利用率降低，影响电池的容量。

④ 电池的制造工艺对电池的容量有很大影响，这将在下文进行讨论。

上面讨论的这些影响因素都是电池本身的，属内在因素，当电池制造出来以后，这些因素的影响就确定了。

⑤ 放电制度。影响活性物质利用率的外在因素是放电制度，即放电电流密度、放电温度和放电终止电压等。

a. 放电电流密度（$j_{放}$）对电池的容量影响很大。$j_{放}$越大，电池放出的容量越小，因为$j_{放}$大，表示电极反应速度快，那么，电化学极化和浓差极化也就越严重，阻碍了反应的深度，使活性物质不能充分利用。同时 $j_{放}$大，欧姆电压降也增大，特别是放电的反应产物是固态时，可能将电极表面覆盖，阻碍了离子的扩散，影响到电极内部活性物质的反应，使利用率下降，容量降低。

b. 放电温度对容量的影响也很大。放电温度升高时，一方面电极的反应速度加快，另一方面溶液的黏度降低，离子运动的速度加快，使电解质溶液的导电能力提高，有利于活性物质的反应。放电温度升高，放电产物的过饱和度降低，可以防止生成致密的放电产物层，这就降低了颗粒内部活性物质的覆盖，有利于活性物质的充分反应，提高了活性物质的利用率。放电温度升高还可能防止或推迟某些电极的钝化（特别是片状负极），这些都对电池的容量有利，所以放电温度升高，电池放出的容量增大；反之，放电温度降低，电池放出的容量减小。

c. 一般情况下，放电终止电压对容量的影响是：终止电压越高，放出的容量越小；反之，终止电压越低，放出的容量越大。

为了比较电池容量的大小，各种电池都规定了相应的放电条件，可查阅有关产品检验标准。

5.2.3.2 电池的比容量

为了对同一系列的不同电池进行比较，常常用比容量这个概念。单位质量或单位体积电池所给出的容量，称为质量比容量或体积比容量。实际电池的比容量是用电池的容量除以电池的质量或体积计算出来的。

$$C'_m = \frac{C_s}{m} \tag{5-11}$$

$$C'_V = \frac{C_s}{V} \tag{5-12}$$

式中，m 为电池的质量，kg；V 为电池的体积，L。

5.2.4 电池的能量与比能量

5.2.4.1 电池的能量

电池的能量是指电池在一定放电条件下对外做功所能输出的电能。通常用 W·h（瓦·时）表示。电池的能量有理论能量与实际能量之分。

（1）理论能量

假设电池在放电过程中始终处于平衡状态，其放电电压始终保持其电动势的数值。电池控制电极的活性物质的利用率为 100%，则此时电池应该给出的能量为理论能量（W_t），可表示为：

$$W_t = CE \tag{5-13}$$

实际上电池的理论能量就是可逆电池在恒温恒压下所做的最大非体积功，即：

$$W_t = -\Delta G_{T,p} = nFE \tag{5-14}$$

（2）实际能量

实际能量（W_p）是电池放电时实际输出的能量。在数值上等于实际容量和平均工作电压的乘积。因为活性物质不可能 100% 被利用，电池工作电压也不可能等于电动势，所以实际能量总是低于理论能量，其值可用下式表示，即：

$$W_p = C_p U_a \tag{5-15}$$

5.2.4.2 电池的比能量

比能量是指单位质量或单位体积的电池所放出的能量。电池放出的能量多少和放电制度有关，因此同一只电池的比能量大小与放电制度有关。单位质量的电池输出的能量称为质量比能量，常用 W·h/kg 表示。单位体积的电池输出的能量称为体积比能量，常用 W·h/L 表示。比能量也分为理论质量比能量（W_t'）和实际质量比能量（W_p'）。

电池的理论质量比能量可以根据正、负极两种活性物质的电化当量（有时需要加上电解质的电化当量）和电池的电动势来计算。

$$W_t' = 1000E/(K_+ + K_-) \tag{5-16}$$

式中，K_+ 为正极活性物质的电化当量，g/(A·h); K_- 为负极活性物质的电化当量，g/(A·h); E 为电池的电动势，V。

例如，铅酸蓄电池的理论质量比能量可依下面的反应式计算：

$$Pb + PbO_2 + 2H_2SO_4 \longrightarrow 2PbSO_4 + 2H_2O$$

已知 $K(Pb) = 3.866\text{g/(A·h)}$，$K(PbO_2) = 4.463\text{g/(A·h)}$，$K(H_2SO_4) = 3.656\text{g(A·h)}$，$E = 2.041\text{V}$。

$$W_t' = \frac{1000 \times 2.041\,\text{V}}{3.866\,\text{g/(A·h)} + 4.463\,\text{g/(A·h)} + 3.656\,\text{g/(A·h)}} = 170.3\,\text{W·h/kg}$$

实际比能量（W_p'）可根据电池的实际质量（或体积）和实际输出的能量求出。

$$W_p' = \frac{C_p U_a}{m} \text{ 或 } W_p' = \frac{C_p U_a}{V} \tag{5-17}$$

由于各种因素的影响，电池的实际比能量远小于理论比能量，实际比能量与理论比能量的关系可表示为：

$$W_p' = W_t' K_E K_C K_m \tag{5-18}$$

$$K_E = \frac{U_a}{E} \tag{5-19}$$

$$K_C = \frac{C_p}{Ct} \tag{5-20}$$

$$K_m = \frac{m_0}{m_0 + m_s} = \frac{m_0}{m_{总}} \tag{5.21}$$

式中，K_E 为电压效率；K_C 为活性物质利用率；K_m 为质量效率；m_0 为假设按电池反应式完全反应的活性物质的质量；m_s 为不参加电池反应的物质质量；$m_{总}$为电池的总质量，包括过剩的活性物质（如 Zn-AgO 电池负极活性物质过剩量可达 25% ～ 75%）、电解液、电极添加剂、电池的外壳、电极的板栅、骨架的质量。

电池的比能量是电池性能的一个重要指标，是比较各种电池优劣的重要技术参数。提高电池的比能量，始终是化学电源工作者努力的目标，尽管有许多体系的理论比能量很高，但电池的实际比能量却小于理论比能量。较好的电池的实际比能量可以达到理论值的 1/5 ～ 1/3，因此，这个数值可以作为设计高能电源的依据。例如，在探索新的高能电池时，如果要求比能量为 100W·h/kg，则电池的理论比能量应为 300 ～ 500W·h/kg。

要想得到高比能量的电池，首先，构成电池两极的活性物质的理论比容量（C_t'）要高，要使 C_t' 高，要求活性物质的电化当量要小。其次，欲提高电池的电动势，要求选择电极电势较小和电极电势较大的材料分别作电池的负极和正极，这样有可能得到较大的电池电动势。

5.2.5 电池的功率与比功率

电池的功率是指在一定放电制度下，单位时间内电池所输出的能量，单位为 W 或 kW。单位质量或单位体积电池输出的功率称为质量比功率或体积比功率，质量比功率的单位为 W/kg，体积比功率的单位为 W/L。

功率、比功率是化学电源的重要性能之一。它表示电池放电倍率的大小，电池的功率越大，意味着电池可以在大电流或高倍率下放电。一般将电池分为大功率、中功率和小功率的电池。例如，Zn-AgO 电池在中等电流密度下放电时，比功率可达到 100W/kg 以上，说明这种电池的内阻小，高倍率放电的性能好；而 Zn-MnO_2 干电池在小电流密度下工作时，比功率只能达到 10W/kg，说明电池的内阻大，高倍率放电的性能差。与电池的能量相类似，功率有理论功率和实际功率之分。

电池的理论功率可表示为：

$$P_t = \frac{W_t}{T} = \frac{C_t E}{T} = \frac{ITE}{T} = IE \tag{5-22}$$

式中，T 为时间；C_t 为电池的理论容量；I 为恒定的电流。

而电池的实际功率应该是

$$P_{\mathrm{p}} = IU = I(E - IR_{内}) = IE - I^2R_{内} \tag{5-23}$$

式中，$I^2R_{内}$为消耗于电池全内阻上的功率，这部分功率对负载是无用的，它转变成热能损失掉了。

放电制度对电池输出功率有显著影响，当以高放电率放电时，电池的比功率增大。但由于极化增大，电池的电压降低很快，因此比能量降低；相反，当电池以低放电率放电时，电池的比功率降低，而比能量却增大。这种特性随电池系列的不同而不同。图 5-3 给出了几种常见电池和电化学电容器的比功率（P'）和比能量（W'），从曲线可以看出，当锂一次电池和锂离子电池的比功率增大时，比能量下降很小，说明这些电池适合于大电流工作。

图 5-4 表示电流强度对电池功率和电压的影响，随着放电电流的增大，电池的功率逐渐升高，达到最大功率后，如再继续增大电流，消耗于电池内阻上的功率显著增加，电池电压迅速下降，电池的功率也随之下降。原则上，当外电路的负载电阻等于电池的内阻时，电池的输出功率最大，这可以由下面的推导来证明。

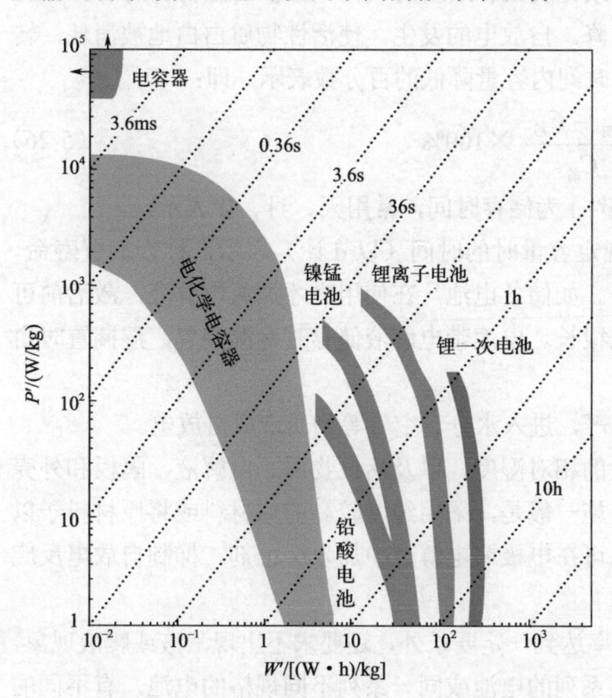

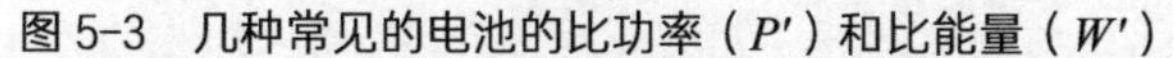

图 5-3　几种常见的电池的比功率（P'）和比能量（W'）

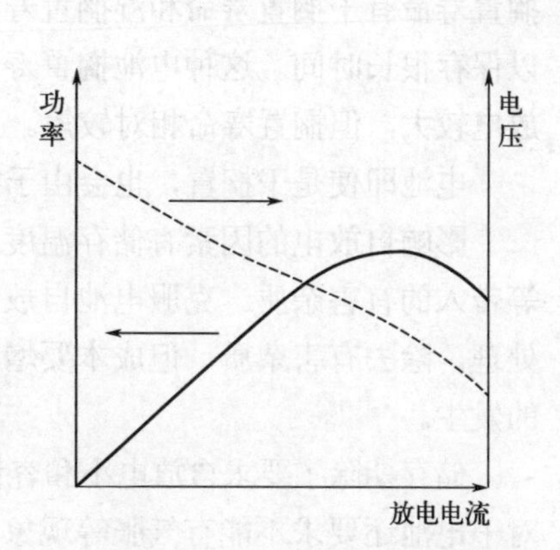

图 5-4　电流强度对电池功率和电压的影响

假设 $R_{内}$为常数，把式（5-23）对电流微分，即

$$\frac{\mathrm{d}P}{\mathrm{d}I} = E - 2IR_{内} \tag{5-24}$$

又因为 $E = I(R_{外} + R_{内})$，代入式（5-24），并令其等于零，得

$$IR_{外} + IR_{内} - 2IR_{内} = 0$$

$$R_{内} = R_{外} \tag{5-25}$$

而且 $\frac{d^2P}{dI^2}<0$，所以 $R_{内}=R_{外}$是电池功率达到极大值的条件。

5.2.6 电池的储存性能和循环性能

（1）储存性能

化学电源的特点之一是在使用时能够输出电能，不用时能够储存电能，所谓储存性能是指电池开路时，在一定条件下（如温度、湿度等）储存时容量自行降低的性能，也称自放电，下降率小，即储存性能好。

电池发生自放电，将直接降低电池可供输出的能量，使容量降低。自放电的产生主要是由于电极在电解液中处于热力学的不稳定状态，电池的两个电极各自发生了氧化还原反应。在两个电极中，负极的自放电是主要的，特别是当有正电性的杂质存在时会与负极活性物质形成腐蚀微电池，发生负极金属的溶解、气体析出或不溶性反应产物沉积在负极表面上，在正极上也可能会有各种副反应发生（如逆歧化反应、杂质的氧化、正极活性物质的溶解等），消耗了正极活性物质，而使电池的容量下降。自放电的发生，使活性物质白白地被消耗，转变成不能利用的热能。自放电速率用单位时间内容量降低的百分数表示，即：

$$X=\frac{C_{前}-C_{后}}{C_{前}t}\times100\% \tag{5-26}$$

式中，$C_{前}$、$C_{后}$为储存前后电池的容量；t 为储存时间，常用天、月、年表示。

自放电的大小，亦可用电池搁置至规定容量时的时间（以 d 计）表示，称为搁置寿命。搁置寿命有干搁置寿命和湿搁置寿命之分。如储备电池，在使用时才加入电解液，激活前可以保存很长时间。这种电池搁置寿命可以很长。电池带电解液储存时称湿搁置，湿搁置时自放电较大，但搁置寿命相对较短。

电池即使是干搁置，也会由于密封不严，进入水分、空气等物质造成自放电。

影响自放电的因素有储存温度、环境的相对湿度，以及活性物质、电解液、隔板和外壳等带入的有害杂质。克服电池自放电的措施一般是，采用纯度较高的原材料或将原材料予以处理，除去有害杂质，但成本要增加；也可在电极或电解液中加入缓蚀剂，抑制自放电反应的发生。

储存期除了要求自放电小和容量降低率达到一定要求外，还要求不出现漏液或爬液现象，对干电池还要求不能有气胀等现象。不同系列的电池或同一系列不同规格的电池，有不同的考核办法和规定。

（2）循环寿命

对蓄电池而言，循环寿命或使用周期也是衡量电池性能的一个重要参数。蓄电池经历一次充电和放电，称为一次循环，或叫一个周期。

在一定的充放电制度下，电池容量降至某一规定值（通常为初始容量的 80%）之前，电池所能耐受的循环次数称为蓄电池的使用寿命。各种蓄电池的使用周期都有差异，以长寿命著称的电池是镉-镍蓄电池，可达上千次；而锌-银蓄电池的使用寿命则较短，有的不到 100 次；GB/T 36972—2018 规定电动自行车用锂离子电池的最短寿命须达到 600 次，电动汽车最短寿命须达到1000次。即使同一系列、同一规格的产品，使用周期也有差异。

影响蓄电池循环寿命的因素很多，除正确使用和维护外，主要有以下几点：

① 活性表面积在充放电循环过程中不断减小，使工作电流密度上升，极化增大；

② 电极上活性物质脱落或转移；

③ 在电池工作过程中，某些电极材料发生腐蚀；

④ 在循环过程中电极上产生枝晶，造成电池内部短路；

⑤ 隔离物的损坏；

⑥ 活性物质晶型在充放电过程中发生改变，因而使活性降低。

最后指出，目前启动型铅酸蓄电池已不采用循环次数表示其寿命，而是采用过充电耐久能力和循环耐久能力的单元数来表示。

在讨论了化学电源的主要性能之后，表5-1列出了目前生产的各种化学电池的性能指标。

表5-1 各种化学电池的性能指标

电池类型		正极	负极	电压/V	质量比容量/（A·h/kg）	质量比能量/（W·h/kg）	循环寿命/次
蓄电池	铅酸	二氧化铅	铅	2.1	120	252	100～400
	铁-镍	氧化镍	铁	1.4	224	314	100～2000
	镉-镍	氧化镍	镉	1.35	181	244	500～5000
	锌-镍	氧化镍	锌	1.73	215	372	10～400
	锌-锰	二氧化锰	锌	1.2	224	358	10～60
	氢-镍	氧化镍	H_2	1.5	289	434	500～2000
一次电池	锰干电池	二氧化锰	锌	1.5	224	358	—
	碱性锰干电池	二氧化锰	锌	1.2	224	358	—
	氧化汞电池	氧化汞	锌	1.2	190	255	—
	氧化银电池	氧化银	锌	1.3	180	288	—
	氧化镍电池	氧化镍	镁	1.4	271	759	—
	空气电池	空气	锌	1.3	820	1353	—
锂离子电池	钴酸锂电池	钴酸锂	石墨	3.6	274	180	500～1000
	锰酸锂电池	锰酸锂	石墨	3.7	110	120	300～700
	镍钴锰酸锂电池	镍钴锰酸锂	石墨	3.6	280	220	1000～2000
	镍钴铝酸锂电池	镍钴铝酸锂	石墨	3.6	274	200	500～1000
	磷酸铁锂电池	磷酸铁锂	石墨	3.2	170	120	1000～2000

5.3 锂离子电池制造工艺流程

锂离子电池生产制造工艺复杂且条件要求严苛，可以简要地把整个生产工艺流程分为四个工段，分别为电极制作工段（前段）、电芯组装工段（中段）、电池封装工段（中段）以及电池的化成与分容工段（后段）。

以方形铝壳锂离子电池为例，制造工艺流程如图 5-5 所示。

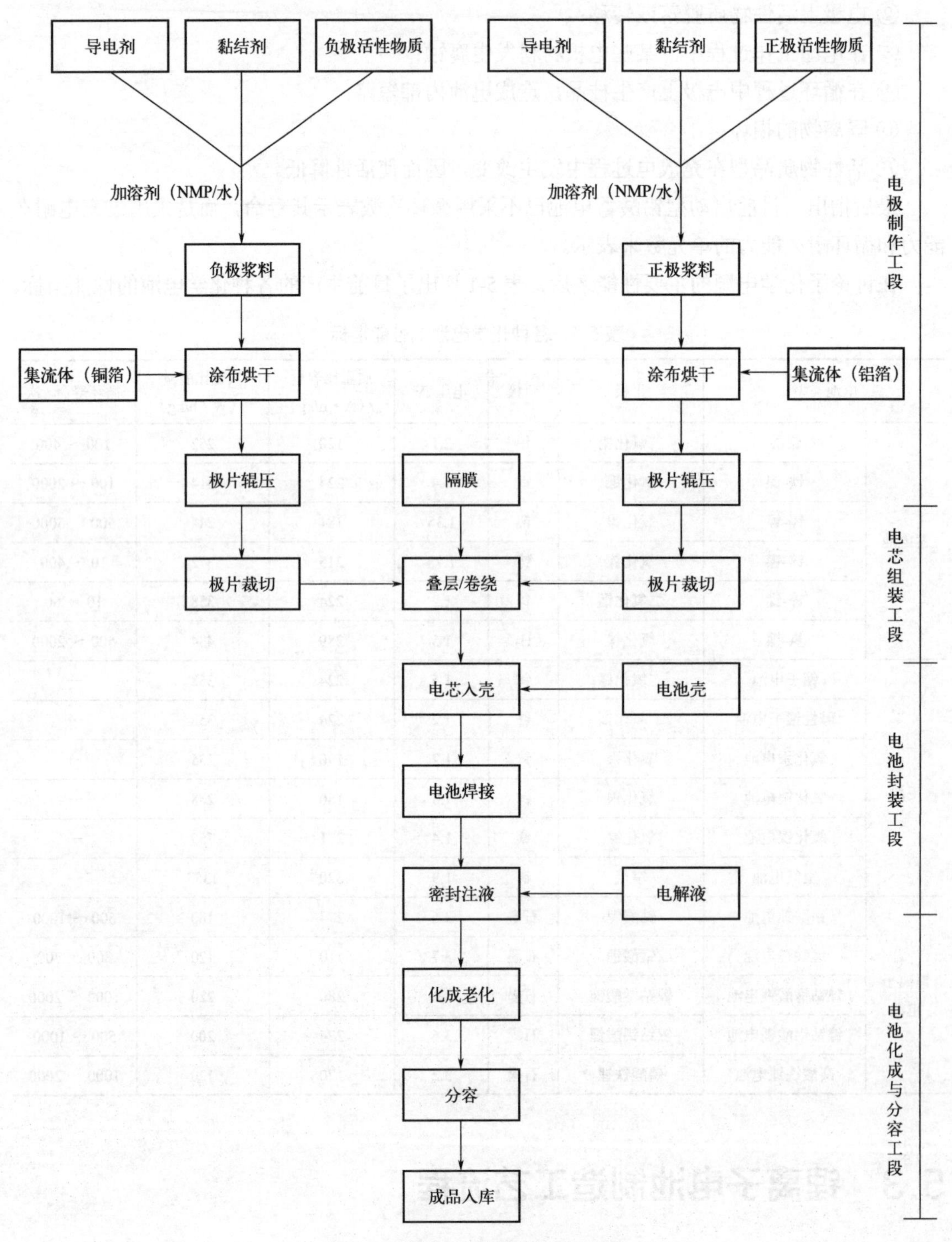

图 5-5　锂离子电池制造工艺流程

NMP—*N*-甲基吡咯烷酮

5.3.1 电极制作

锂离子电池的电极制作也可以称为极片制作，该过程可细分为制浆、涂布和辊压三道工序。

5.3.1.1 制浆工艺

制浆过程指的是将正负极活性物质、黏结剂、导电剂按一定的比例和溶剂（通常使用 NMP 或水）混合均匀，使其形成浆料的过程。锂离子电池制造工艺中使用的导电剂为炭黑、气相生长碳纤维和碳纳米管等；黏结剂有聚偏氟乙烯（PVDF）和丁苯橡胶（SBR），其中 PVDF 可用于正极和负极制备油性浆料，SBR 通常用于负极制备水性浆料。制浆方法可分为干法制浆和湿法制浆，干法制浆的工艺流程是先将活性物质、导电剂等粉末物质在一定速度下进行搅拌预混合。混合均匀后加入黏结剂，再次进行混合搅拌，然后逐步加入溶剂进行混合、分散，最后加入一定量溶剂进行稀释调节到涂布所需要的黏度。湿法制浆的主要流程则是先将黏结剂、导电剂与溶剂进行混合搅拌，随后加入活性物质进行充分的搅拌分散，最后加入适量溶剂进行黏度的调整，以达到适合涂布的标准。两种工艺都有自己的特点，但在实际应用中，若为了保证极片的质量，且浆料不会长时间存放，可以采用分散较好的干法制浆工艺。若想要保证极片的质量一致性、生产效率及成本，可以采用湿法制浆工艺。

锂离子电池的制浆工艺流程如图 5-6 所示，主要包括制浆准备、搅拌分散、过滤等工艺过程。

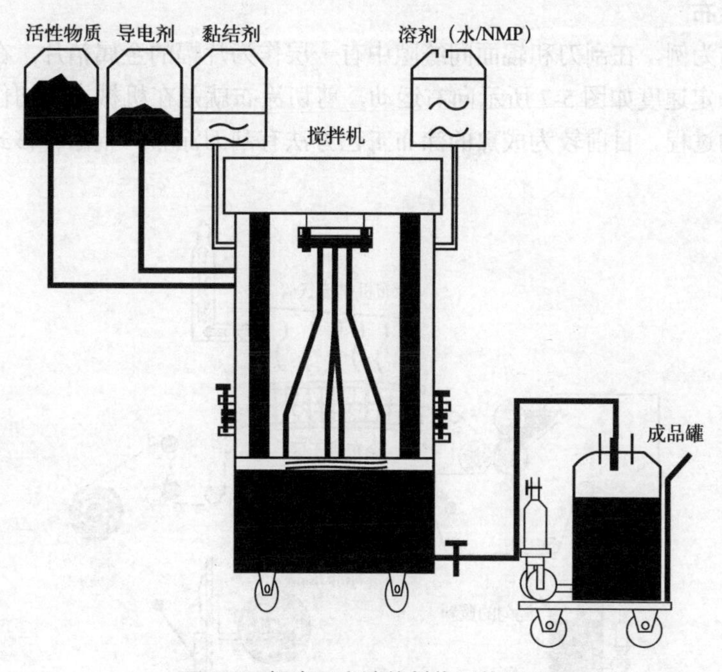

图 5-6 锂离子电池的制浆工艺流程

（1）制浆准备

制浆前将正负极活性材料、导电剂和 PVDF 等原料烘干，可减少水分对制浆的影响。活性物质的烘干还有助于减少表面吸附物质，增大颗粒的表面能，以便增大对分散剂的吸附。

生产中需要将黏结剂和固体分散剂［如羧甲基纤维素（CMC）］预先配制成溶液、导电剂预先制备成浆料，为了加快溶解或分散过程，可以采用球磨设备制备。

（2）搅拌分散

搅拌分散是由分散机中的圆盘齿片搅拌桨来完成，它直径小、转速高（2000r/min），可提供高剪切力将团聚颗粒打散，使粉体分散在溶剂中。同时开动螺带式低速搅拌桨，用于将浆料混匀和防止粘壁。在高速分散过程中，分批次加入溶剂、导电剂、黏结剂和分散剂溶液，以达到配方要求。同时，采用低速、浆料高循环、长时间（可达 5 ～ 10h）搅拌过程，能够达到使分散剂和黏结剂等均匀紧密吸附于固体颗粒表面、颗粒均匀稳定分散的目的。在真空状态下进行慢速搅拌，使气泡脱出，但是真空脱气时间不宜过长，以防溶剂损失过多，一般真空度为−0.06atm（−6.1kPa）时，时间不超过 0.5h。

（3）过滤

制浆完成后还需要过滤，以除去浆料中未分散的聚团大颗粒，通常使用 100 ～ 300 目的筛网完成。制浆过程中也可以根据需要安排多次过滤，确保浆料具有良好的分散效果。

5.3.1.2 涂布工艺

涂布通常是指将含有正负极活性物质的悬浮液浆料均匀地涂覆在铝箔或铜箔集流体上，并将浆料中的溶剂烘干的工艺过程。锂离子电池的涂布工艺流程如图 5-7 所示，涂布过程具体包括浆料涂布、润湿和流平、干燥三个工序。

（1）浆料涂布

以刮刀涂布为例，在刮刀和辊面间缝隙中有一层作为片幅的金属箔片，在刮刀的左侧有浆料。片幅以一定速度如图 5-7 所示向右运动，剪切涂布就是在机械力剪切作用下，将浆料涂于片幅表面的过程。目前较为成熟的涂布工艺方法有刮刀涂布、辊涂转移式涂布和狭缝挤压涂布等。

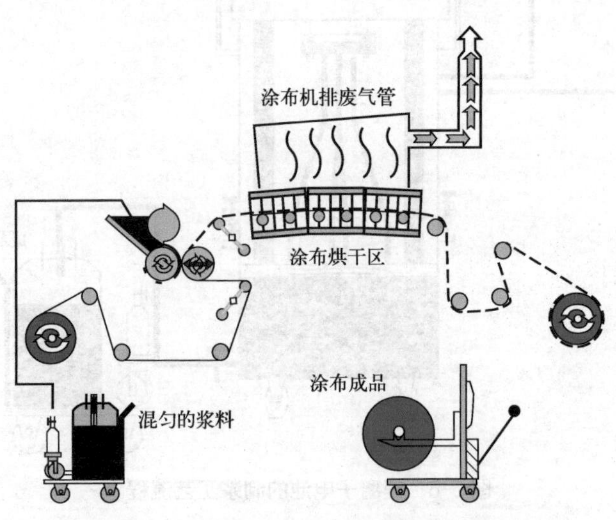

图 5-7　锂离子电池电极涂布工艺流程

（2）润湿和流平

浆料首先在片幅表面铺展并附着在片幅表面上，这就是润湿过程。从微观角度看，沿片幅运转方向（纵向），在片幅表面的浆料膜存在厚度不均的纵向条纹，这些条纹会在表面张力的作用下产生流动使浆料涂膜变得平整，这就是流平过程。

（3）干燥

干燥是将经过流平的涂膜，通过与热空气接触使其中的溶剂蒸发并被空气带走（即常压空气对流干燥），涂膜附着在片幅上发生固化的过程。有时在干燥的初期也存在流平现象。

涂布工艺影响因素有片幅的涂布走速、拉出角、曲率半径及浆料的密度、黏度、表面张力和温度等。在实际生产过程中，涂布质量的判断指标有涂布干燥温度、涂布面密度、涂布尺寸大小和涂布厚度。

5.3.1.3 辊压工艺

电池极片的辊压是将正负极极片上电极粉体材料压实的过程，粉体发生重排和致密化，其目的在于增大正极或负极材料的压实密度，压实对极片微结构的控制起决定性作用，影响电池的电化学性能。辊压是锂电池极片最常用的压实工艺，相对于其他工艺过程，辊压对极片孔洞结构的改变巨大，而且也会影响导电剂的分布状态，从而影响电池的电化学性能。单片电极的厚度一致性是衡量电池组性能以及稳定性的重要质量标准，极片辊压精度要求极为严苛，属于微米级高精度范畴，因此极片辊压技术是锂离子电池研制和生产的关键技术之一。为了获得最优化的孔洞结构，充分认识和理解辊压压实工艺过程是十分重要的。

在工业生产上，锂电池极片一般采用对辊机连续辊压压实，如图5-8所示。在此过程中，两面涂覆颗粒涂层的极片被送入两辊的间隙中，在轧辊载荷作用下涂层被压实，从辊缝出来后，极片会发生弹性回弹导致厚度增大。因此，辊缝大小和轧制载荷是两个重要的参数，一般地，辊缝要小于要求的极片最终厚度，轧制载荷作用能使涂层被压实。另外，辊压速度的大小直接决定载荷作用在极片上的保持时间，也会影响极片的回弹，最终影响极片的涂层密度和孔隙率。

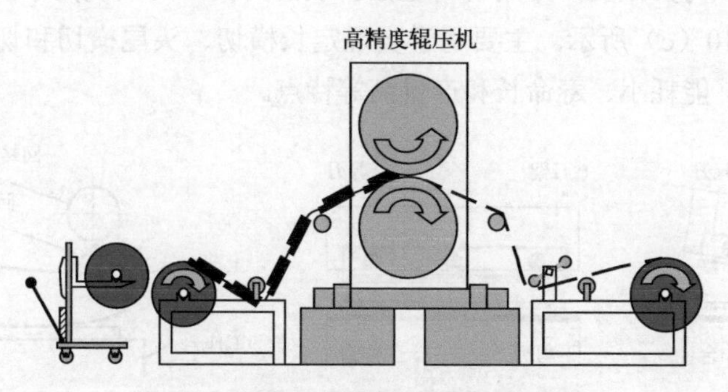

图5-8 锂离子电池极片辊压工艺流程

辊压良好的极片具有较大的充填密度，厚度均匀，同时极片柔软、不引入杂质，极片金属不产生塑性变形，或者塑性变形量很小。

5.3.2 电芯组装

电芯是锂离子电池的核心部件，由正负极极片和隔膜层叠组合而成。正负极极片与隔膜通过卷绕或叠层的方式进行组装。在组装过程中，正负极极片之间需要保持一定的间隙，以防止短路。同时，隔膜的选择和组装方式对电芯的性能和安全性也有很大影响。目前，电芯组装的工艺流程主要包括分切、卷绕或叠层。

（1）分切工艺

分切即极片分切，指的是将正负极极片和隔膜按照工艺设计尺寸进行切割，确保它们具有适当的尺寸和形状，工艺如图 5-9 所示。不管采用卷绕还是叠层的电芯组装方案，都需要先经过分切工段，分切在机械加工中称为剪切，按照剪切刀具的形式可以分为斜刃剪、平刃剪、滚切剪和圆盘剪等剪切方法。

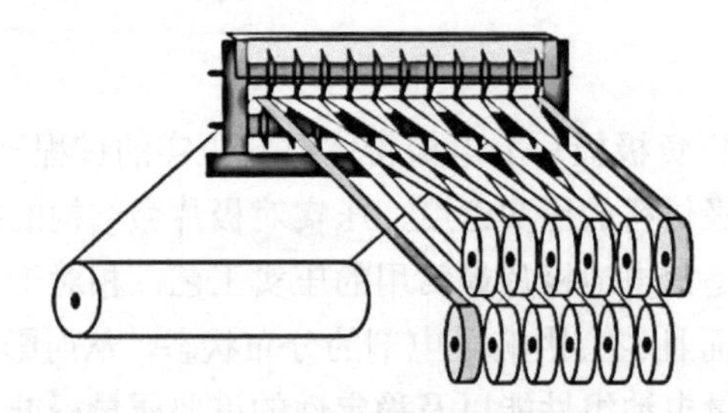

图 5-9　锂离子电池极片分切工艺

斜刃剪上下两剪刃间呈一个固定的角度，一般为 1°～ 6°，一般上刀片是倾斜的，如图 5-10（a）所示。由于上下剪刃不平行，存在沿着剪刃方向的力，易造成切口扭曲变形，但剪切作用面积小，剪切力和能量消耗比平刃剪切要小，故用于大中型剪板机中剪切厚板，极片分切一般不采用。

平刃剪与斜刃剪结构相同，只是上下剪刃口平行，如图 5-10（b）所示。剪切无扭曲变形，剪切质量好，但剪切力大，多用于小型剪板机及薄板、薄膜下料和极片横切。

滚切剪又称圆弧剪刃滚切，采用刃口呈圆弧状的刀具，刀具绕两个固定轴回转摆动完成剪切过程，如图 5-10（c）所示。主要用于实现定长横切、头尾横切和切边纵切，一般剪切中厚板具有质量高、能耗小、寿命长和产量高等特点。

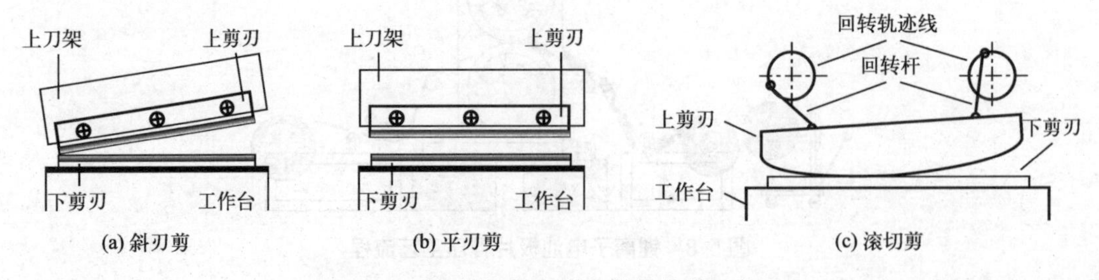

图 5-10　斜刃剪、平刃剪、滚切剪的示意图

极片裁切边缘的质量对电池性能和品质具有重要的影响，具体包括：①毛刺和粉尘杂质会造成电池内短路，引起自放电甚至热失控；②尺寸精度差，无法保证负极完全包裹正极，或者隔膜完全隔离正负极极片，引起电池安全问题；③材料热损伤、涂层脱落等，造成材料失去活性，无法发挥作用；④切边不平整引起极片充放电过程的不均匀性。因此，为了避免以上问题带来的影响，提高工艺品质，极片分切工艺需要极高的操作精度。

（2）卷绕或叠层（叠片）工艺

极片分切好之后便需要根据具体的工艺设计参数对裁切好的极片进行卷绕或者叠层，卷绕通常是首先将极耳用超声焊焊接到集流体上，正极极片采用铝极耳，负极极片采用镍极耳，然后将正负极极片和隔膜按照顺序（正极极片—隔膜—负极极片—隔膜）进行排列，再通过卷绕组装成圆柱形或方形电芯的过程，其结构示意图如图5-11所示。叠片通常是以集流体作为引出极耳，将正负极极片和隔膜按照正极极片—隔膜—负极极片顺序，逐层叠合在一起形成叠片电芯的过程，叠片过程如图5-12所示。叠片方式既有将隔膜切断的直接叠片的积层式，也有隔膜不切断的Z字形叠片的折叠式。

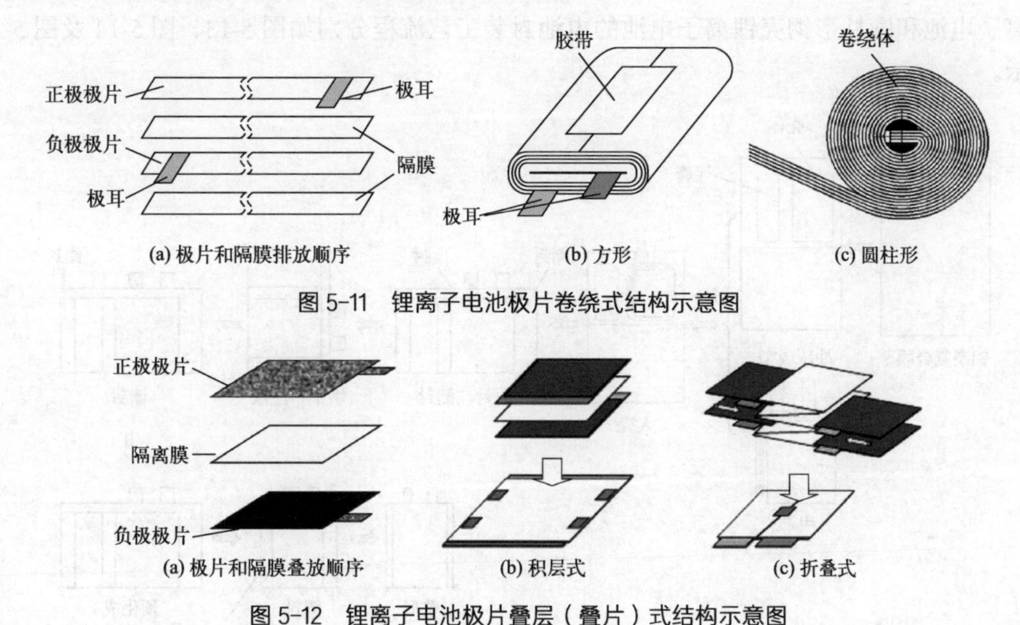

图5-11 锂离子电池极片卷绕式结构示意图

图5-12 锂离子电池极片叠层（叠片）式结构示意图

无论是卷绕式还是叠层式，电芯组装过程都需要严格控制正负极极片和隔膜层的尺寸、间隙和对称性，以确保电芯的性能稳定、电化学反应均匀，并防止短路等安全问题的发生。

① 对于卷绕电芯，负极的宽度通常要比正极宽0.5～1.5mm，长度通常要比正极长5～10mm；隔膜的宽度通常要比负极宽0.5～1.0mm，长度通常要比负极长5～10mm。对于叠片电芯，负极的长度和宽度通常要大于正极0.5～1.0mm，负极大出的尺寸与卷绕和叠片的工艺精度有关，精度越高，留出的长度和宽度可以越小；隔膜的长度和宽度通常要大于负极1～2mm，隔膜的具体长度与电芯结构设计有关。卷绕和叠片的松紧度、边角平整性要好，避免浪费空间、极耳等部件装配位置不准确和边缘毛刺等现象的出现。

② 进行电芯卷绕或叠片前需要对极片进行除尘、极耳贴胶、隔膜除静电等操作，卷绕或叠片完成后还须贴胶固定和进行短路检测，然后送入下一工序。

③ 锂离子电池卷绕设备主要有全自动卷绕机、半自动卷绕机和手工卷绕三大类。手工卷绕是将焊有极耳的正负极极片和隔膜利用脚踏控制卷针旋转进行卷绕，由于设备成本低、极片尺寸适用性广和精度要求低，在国产电池生产早期曾经大规模使用。但由于卷绕松紧度和极片螺旋靠人工控制，卷绕精度低、一致性差，手工卷绕逐渐被淘汰。全自动卷绕机能够实现极耳焊接、卷绕、贴胶、除尘和除静电、相关质量检验等全过程的自动化生产，产品一

致性高、安全性好。半自动卷绕机能够实现极片的自动卷绕，极片可以人工分级配对；对极片精度要求较低，螺旋和松紧度控制得好，对不同型号极片的适应能力较强。

5.3.3 电池封装

电池封装是将电芯放入壳体中，并将壳体密封，以确保电芯的安全性和稳定性。通常采用铝合金或钢壳作为电池的外壳，外壳上设有电解液注入孔和气体释放孔。电池封装通常包括以下几道工艺：壳体准备、电芯入壳、电池焊接和密封注液。软包锂离子电池、方形铝壳锂离子电池和圆柱形钢壳锂离子电池的电池封装工艺流程分别如图 5-13、图 5-14 及图 5-15 所示。

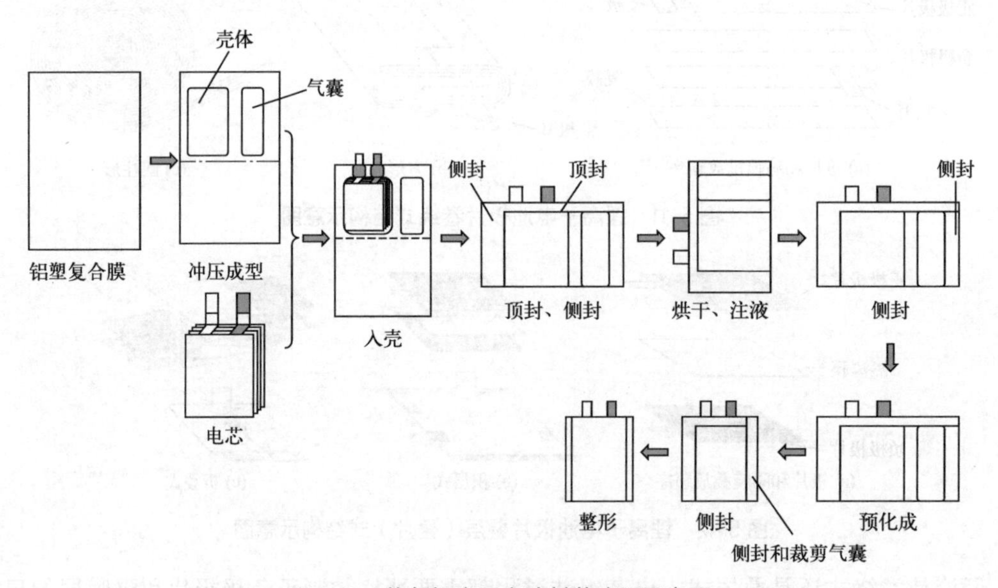

图 5-13　软包锂离子电池封装流程示意图

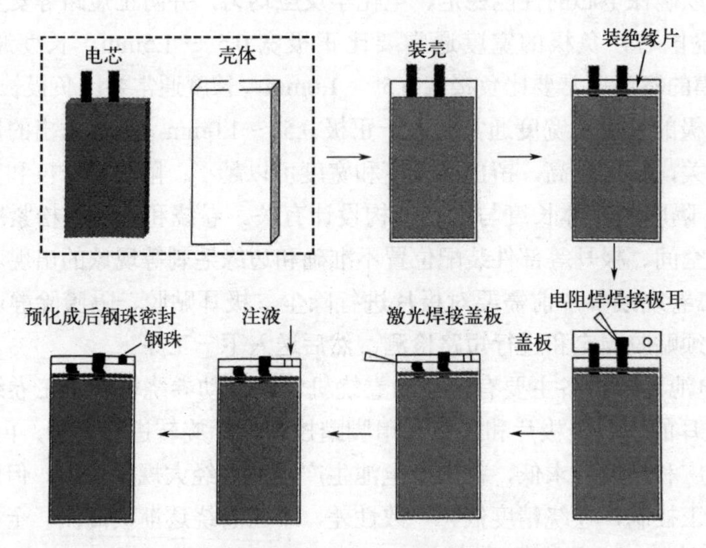

图 5-14　方形铝壳锂离子电池封装流程示意图

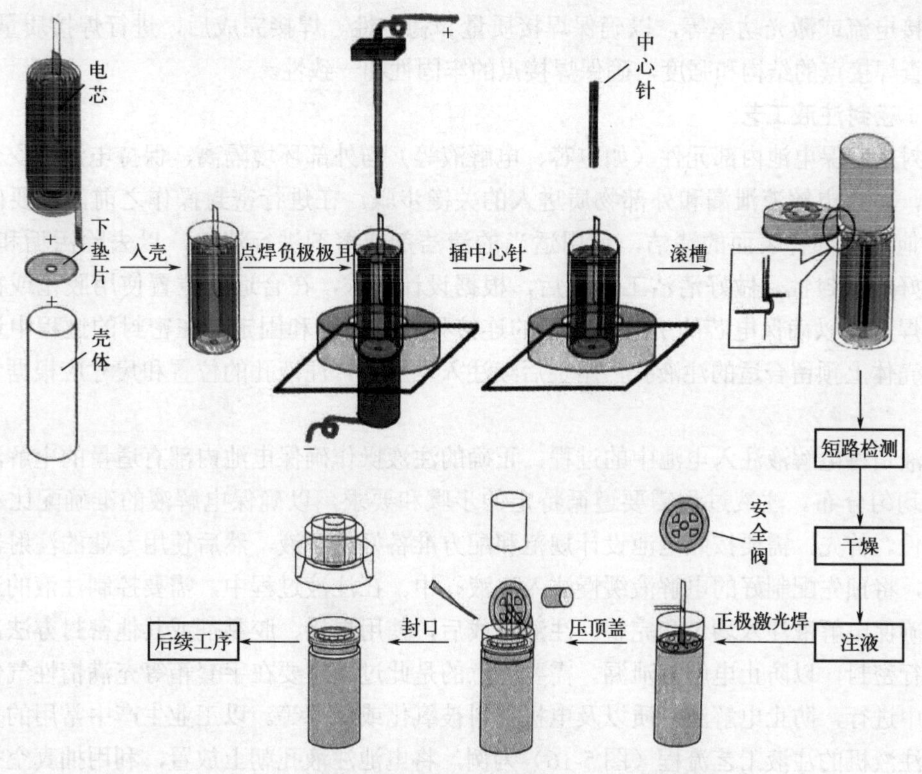

图5-15 圆柱形钢壳锂离子电池封装流程示意图

（1）壳体准备工艺

通常使用铝合金或钢壳作为锂离子电池的电池壳体材料，此类材料具备一定的强度和耐腐蚀性能，壳体材料选择完毕之后需要根据设计要求，通过冲压、拉伸、折弯等方式制造出具有所需形状的壳体。

（2）电芯入壳工艺

合适的壳体准备好之后，将组装好的电芯放入壳体中，确保电芯与壳体之间具有适当的尺寸匹配，以避免电芯的移动或损坏。放入电芯时，必须确保电芯在壳体中的正确定位，以保持电芯与其他部件对齐，防止电芯与壳体之间短路或其他问题。

（3）电池焊接

在电池封装过程中，焊接是将电芯的引线与极柱进行连接的关键步骤，焊接的目的是确保引线与极柱之间的可靠连接，以便电芯能够有效地传导电荷，良好的极耳焊接质量可以确保电芯的性能和安全性。引线是电芯的正极和负极，通常由铜、铝线材制成，极柱则是与引线连接的金属柱状部件，通常由钢制成。在进行焊接之前，需要确保引线和极柱表面的清洁，以提高焊接质量。可以使用适当的溶剂或清洁剂对引线和极柱进行清洁处理。清理干净的引线和极柱需要进行定位和夹持，将引线和极柱正确定位，并使用夹具或夹持设备固定，以确保焊接的准确性和稳定性。定位和夹持好引线与极柱后即可开始进行焊接，焊接通常采用电阻焊接或激光焊接。电阻焊接是指在引线和极柱之间施加电阻焊接头，电流通过焊接头产生热量，使焊接头和引线与极柱瞬间熔融并连接在一起；激光焊接则是使用激光束将引线和极柱瞬间加热，使它们熔融并连接在一起。在焊接过程中，需要控制焊接参数，如焊接时间、焊接电流或激光功率等，以确保焊接质量和稳定性。焊接完成后，进行焊接质量检查，包括检查焊接点的结构和强度，确保焊接点的牢固性和一致性。

（4）密封注液工艺

密封是确保电池内部元件（如电芯、电解液等）与外部环境隔离，保持电池的安全性和稳定性，防止电解液泄漏和外部物质进入的关键步骤。在进行密封操作之前，需要确保壳体和其他相关部件表面的清洁，使用适当的清洁剂或溶剂进行清洗，以去除污垢和杂质，保持良好的密封性。做好清洁工作之后，根据设计要求，在合适的位置使用胶枪或在壳体上安装焊盖，以确保电芯的引线和极柱的连接处良好密封和固定。在密封的过程中还需要在电池壳体上预留合适的注液孔，用于后续注入电解液，注液孔的位置和尺寸应根据设计要求确定。

注液是将电解液注入电池中的过程，正确的注液操作确保电池内部有适量的电解液，并保证其均匀分布。注液过程需要遵循特定的步骤和要求，以确保电解液的准确配比和注液的安全性。首先，需要按照电池设计规范和配方准备好电解液，然后使用专业的注射器或注液针头，将预先配制好的电解液缓慢注入注液孔中。在注液过程中，需要控制注液的速度和量，以确保电解液注入均匀和完整。注液完成后，使用焊接、胶黏剂或其他密封方法，对注液孔进行密封，以防止电解液泄漏。需要注意的是此过程需要在手套箱等充满惰性气体的密封体系中进行，防止电解液变质以及电极材料被氧化或受潮等。以工业生产中常用的多工位转盘式注液机的注液工艺流程（图 5-16）为例，将电池注液孔朝上放置，利用抽真空排出电池壳体内部的气体，形成负压，电池内部的压力为 p_1；经过计量的电解液进入注液管中，随着氮气或氩气的注入，电解液在压力差 Δp 的作用下自动流入电池内部，直到电池内部恢复至常压，使电解液完全进入电池壳体内部，同时防止空气及其水蒸气进入电池。多工位转盘

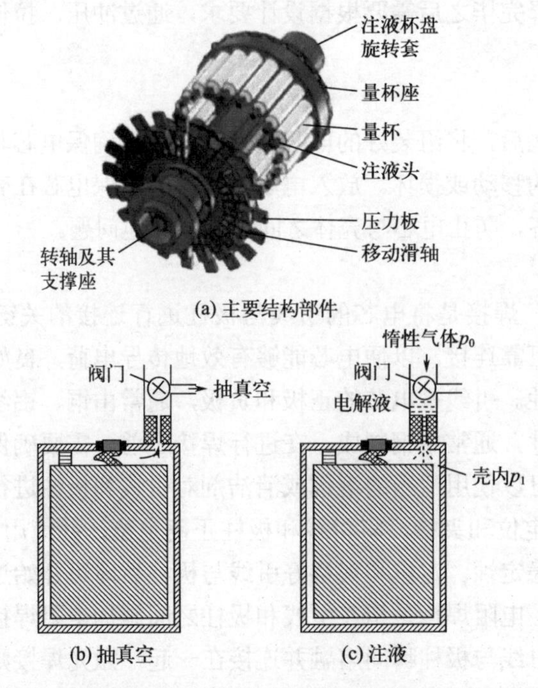

图 5-16　锂离子电池多工位转盘式注液机的主要结构部件和注液过程示意图

式注液机的特点是注液量均匀一致，节省电解液，电池表面无残留电解液，并且对不同型号电池的适应性广。

密封和注液是电池封装过程中的关键步骤，对电池的性能、安全性和稳定性至关重要。因此，在密封和注液过程中严格控制操作步骤、参数和质量检查是非常重要的。

锂离子电池装配质量的检验包括：①用 X 射线微焦衍射透视进行电芯内部结构检测，观察正负极极片的整齐度和覆盖是否满足要求，是否有损伤、瑕疵、异物混入、不到位或虚焊等现象；②用拉力机来抽样检查盖板焊接强度；③采用负压对电池进行抽气检验电池漏气与否；④用在线内阻测试仪进行全数内阻测量，排除内部短路的卷绕体。

5.3.4 电池化成与分容

电池化成与分容是锂离子电池制造过程中的两个重要环节，它们对电池性能和品质的影响至关重要。

（1）化成工艺

化成是对注液后的电池进行充电的过程，通过化成，电池的电解液渗透到电芯的所有部分，活化电极材料，并使得电极活性物质颗粒表面形成固体电解质膜（SEI 膜），帮助建立锂离子在正负极之间的稳定传输路径，包括预化成和化成两个阶段。预化成是在注液后对电池进行小电流充电的过程，通常伴有气体产生（方形电池需将气体排出）。化成是在预化成后以相对较大的电流对电池充电的过程，气体生成量很少，化成设备如图 5-17 所示。图中设备为电池化成柜，注液封装好的电池被连接到化成柜上，化成柜会根据操作人员设置的充放电工步对电池进行充放电循环测试，即化成工艺中的预化成。电池化成能够激活电池中的活性材料和建立稳定的电化学界面，提高电池性能和稳定性。将新制造的电池连接到充电设备上进行初始充电。初始充电时施加较小的充电电流，通常为电池额定容量的一小部分，这有助于激活电池内部的电极材料和电解液。电流密度大时成核速度快，导致 SEI 膜结构疏松，与颗粒表面附着不牢，采用小电流密度有利于形成致密稳定的 SEI 膜。在预充电后，继

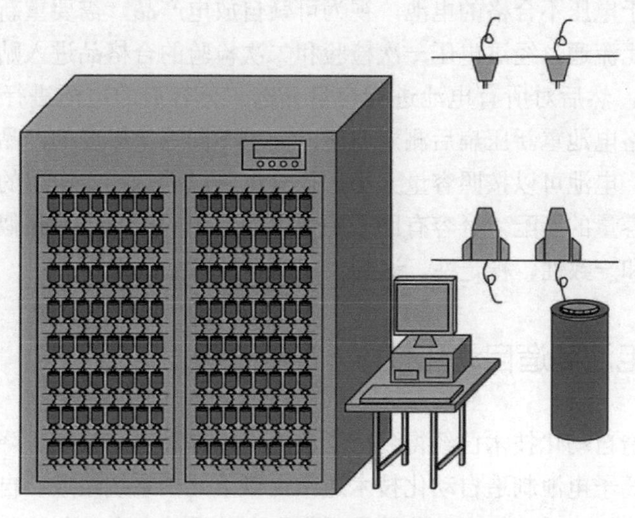

图 5-17 锂离子电池化成设备示意图

续进行更高电流和电压的充电，以完成电化学活化。通过进行充放电循环，进一步活化电极材料和电池内部结构，以促进电极材料与锂离子的反应，并在正负极之间建立稳定的锂离子传输路径，提高电池的性能和容量。

（2）老化工艺

现阶段的化成通常还包括老化工艺，老化工艺通常是指将化成后的电池在一定温度下搁置一段时间使电池性能稳定的过程，也称为陈化。在老化过程中，自放电电池的电压比正常电池下降快，因此通过老化还可以筛选出不合格的自放电电池。老化主要有持续完成化成反应、促进气体吸收和化成程度均匀化等作用。化成反应虽然在首次充电时已经接近完成，但是最终完成还需要较长时间，直至化成反应结束。封口化成过程中还会产生微量气体，老化过程中电解液会吸收这些气体，有助于减少电池气胀现象。封口化成以后，存在气路或气泡的极片区域与其他区域的化成反应程度还没有达到完全一致，这些区域之间存在电压差。这些微小的电压差会使极片不同区域化成反应程度趋于均匀化。极片不同区域的电压差很微小，这种均匀化速度很慢，也是老化需要较长时间的原因之一。

电池经过化成和老化两道工艺后，对稳定下来的电池进行分容分选。分容是对已经化成的锂离子电池进行充放电测试，按实际检测容量对电池进行容量筛选分类的过程，简单理解就是容量检测及分级筛选。通过分容分选，电池可以按照容量大小进行分组，以满足特定应用的需求，或者在组装电池组时进行电池容量的匹配。分容有助于确保电池组中的电池具有相似的容量特性，进而确保电池组性能稳定。容量分选后的电池再进行内阻电压分级，最后进行厚度测定，不合格电池重新压扁后测定厚度，分出不同等级厚度的产品，最后确定产品等级。再经过包装等工序，电池就可以进行销售了。

（3）分容分选工艺

经过化成和老化两道工艺后，对稳定下来的电池进行分容分选，再经过包装等工序后电池就可以进行销售了。分容是对已经化成的锂离子电池进行一定的充放电测试和按照容量对电池进行筛选分类的过程，简单理解就是容量分选、性能筛选分级。以铝壳电池为例，其分容分选的工艺流程如图 5-18 所示。老化后的电池经过外观检验合格后，进行电压检验测定电池的自放电。对于电压不合格的电池，视为可疑自放电产品，需要重新充电进行二次电压检验，不合格者停止流通。经过电压一次检验和二次检验的合格品进入贴绝缘胶片工序，防止盖板上电极短路，然后对所有电池进行容量分选。分容后的电池进行内阻分级，最后进行厚度测定，不合格电池重新压扁后测定厚度，分出不同等级厚度的产品，最后确定产品等级。通过分容分选，电池可以按照容量大小进行分组，以满足特定应用的需求，或者在组装电池组时实现电池容量的匹配，分容有助于确保电池组中的电池具有相似的容量特性，进而确保电池组的性能和一致性、稳定性，达到预期的容量匹配效果。

5.3.5 锂离子电池制造自动化技术

锂离子电池制造自动化技术已经得到广泛应用，以提高生产效率、降低成本并确保产品质量的一致性。锂离子电池制造自动化技术通常由以下几个系统组成：自动化设备系统、机器视觉系统、自动化控制系统、自动化数据采集和存储系统、自动化追踪和追溯系统、自动

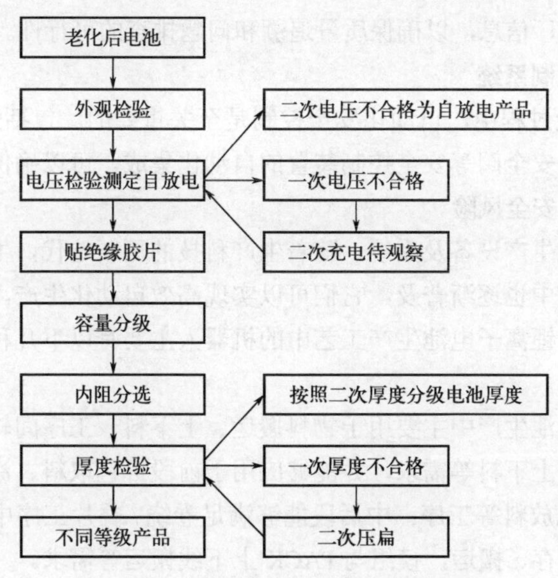

图 5-18　电池分容分选工艺流程示意图

化安全控制系统。

（1）自动化设备系统

自动化设备系统又分为自动化电池装配线、自动化检测设备以及自动化数据采集和监控系统。自动化电池装配线包括传送带、机械臂、机器人和自动化控制系统等设备，用于电池组件的装配和组装过程，这些设备可以实现电极片的堆叠、卷绕、封装和焊接等工序的自动化。自动化检测设备包括容量测试仪、内阻测试仪、电压测试仪和安全性能测试设备等，用于对电池进行自动化性能测试和质量检查。自动化数据采集和监控系统通过传感器和数据采集设备，实时监测和记录生产线上的工艺参数和产品数据，用于质量控制和过程优化。

（2）机器视觉系统

机器视觉系统由相机、图像处理算法和自动化控制系统等组成，用于检测和识别电池组件和产品的外观缺陷、尺寸偏差和定位准确性等。机器视觉系统可以实现自动化的外观检查和质量控制，提高产品的一致性和质量。

（3）自动化控制系统

自动化控制系统用于监控和控制整个电池制造过程中的各个工序。通过集成传感器、执行器、PLC（可编程逻辑控制器）和人机界面等，实现自动化生产线的协调和调度，以确保工艺参数的准确控制和生产的稳定性。

（4）自动化数据采集和存储系统

利用自动化数据采集和存储系统，可以实时收集生产线上的数据，并进行数据分析和优化。通过分析数据，可以识别潜在问题、改善工艺和提高生产效率。

（5）自动化追踪和追溯系统

锂离子电池制造过程中，追踪和追溯每个电池的生产和质量信息非常重要。自动化追踪和追溯系统使用条码、RFID（无线射频识别）和数据库等技术，记录和跟踪每个电池的生产过程、质检数据和出厂信息，以确保质量追溯和问题排查的可行性。

（6）自动化安全控制系统

在锂离子电池制造过程中，自动化安全控制是至关重要的。包括短路保护、过充保护、过放保护、温度监测和安全阀等安全控制装置的自动化集成，可以确保电池制造过程中的安全性能，并降低潜在的安全风险。

除了传统的自动化生产设备及系统，随着生产科技的更新迭代，生产机器人运用到锂离子电池生产自动化领域中也逐渐普及，它们可以实现高效自动化生产，提高生产效率、产品质量和一致性。应用到锂离子电池生产工艺中的机器人主要有以下几种：移动机器人、多关节机器人和协作机器人。

移动机器人在锂电池生产中主要用于物料搬运、上下料、工序间转运，前段可应用于除制浆外所有工序的自动上下料等需求，并能够应用于前段拆包取料、涂布收放卷、辊压收放卷、分切放料、叠片机放料等工序；中后段能够满足卷绕 / 叠片工序中的上下料，以及生产场地对线边仓的临时储存、搬运，模组与 PACK 上下线搬运等需求。

多关节机器人定义为臂部有多个转动关节的机器人，一般由立柱和大小臂组成，其轴数（关节）越多，自由度越高，超过 6 轴为冗余自由度，其中以 4 ～ 6 轴最常见。具体来看，多关节机器人主要有两个特点：一是负载范围大，从不足 1kg 到 2 ～ 3t 不等，能够满足多种任务的负载要求；二是作业范围大，可以适合于几乎任何轨迹或角度的工作。

协作机器人，是一种被设计成能与人类在共同工作空间中进行近距离互动的机器人，其优势在于可以适应空间狭小和行程多变的不同工作平台，同时可适应柔性化生产，在进行产线切换时，可在较短时间内快速作业，且较好地保证生产的安全性。协作机器人作为更加安全的多关节机器人衍生品，在锂电池行业的应用主要是在数码电池领域。

机器人在锂离子电池生产中的应用主要有以下优势：①提高生产效率，机器人的自动化操作可以大大提高生产速度和效率，缩短生产周期，增加产量；②降低人工成本，机器人能够代替部分繁重、重复性的人工操作，减少了人工劳动，降低了人工成本；③提高产品质量，机器人的高精度控制和稳定性可以确保电池制造过程中的一致性和质量稳定性，减少了人为误差，提高了产品质量；④提高安全性，机器人在一些危险的作业环境中能够代替人工完成任务，提高了生产过程的安全性；⑤增加灵活性，机器人可以根据不同的产品需求进行调整和编程，实现生产线的灵活性和可扩展性。

综上所述，机器人等自动化技术在锂离子电池制造中的应用可以显著提高生产效率、降低人力成本、减少人为错误，并确保产品质量的一致性，实现了高速生产、精确控制、大规模生产和数据驱动的生产优化，逐渐成为锂离子电池制造工艺中的重要组成部分。

5.3.6 锂离子电池工艺品质管理

锂离子电池工艺品质管理的意义非常重要，它对于确保产品质量、提高生产效率、降低成本、满足市场需求以及保障用户安全都具有至关重要的作用。品质管理方案可以大致分为以下几个方面。

（1）质量管理体系

建立质量管理体系即制定和实施符合国际标准的质量管理体系，如ISO 9001或类似的质量管理体系。该体系涵盖各个生产阶段的质量控制、质量保证和质量改进措施。通过定义、记录和监测各个生产过程的关键参数和指标，确保过程的可控性和稳定性。

（2）原材料管理体系

原材料管理需要建立健全的供应链管理体系，确保原材料的质量、可靠性和稳定性。与供应商建立合作关系，并进行供应商审核和评估。对每批原材料进行入厂检验，包括正负极材料、电解液和隔膜等。对关键原材料进行详细的物理、化学和电化学性能测试。

（3）工艺控制体系

工艺控制也称为工艺参数控制，需要定义和控制每个工艺步骤的关键参数，如涂布速度、温度、湿度、压力等。确保工艺参数在设定范围内，并记录和追踪工艺数据。此外，需要定期审核和改进工艺流程，确保工艺的稳定性和一致性。针对工艺中的关键环节和风险点，制定相应的控制措施和验证方法。

（4）自动化生产体系

自动化生产即引入先进的自动化设备和系统，提高生产效率、减少人为错误，并确保生产过程的一致性和稳定性，确保自动化设备的准确性、可靠性和稳定性。通过自动化数据采集和分析系统，实时监测和分析生产过程中的数据，识别潜在问题和改进机会。

（5）质量控制和检测体系

质量控制和检测包括在线质量控制和最终产品检验，在生产线上设置在线质量控制点，实时检测和控制产品的关键参数，如容量、内阻、外观等。确保产品符合规定的质量标准和规范。对成品电池进行最终产品检验，包括容量测试、内阻测试、外观检查、安全性能测试等，确保最终产品的质量和性能符合要求。

（6）追溯和异常处理体系

关于追溯和异常处理方面，需要建立追溯系统以及异常处理流程和机制，对每个电池的生产过程和质量数据进行记录和追踪，确保能够追溯到每个电池的原材料、工艺参数和生产记录，及时处理和解决生产过程中的异常情况和质量问题。进行问题根本原因分析，并采取纠正和预防措施，以避免类似问题再次发生。

（7）人员培训系统以及持续改进方法和工具的学习体系

为了避免人为因素的影响，持续提升产品质量，还需要建立完善的人员培训系统以及持续改进方法和工具的学习系统，为员工提供必要的培训和技能提升通道，使其具备质量管理的知识和技能，确保员工理解质量管理要求，并能够有效执行和维护质量标准。通过持续改进方法和工具，如PDCA［计划（plan）、实施（do）、检查（check）、处理（act）］循环、六西格玛等，不断改进工艺、产品和管理体系。根据质量数据和客户反馈，推动质量持续提升。

通过建立完善的锂离子电池工艺品质管理体系，可以确保产品质量、提高生产效率、保障用户安全、满足市场需求并符合法规标准。质量管理还能够推动技术创新和工艺改进，增强企业竞争力并推动行业的发展。

5.4 锂离子电池性能检验

5.4.1 电化学性能检验

工业生产中的锂离子电池性能检验包括电化学性能检验以及安全性能检验。锂离子电池的电化学性能检验涉及多个关键指标，包括容量、内阻、循环寿命、温度性能等。

（1）容量检验

电池容量是锂离子电池的重要性能指标之一，在实际生产过程中，通常需要对锂离子电池进行容量检测，以此判断电池是否符合设计需求。

① 检验方法。在环境温度为（20±5）℃的条件下，对电池进行恒电流充放电测试。当电池以 1*C* 的充电速率完成充电时，所得到的容量记为标准容量。充放电截止电压可根据不同的电极材料进行调整，如锂离子电池的充电截止电压一般为 4.2V，放电截止电压一般为 3.0V 等。

② 检验要求和标准。容量测试应符合产品检测标准，如 GB 31241—2022，测试中应控制充放电电流和时间等参数，确保准确的容量数据。以容量为 1000mA・h 的钴酸锂电池为例说明，电池充满电后，电压为 4.2V，以万用电表作为恒流负载，万用电表电压设为 3V，以 0.2*C* 放电，若放电时间超过 5h 则为合格，否则为不合格。

（2）内阻检验

电池内阻的大小反映了电池中离子传输能力优劣，因此，锂离子电池的内阻检验也是锂离子电池性能检测中必不可少的一部分。

① 检验方法。在环境温度为（20±5）℃的条件下，使用 IT5100 系列电池内阻测试仪对电池进行内阻测量，一般通过直流内阻来评估电池的电流传输能力和能量损耗情况。

② 检验要求和标准。内阻测试方法和标准可以根据不同的电池类型和应用需求进行选择，一般来说，内阻测试应符合国际标准，如国际标准 IEC 62660-1 或国家标准 GB 31241—2022 等。标准中规定了内阻测试的测试条件和要求，如测试频率为（1.0±0.1）kHz、测试温度为（25±5）℃、测试电流为（*It*/*n*）A 以上等。对于一般应用领域的锂电池，内阻应在 5 ～ 50mΩ 之间。汽车动力电池内阻应在 2 ～ 15mΩ 之间，以保证启动和加速性能。

（3）循环寿命检验

锂离子电池充放电循环过程是一个复杂的物理化学反应过程，其循环寿命影响因素是多方面的，例如设计、制造工艺、材料性能退化、使用环境和充放电制度等，锂离子电池的循环寿命决定了其能为消费者提供的价值。

① 检验方法。在环境温度为（20±5）℃的条件下，首先对电池充电，充满电之后，搁置 10min，然后以 1*C* 的放电速率放电至 3.0V，记录此容量为初始容量。后续按照同样的测试条件进行充放电循环 500 次。

② 检验要求和标准。循环寿命测试应符合国家标准，如 GB 31241—2022，500 次循环后的放电容量不小于初始容量的 80%，且 500 次循环后的电池内阻不大于 120mΩ。

(4)温度性能检验

极端的环境温度可以影响电池中离子的传输速率，从而影响电池内部的反应速率，导致电池的容量、内阻和循环寿命都大打折扣。相对其他因素来说，温度对锂离子电池容量的影响是比较大的，因此温度性能检验极为重要。

① 检验方法。在环境温度为（20±5）℃的条件下，对电池进行标准充电后，搁置10min，然后以1*C*的放电速率放电至3.0V，记录此容量为初始容量。之后电池进行标准充电，然后将电池转移至（60±2）℃或者（−20±2）℃的条件下搁置3h，然后在此条件下以1*C*的放电速率放电至3.0V。

② 检验要求和标准。温度性能测试应符合国家标准，如GB 31241—2022，标准中通常规定了具体的温度性能测试的测试条件和要求，如60℃条件下的放电容量不小于初始容量的95%，−20℃条件下的放电容量不小于初始容量的75%。

这些检验方法的要求和标准通常由国际标准化组织（ISO）、国际电工委员会（IEC）和国家标准化机构等制定和发布。在工业生产中，需要根据电池的类型、应用需求和市场要求选择适当的标准进行测试。

5.4.2 安全性能检验

由于锂离子电池存在燃烧、爆炸等安全性隐患，电池出售之后的使用环境更是千差万别，因此需要关注电池在误用或滥用条件下如何保证安全。目前，对于锂离子动力电池，无论单体容量高低，都采用电池的组合应用，如果不能精确均衡控制，对某个单体来讲，无异于滥用。电池循环次数和充放电制度都对电池的安全性有显著影响，在使用过程中应尽可能减少单体的过充电或者过放电，特别对于单体容量高的电池，热扰动可能会引发一系列放热副反应，最终导致安全性问题。

锂离子电池的安全性要求电池不爆炸、不起火、不漏液，万一发生事故时不能对人造成伤害，对机器、物品的损害要降到最小，在电池出厂售卖之前必须进行安全性能检验。锂离子电池的安全性能检验主要是在不当使用情况和极端情况下检测单体电池和电池组的电化学性能指标。近期相关机构公布或正在制定的电池和电池组的安全性能检验方法如表5-2所示。

表5-2 锂离子电池的安全性能检验方法

序号	测试项目	具体方法	判断标准
1	过放电	模组满充后，以1*C*放电90min后停止，观察1h	不爆炸、不起火、不漏液
2	过充电	模组满充后，继续以1*C*充电至电池电压达到截止电压的1.5倍或充电时间达到1h后停止，观察1h	不爆炸、不起火
3	短路	模组满充后，正负极外部短路10min，短路电阻<5mΩ，观察1h	不爆炸、不起火
4	跌落	模组满充后，正负端子一侧向下，从1.2m的高度自由跌落至水泥地面，观察1h	不爆炸、不起火、不漏液
5	加热	模组满充后，放入高低温试验箱，按照5℃/min的速率上升到130℃并保持该温度30min，停止加热，观察1h	不爆炸、不起火

续表

序号	测试项目	具体方法	判断标准
6	挤压	电池满充后，选择模组在整车安装位置上最容易受到挤压的方向进行挤压测试，挤压板为半径 75mm 的半圆柱体，挤压速度（5±1）mm/s，挤压程度：模组变形量达到 30% 或者挤压力达到模组质量 1000 倍后停止，观察 1h	不爆炸、不起火
7	针刺	电池满充后，用直径 6 ～ 10mm 的钢针从垂直于模组极板方向进行贯穿，贯穿速度（25±5）mm/s。依次贯穿至少 3 个单体电池，钢针停留在电池中，观察 1h	不爆炸、不起火
8	海水浸泡	模组满充后，完全浸入 3.5% 的 NaCl 溶液 2h，观察 1h	不爆炸、不起火
9	温度循环	模组满充后，放入高低温试验箱，从−40 ～ 80℃按照要求进行 5 次温度循环，观察 1h	不爆炸、不起火、不漏液
10	低气压	模组满充后，放入低气压环境中，调节气压为 11.6kPa 保持 6h，观察 1h	不爆炸、不起火、不漏液

5.5 锂离子电池设计

锂离子电池的设计是指在满足特定应用需求的前提下，确定电池的结构、参数和材料，以实现所需的电池性能和特性。锂离子电池的设计过程涉及多个方面，下面详细阐述其主要内容。

① 电池类型选择。首先需要根据应用需求选择适合的锂离子电池类型，如锰酸锂电池、三元材料电池、钴酸锂电池等。不同的电池类型具有不同的性能特点，如容量、循环寿命、功率密度等，需要根据应用场景进行选择。

② 电池容量设计。电池容量是电池可以储存的电量的量度，通常以安时（A·h）为单位。根据应用的电能需求和工作时间，确定合适的电池容量。电池容量的大小决定了电池的使用时间。

③ 电池电压设计。锂离子电池的电压一般为单体电压 3.6V（钴酸锂电池、三元材料电池）、3.7V（锰酸锂电池）、3.2V（磷酸铁锂电池）。根据应用需求，确定电池串联数目来得到所需的总电压。

④ 电池外形与尺寸设计。根据应用场景的要求，设计电池的外形和尺寸。不同的应用场景可能需要不同形状和尺寸的电池，如方形、圆柱形、软包电池等。

⑤ 正负极材料和配方选择。根据电池类型和性能要求，选择适当的正负极活性材料和配方。不同的材料和配方会影响电池的性能、循环寿命和安全性。

⑥ 电解液设计。电解液是锂离子电池中的离子导电介质，对电池性能和安全性有着重要影响。需要根据电池类型和工作条件选择合适的电解液。

⑦ 隔膜选择。隔膜是正负极之间的隔离膜，用于防止正负极电子导通，同时允许锂离子传输。隔膜的选择需要考虑离子导电性、孔径大小等参数。

⑧ 电池安全设计。电池的安全性是非常重要的，需要考虑防止过充、过放、过流等情况，

确保电池在使用过程中不会发生危险。

⑨ 充放电特性设计。根据应用场景的需求，设计电池的充放电特性，如充电速度、放电平台电压等。

⑩ 环境适应性设计。电池的设计需要考虑适应不同的工作环境（温度、压力、湿度等），确保电池在各种条件下都能稳定工作。

综上所述，锂离子电池的设计是一个复杂的过程，需要综合考虑电池的容量、电压、结构、材料和性能等多个方面，以满足特定的应用需求。合理的电池设计可以提高电池的性能和稳定性，从而更好地满足不同应用场景的要求。

5.6 锂离子电池应用

锂离子电池由于其高能量密度、轻质量、长寿命和无记忆效应等优点，在现代社会中得到了广泛的应用。以下是锂离子电池的主要应用领域。

① 便携式电子设备。锂离子电池广泛应用于手机、平板电脑、笔记本电脑、数码相机、便携式音乐播放器等便携式电子设备中。其高能量密度和轻质量使得这些设备更加轻便。

② 电动工具。锂离子电池在电动工具中得到了广泛的应用，例如电动钻、电动锯、电动剪等。锂离子电池能够提供持久的动力，使得电动工具更加方便和高效。

③ 电动汽车。锂离子电池是电动汽车的主要动力源，其高能量密度和较长的寿命使得电动汽车成为可行的替代能源车型。目前，众多汽车制造商都在开发和生产使用锂离子电池的电动汽车。

④ 储能系统。锂离子电池被广泛应用于储能系统，用于存储太阳能、风力发电产生的电能，以平衡能源供应和需求之间的差异。此外，储能系统还可以在用电高峰期释放储存的电能，以减轻电网负荷。

⑤ 航空航天领域。由于其轻质量和高能量密度，锂离子电池在航空航天领域得到了广泛的应用，包括卫星、宇航器、飞行器等。

⑥ 新能源交通工具。锂离子电池还被应用于新能源交通工具，如电动自行车、电动摩托车等，这些交通工具具有环保、节能的特点。

⑦ 家用储能系统。家用储能系统使用锂离子电池来储存家庭光伏发电或太阳能电池板产生的电力，以便在晚上或断电时使用。

总的来说，锂离子电池在现代社会的应用领域十分广泛，从便携式电子设备到电动汽车，再到储能系统和航空航天领域，锂离子电池正在不断推动科技和工业的发展，为我们的生活和社会进步做出了重要贡献。

参考文献

[1] 杨绍斌，梁正．锂离子电池制造工艺原理与应用 [M]. 北京：化学工业出版社，2021.

[2] Liu H, Strobridge F C, Borkiewicz O J, et al. Capturing metastable structures during high-rate cycling of $LiFePO_4$ nanoparticle electrodes[J]. Science, 2014, 344 (6191): 1252817.

[3] Huang B, Cheng L, Li X Z, et al. Layered cathode materials: Precursors, synthesis, microstructure, electrochemical properties, and battery performance[J]. Small, 2022, 18(20): 2107697.
[4] Mochida I, Ku C H, Korai Y. Anodic performance and insertion mechanism of hard carbon sprepared from synthetic isotropic pitches[J]. Carbon, 2001, 39 (3): 399-410.
[5] 史鹏飞，程新群，陈猛，等 . 化学电源工艺学 [M]. 哈尔滨：哈尔滨工业大学出版社，2006.
[6] 郭炳焜，李新海，杨松青 . 化学电源——电池原理及制造技术 [M]. 长沙：中南工业大学出版社，2000.
[7] 陈彦彬，刘亚飞，张联齐，等 . 储能及动力电池正极材料设计与制备技术 [M]. 北京：科学出版社，2021.
[8] 柯亨，古塔夫 . 现代涂布干燥技术 [M]. 赵伯元，译 . 北京：中国轻工业出版社，1999.
[9] 张海南 . 简化的多层坡流挤压涂布 [J]. 感光材料，1992 (2): 27-29.
[10] 杨绍斌，范军，刘甫先，等 . 电池电极材料填充性能测试方法：CN1704765A[P]. 2005-12-07.
[11] 杨鹏 . 锂离子电池容量衰减的研究 [D]. 上海：上海交通大学，2013.
[12] 王旭 . 电池极片轧制与分切设备的控制系统研究 [D]. 天津：河北工业大学，2013.
[13] 李华 . 板带材轧制新工艺、新技术与轧制自动化及产品质量控制实用手册 [M]. 北京：冶金工业出版社，2006.
[14] 蔡道国，于永辉，祝利民 . 一种锂离子电池的高温老化处理方法：CN103354299A [P]. 2013-10-16.
[15]Meiners J, Fröhlich A, Dröder K. Potential of a machine learning based cross-process control in lithium-ion battery production[J]. Procedia CIRP, 2022, 112: 525-530.
[16] 何鹏林，乔月 . 多芯锂离子电池组的一致性与安全性 [J]. 电源技术，2010, 4 (3): 161-163.

第6章

燃料电池

6.1 燃料电池概述

6.1.1 燃料电池的特点和类型

(1) 燃料电池的特点

燃料电池（full cell）是将反应物（包括燃料和氧化剂）的化学能直接转化为电能的一种高效、清洁的电化学发电装置。燃料电池与常规电池的差别在于，常规电池的反应物作为电池自身的组成部分而存在，即反应物存储在电池内部，因此常规电池本质上是一种能量存储装置，所能获得的最大能量取决于电池本身所含的活性物质数量，当反应物质被全部消耗掉时，电池就不再产生电能。燃料电池本质上是一种能量转换装置，只要外部不断供给燃料和氧化剂并将反应产物移除，燃料电池就可以不断产生电能。

相对于其他能源提供形式，燃料电池体现出了诸多优点，如高效率、安全可靠、低排放，在当前全球面临能源、环境、气候等诸多挑战的大背景下，燃料电池的应用范围迅速扩大，成为未来清洁高效能源的有力竞争者，发展潜力巨大。燃料电池的优点主要体现在：

① 高效率。燃料电池的电效率为40% ～ 60%，大大高于普通热机转化效率，如果将运行过程中产生的热量加以合理利用，其总效率更是可以达到90% 以上，这无疑是一个十分吸引人的数字。

② 清洁。由于所用的燃料都经过了脱硫、脱氮处理，并且转化效率较高，燃料电池排放的粉尘颗粒、硫和氮的氧化物、二氧化碳以及废水、废渣等有害物质大大低于传统的火力发电或是热机燃烧，这种良好的环境效应使燃料电池符合未来能源的需要。

③ 快速的负载响应速度。燃料电池具有较短的负载响应时间，小型燃料电池在微秒范围内其功率就可以达到所要求的输出功率，而兆瓦级的电站也可以在数秒内完成对负载变化的响应。

④ 安全可靠。相比其他发电形式，燃料电池的转动部件很少，因此工作时非常安全。同时运行噪声较小，可以在用户附近装配，从而大大减小了在电能输送过程中的损耗，适用于公共场所、居民家庭以及偏远地区的供电。

燃料电池目前仍然存在一些不足，阻碍其进入大规模的商业化应用，主要不足可归纳为：

① 市场价格昂贵。燃料电池使用的贵金属催化剂、质子交换膜、双极板等组件的市场价格较高，组成系统复杂，并且氢的储运技术难度较大，导致市场成本一直较高。

② 高温时寿命和稳定性不理想。高温可引起电极催化剂活性、电解质膜质子传导能力等下降，影响电池的寿命和稳定性。

③ 缺少完善的燃料供应体系等。燃料电池使用的氢气燃料并非随处可得，并且难以存储，需要建造新的燃料供应体系。

(2) 燃料电池的类型

人们多习惯根据电解质的类型来区分不同的燃料电池，一般根据燃料电池的电解质性质，可以将燃料电池分为五大类：碱性燃料电池（alkaline fuel cell, AFC）、磷酸燃料电池

（phosphoric acid fuel cell, PAFC）、熔融碳酸盐燃料电池（molten carbonate fuel cell, MCFC）、固体氧化物燃料电池（ solid oxide fuel cell, SOFC）、质子交换膜燃料电池（proton exchange membrane fuel cell, PEMFC）。常见的燃料电池类型和主要工作参数见表 6-1。

表 6-1　常见的燃料电池类型和主要工作参数

类型	燃料	氧化剂	电解质	工作温度 /℃
碱性燃料电池	纯氢	纯氧	KOH	50 ～ 200
质子交换膜燃料电池	氢气、重整氢	空气	全氟磺酸膜	室温～ 100
直接甲醇燃料电池	甲醇等	空气	全氟磺酸膜	室温～ 100
磷酸燃料电池	重整气	空气	磷酸	100 ～ 200
熔融碳酸盐燃料电池	煤气、天然气	空气	K_2CO_3-Li_2CO_3	650 ～ 700
固体氧化物燃料电池	煤气、天然气	空气	Y_2O_3-ZrO_2	600 ～ 1000

6.1.2　燃料电池的工作原理

（1）燃料电池的结构和基本反应

典型的氢氧燃料电池单体结构和工作原理如图 6-1 所示。燃料电池工作时，向燃料电池的负极（阳极）不断供给燃料（如 H_2），向正极（阴极）连续提供氧化剂（如 O_2 或空气），在催化剂的作用下电极上发生连续的电化学反应而产生电能，同时生成产物 H_2O 和热能。原则上，只要外部不断提供反应物质，燃料电池便可以源源不断地向外部输电，所以燃料电池本质上是一种“发电技术”。以氢氧燃料电池为例，所涉及的具体电化学反应分别为：

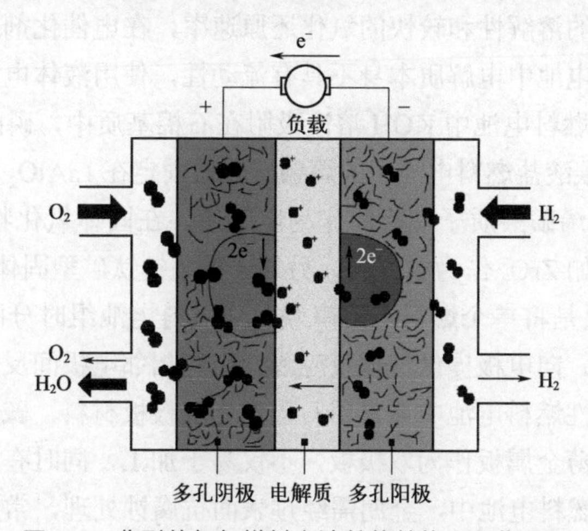

图 6-1　典型的氢氧燃料电池单体结构和工作原理

酸性电解质中

负极　$H_2 \longrightarrow 2H^+ + 2e^-$

正极　$1/2O_2 + 2e^- + 2H^+ \longrightarrow H_2O$

碱性电解液中

负极　$H_2 + 2OH^- \longrightarrow 2H_2O + 2e^-$

正极　$1/2O_2 + H_2O + 2e^- \longrightarrow 2OH^-$

显然，无论采用酸性还是碱性电解质，氢氧燃料电池的总反应都可以表示为

$$H_2 + 1/2O_2 \longrightarrow H_2O + 热能 + 电能$$

（2）燃料电池的组成

与常规电池类似，燃料电池一般由含有催化剂的阳极和阴极以及夹在两电极间的电解质构成。燃料电池的燃料通常包括氢气、丙烷、甲醇、联氨、煤气、天然气等还原性物质，氧化剂主要为氧气、空气等氧化性物质。为了使燃料电池的电极兼备催化剂的功能，可用多孔碳复合镍、铂、钯等贵金属以及聚四氟乙烯等作电极材料。电解质包括酸、碱、盐、固体氧化物、聚合物离子交换膜等数种离子导电性物质。

① 电极。燃料电池采用多孔结构气体扩散电极，其多孔结构基体不参与电化学反应，具有负载催化剂、收集电化学反应电荷的作用，其较大的比表面积能够为反应气体、电解质和电极三相反应提供充分接触的空间，并且还应该具有良好的导电性、在电解质环境中稳定性较高等性能。

② 电催化剂。电催化剂的作用是降低反应活化能以提高交换电流密度。电催化的反应速度不仅仅由电催化剂的活性决定，而且还与双电层内电场及电解质溶液的性质有关，从而使反应所需的活化能大幅度下降，可在远比通常的化学反应低得多的温度下进行。例如在铂黑电催化剂上，丙烷可在 150 ～ 200℃完全氧化为 CO_2 和 H_2O。用作燃料电池的电催化剂除了要有高催化活性之外，还需要在电池运行条件下（如浓酸、浓碱、高温）有较高的稳定性，如果催化剂本身导电性较差，则需要担载在导电性较好的基质上。

③ 电解质和隔膜。燃料电池对电解质的要求是具有良好的导电性、较好的稳定性，反应气体在其中具有较好的溶解性和较快的氧化还原速率，在电催化剂上吸附力合适以避免覆盖活性中心等。在燃料电池中电解质本身不具有流动性，使用液体电解质时通常使用多孔基质固定电解质，在碱性燃料电池中 KOH 溶液吸附在石棉基质中，磷酸燃料电池中的磷酸由 SiC 陶瓷固定，在熔融碳酸盐燃料电池中的熔融碳酸盐固定在 $LiAlO_2$ 陶瓷中，在质子交换膜燃料电池中使用聚苯乙烯磺酸质子交换膜作为电解质，在固体氧化物燃料电池中使用 Y_2O_3 掺杂的萤石结构氧化物如 ZrO_2 作为电解质，另外一种是钙钛矿型固体氧化物电解质。

④ 双极板。双极板是将单个燃料电池串联组成燃料电池组时分隔两个相邻电池单元正负极的部分，起到集流、向电极提供气体反应物、阻隔相邻电极间反应物渗漏以及支撑加固燃料电池的作用。在酸性燃料电池中通常用石墨作为双极板材料，碱性燃料电池中常以镍板作为双极板材料。采用薄金属板作为双极板，不仅易于加工，同时有利于电池的小型化。然而在 PAFC 等强酸型的燃料电池中，金属需经过表面抗腐蚀处理，常规的方法是镀金或银等性质稳定的贵金属。在燃料电池的制作成本中，双极板占相当大的比例。

（3）燃料电池发电系统

燃料电池发电系统是一个非常复杂的系统。燃料电池单元是整个燃料电池系统的心脏，许多单体电池组成的燃料电池堆（组）承担着发电的任务。因此，燃料电池还包括燃料预处理单元、直交流转换单元、热量管理和控制单元等部分，燃料电池系统的基本组成如图 6-2 所示。

除了直接甲醇燃料电池等少数情况外，绝大多数燃料都不能被燃料电池直接利用，在

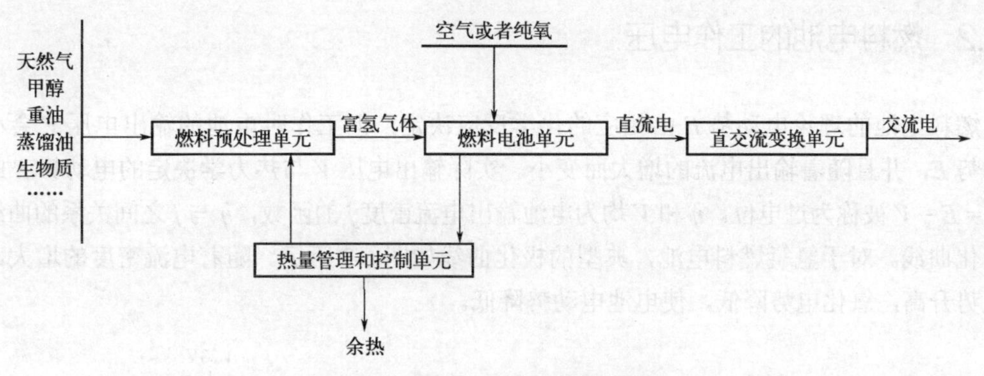

图 6-2 燃料电池系统的基本组成

进入燃料电池前必须进行预处理，将燃料转化为富氢气体，同时除去其中对电极反应有害的杂质。燃料的预处理系统主要由燃料特性和具体的燃料电池类型决定。例如，天然气可以用传统的水蒸气催化转化法，煤则须气化处理，重质油必须加氢气化，而对低温工作的质子交换膜燃料电池，除须去除富氢气体中的硫化物外，还要去除 CO 后才能供燃料电池使用。

燃料电池与各种常规化学电源一样，输出直流电。对于交流用户或需要和电网并网的燃料电池电站，需要将直流电转换为交流电，这就需要直交流变换单元，或称为电压逆变系统。这一单元的作用除了将直流电变换为交流电外，还可以过滤和调节输出的电流和电压，确保系统运行过程的安全、完善和高效。

燃料电池是一个自动运行的发电装置，电池的供气、排水和排热等过程均需协调进行，因此需要控制单元管理各部分工作。燃料电池的热量管理和控制单元控制余热的综合利用，燃料电池所产生的热量可以用于燃料预处理中的蒸汽转化或者进行热电联供等用途。

6.2 燃料电池电化学

6.2.1 燃料电池的电极反应

尽管燃料电池的类型很多，但其电极反应变化不大。无论在酸性或碱性电解液中，催化剂表面吸附氢（MH）的形成及脱附过程都是氢电极反应的重要步骤，电催化剂的作用主要是对这个过程的影响。贵金属吸附氢能力的大致顺序为铂≈钯＞铱＞铑、钌、锇，这也是交换电流密度大小的顺序。此外，溶液介质也影响金属表面吸附的性能。

在各种燃料电池中，阴极反应几乎总是 O_2 的还原过程。氧电极反应过程中往往出现中间产物（如 H_2O_2、中间态的含氧吸附离子和金属氧化物），使电极表面状态改变，导致反应历程更为复杂。要提出一个准确、完整地描述氧还原反应的机理很难。适合用作氧还原反应的催化剂有贵金属、有机螯合物（如 Fe、Co、Ni、Mn 的酞菁或卟啉配合物等大环化合物）和金属氧化物（如掺锂的 NiO，尖晶石型 $NiCo_2O_4$，钙钛矿型稀土复合氧化物 $LaMnO_3$、$LaNiO_3$、$LaCoO_3$）等。

6.2.2 燃料电池的工作电压

燃料电池的理论电动势 E 由相应的化学反应决定，但工作时电池的输出电压 V 会小于电动势 E，并且随着输出电流的增大而变小。实际输出电压 V 与热力学决定的电动势 E 的差值 $\eta = E - V$ 被称为过电位。η 和 V 均为电池输出电流密度 j 的函数，η 与 j 之间关系的曲线称为极化曲线。对于氢氧燃料电池，典型的极化曲线如图 6-3 所示。随着电流密度的增大，还原电势升高，氧化电势降低，使电池电动势降低。

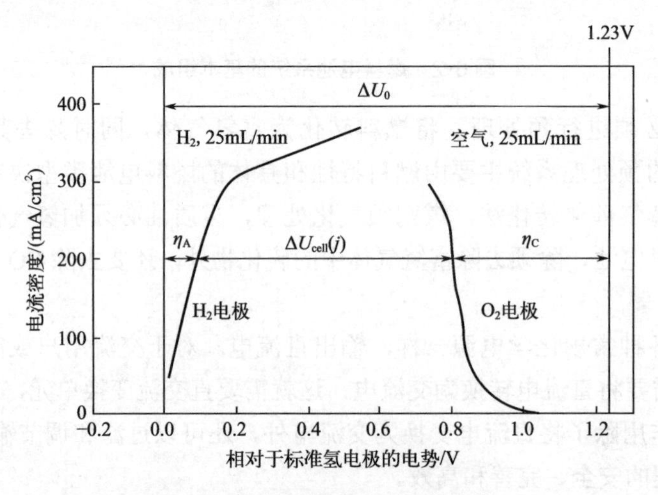

图 6-3 氢氧燃料电池的极化曲线

极化是在电池工作的动态过程中偏离热力学平衡态造成的，取决于电化学反应的控制步骤，包括由传质控制的浓差极化和由电极反应控制的电化学极化两种机理。

当整个电化学反应由电极反应控制时，产生的极化为电化学极化，极化曲线由 Bulter-Volmer 方程给出：

$$j = j_0\left[\exp\left(\frac{\alpha_A n\eta F}{RT}\right) - \exp\left(-\frac{\alpha_C n\eta F}{RT}\right)\right] \tag{6-1}$$

式中，j 为输出电流密度；j_0 为交换电流密度，由平衡电势下的电极反应速率给出；F 为法拉第常数；R 为摩尔气体常数；T 为热力学温度；n 为电子转移数；α_A 和 α_C 分别为阳极和阴极的传递系数，表明电池反应引起的能量改变 nFE 对阳极和阴极反应的分配，因此有 $\alpha_A + \alpha_C = 1$，该能量能改变两个电极反应的活化能，从而改变反应速率，影响输出的电流密度。

当电化学反应由传质过程控制时，极化的机理是浓差极化，当输出电流较大时，电极附近溶液中反应物与生成物的浓度与溶液本体会有很大的不同，因此浓差极化不可忽略。造成浓差极化的过程包括扩散、对流以及电迁移等。由扩散引起的浓差极化造成的极化曲线为

$$V = E + \frac{nF}{RT}\ln\left(1 - \frac{j}{j_d}\right) \tag{6-2}$$

式中，j_d 为表面浓度为零时的极限电流密度。

要减小浓差极化，需要减小扩散层的厚度，提高极限电流密度，这些可以通过燃料电池

电极结构的设计来实现。

6.2.3 燃料电池效率

燃料电池效率（f_{FC}）定义为电池对外电路所做功与电池化学反应释放的热能之比：

$$f_{FC}=\frac{IVt}{\Delta H} \tag{6-3}$$

式中，I、V 分别为电池的工作电流和电压；t 为运行时间；ΔH 为电化学反应焓变。

在热力学平衡状态下，电池对外电路做功为 $\Delta G=nFE$。其中，ΔG 为 Gibbs 自由能变；n 为电子转移数；F 为法拉第（Faraday）常数；E 为电池电动势。此时燃料电池的效率为由热力学决定的效率（即最大效率）f_{id}：

$$f_{id}=\frac{\Delta G}{\Delta H}=1-T\frac{\Delta S}{\Delta H} \tag{6-4}$$

根据式（6-4），对于熵变为负值的反应，燃料电池的热力学效率能够超过100%，并且随着温度升高而提高。

在实际的燃料电池中，存在极化导致的电动势下降，以及对燃料的不充分利用等非理想因素从而导致效率的降低。将式（6-4）写成：

$$f_{FC}=\frac{nFE}{\Delta H}\times\frac{V}{E}\times\frac{It}{nFf_g}f_g=f_{id}f_Vf_If_g \tag{6-5}$$

式中，f_{id} 为热力学效率，$f_{id}=nFE/\Delta H$；f_V 为电压效率或电化学效率，$f_V=V/E$ 表明了由过电位引起的效率降低；f_g 为没有利用的燃料的分数；nFf_g 是理论上流经外电路的电流，因此 $f_I=It/(nFf_g)$ 称为电流效率或 Faraday 效率，一般都在 99% 以上。

在燃料电池（特别是高温燃料电池）运行过程中会产生一部分废热，通过适当的转换系统可以将一部分废热利用，从而进一步提高整个系统的转换效率。例如一般燃料电池的效率为 40% ～ 60%，但是通过废热利用，整个燃料电池系统的总能量转化效率可达 90% 左右。

6.3 碱性燃料电池

6.3.1 概述

碱性燃料电池（alkaline fuel cell, AFC）是最早研发并成功应用于空间技术的燃料电池。AFC 的特点是电池本身结构材料选择广泛，可以不采用贵金属电极，启动快，5min 就可以达到额定负荷，电极极化损失小。它以质量分数为 30% ～ 80% 的氢氧化钾（KOH）水溶液为电解质，工作温度 50 ～ 80℃，压力为大气压或稍高。但以 KOH 为电解质时电池对燃料气中的 CO_2 十分敏感，一旦在电解液中形成碳酸根离子，电池效率会急剧下降。所以原料气必须安装 CO_2 脱除装置。

AFC 的电极与所选的催化剂有关。通常采用雷尼（Raney）镍为催化剂的金属阳极和以银基催化剂粉制成的阴极。电极一般制成薄电极，由多层具有不同孔隙率的多孔结构材料组成。在液相侧为薄层催化剂层，在气相侧为憎水层，这样，液体电解质和反应气体在电极内部流动时互不干扰。

AFC 电池结构有两种形式。一种是电解质保持在多孔体中的基体型。基体主要是石棉膜，它饱吸 KOH 溶液，电池为多孔叠层结构，其单体结构如图 6-4 所示。另一种是自由电解质型。电解质是自由流体，电池设有电解质循环系统，可以在电池外部冷却电解质和排出水分。电极粘接在塑料制成的电池框架上，再加上镍隔板做成的双极板，构成单电池，如图 6-5 所示。

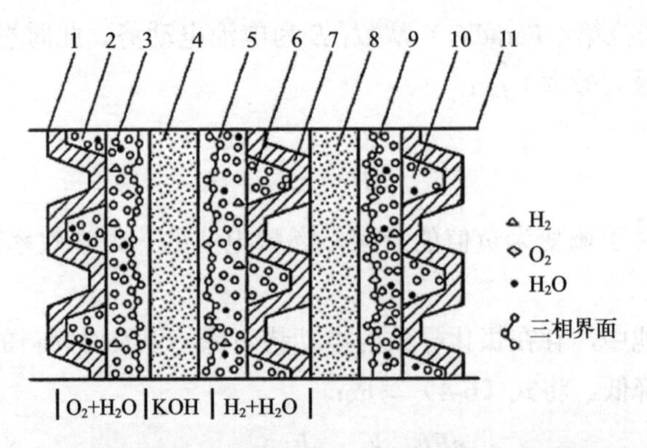

图 6-4　静态排水的氢氧隔膜型燃料电池单体结构示意图（基体型）

1—氧支撑板；2—氧蜂窝（气室）；3—氧电极；4—石棉膜；5—氢电极；6—氢蜂窝（气室）；7—氢支撑板；8—排水膜；9—排水膜支撑板；10—除水蜂窝（蒸发室）；11—除水蜂窝板

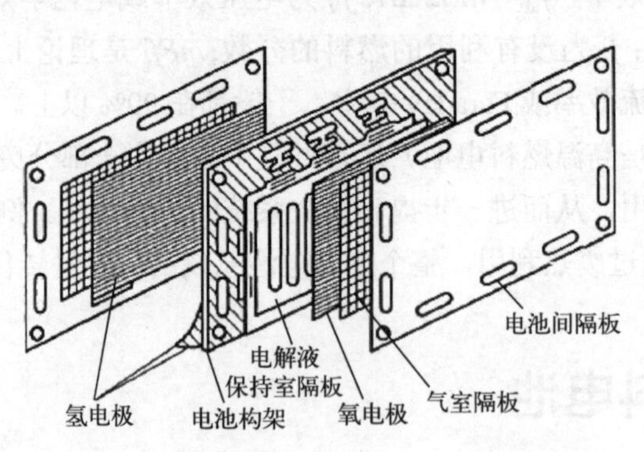

图 6-5　碱性燃料电池的结构（自由电解质型）

6.3.2　碱性燃料电池的组成和材料

（1）电极、电催化剂及其制备

Ni 在 KOH 溶液中比较稳定，是制作 AFC 电极较为理想的材料，氢电极和氧电极材料均可以由 Ni 制作。一种将 Ni 做成多孔电极的方法是做成 Raney Ni，即首先将 Ni 和 Al 做成合金，而后用碱将 Al 溶掉得到多孔结构的 Ni。这种结构的 Ni 电极不需要烧结，具有丰富的孔道和较大的比表面积，并且可以通过控制 Ni-Al 的比例控制孔径的大小，非常适合制作

AFC的电极。氧电极的制备方法类似，不过使用的是Raney Ag和普通Ni粉的混合物。Ni基催化剂广泛地应用于各种实用性的AFC上，为降低电池成本，还研究了一系列基于过渡金属的电极材料，如Ni-Mn、Ni-Co、Ni-Cr、W-C、Ni-B、$NaWO_3$、钙钛矿型氧化物、过渡金属大环配合物等。

Pt、Pd等贵金属是使H_2分子分解成原子的优良催化剂，并且体现出很强的化学稳定性，Pd还能允许H在其中扩散通过，因此是制备氢电极的优良材料，体现出了比Ni更好的催化性质。由于上述两种金属价格昂贵，为降低成本，通常将贵金属制备成颗粒细小的铂黑或者钯黑担载在基质上，常用的方法是将担载的基质浸渍氯铂酸水溶液，然后通过加热分解得到金属铂。将贵金属催化剂与碳复合，制备成碳-贵金属电极，不仅有高的催化活性，同时成本也得到了大幅降低。在航天、潜艇等特殊用途的AFC中，转化效率、稳定性、电池体积以及寿命等因素往往是比成本更为优先考虑的问题。因此在上述应用领域，大量使用的还是贵金属催化剂。

电极催化剂主要担载在多孔碳材料上，因其不仅比表面积大，而且具有良好的导电性。这种用作载体的碳材料通常由热分解烃类获得，呈球形颗粒，通过高温800～1000℃水蒸气处理，使碳颗粒具有丰富的孔道结构，比表面积可达到$1000m^2/g$以上。同时可以通过化学方法向碳材料表面引入C—O和C—H基团，调控多孔质的表面性质。

为保证电极反应过程的顺利进行，需要维持稳定的电极-电解液-气体的三相界面，这一目的主要通过两种方法实现。Bacon首先提出双孔气体扩散电极设计，采用粒径不同的两种Ni颗粒烧结成Bacon型双孔电极，其中大孔径约30μm，小孔径小于16μm，电解液由于毛细作用更倾向于渗入孔径较小的孔道，而孔径较大的孔道则可以作为气体扩散的路径，通过控制气体压力可以有效地形成三相界面，实现了较好的性能；另外一种方法是采用亲、疏水物质混合制成的电极，疏水物质不被电解液浸润，为气体扩散提供了通道。主要的疏水物质为聚四氟乙烯（PTFE），不仅疏水性能佳、化学稳定性好，还具有一定的黏合性能，是制作气体扩散电极的理性材料。

（2）电解液与隔膜

AFC的电解液通常为KOH水溶液。阴离子为OH^-，它既是氧还原反应的产物又是导电离子，因此不会出现阴离子特殊吸附对电极过程动力学的不利影响。碱的腐蚀性比酸低得多，所以AFC的电催化剂不仅种类比酸性电池多，而且活性也高。以强碱为电解液时，需考虑CO_2的问题，当燃料中含有碳氢化合物或使用空气作为氧化剂时，会向电解液中引入CO_2，进而与氢氧化物形成碳酸盐，会使溶解度和电导率下降，这个问题对于NaOH溶液更为严重，因为形成的Na_2CO_3溶解度和电导率均不高，会使电池内阻升高，同时会堵塞电极系统的空隙。因此，虽然NaOH成本低于KOH，但是在寿命上没有优势。高浓度的KOH水溶液蒸气压极低，能在高温下使用，可以获得高的电流密度。

AFC中的电解质分为静止和循环两种。在固定电解质类型的AFC中，电解液常由多孔的石棉膜固定。石棉膜多孔结构在固定电解液的同时，能为OH^-的移动提供通道。石棉膜的另一功能是分隔氧气和氢气。因此石棉膜在固定电解质的AFC中是关键部件之一。固定电解质型的燃料电池电解质被固化在几个毫米的石棉膜中，因此电池的体积可以大大缩小。固定电解质的AFC在操作过程中需要解决反应过程中生成的水的排出问题，在AFC中水在氢电极处生成，因此通常采用循环氢气的方法将水排出。在航天器中，这部分清洁的水能为宇航员提供宝贵的生活用水。

如果使电解质循环起来，需要配备额外的设备，如管道和循环泵等，且KOH是强腐蚀性物质，增加组件意味着增加泄漏的风险。然而循环电解质也提供了如下一些优点：循环电解质的循环系统同时也是冷却和排水系统，当电解质由于碳酸盐的生成性能下降时还可以及时进行更换，当电池不工作时可将电解液全部移出电池系统，避免缓慢化学反应的进行，延长了电池的工作寿命。流动式电解质的AFC系统示意图如图6-6所示。在设计串联电池组时，如果采用循环电解质的方式，每一个单电池的循环系统最好是独立的，互相连通的循环系统容易发生电池内部的短路。

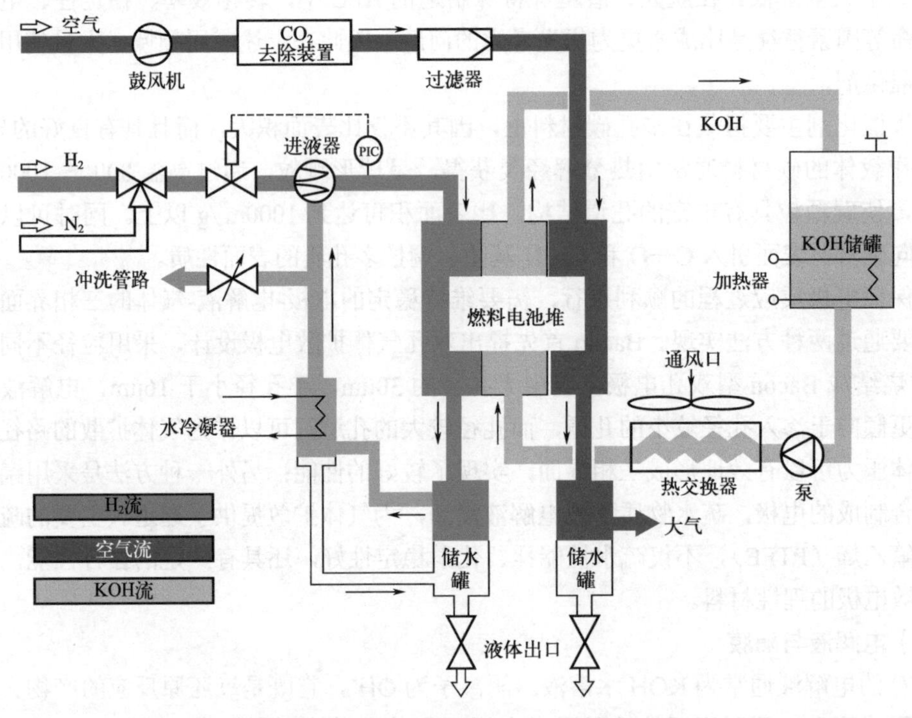

图 6-6　流动式电解质的 AFC 系统示意图

（3）双极板

在AFC的操作条件下，有较廉价的双极板材料为Ni和无孔石墨板。在航天应用中，为降低燃料电池重量，可以采用轻金属，如Mg、Al等，在表面镀上Au等化学性质稳定的金属。此外，还可以采用抗腐蚀能力较强的不锈钢作双极板。

（4）电池组结构

在实际应用中，需要将多个单电池串联构成电池堆（stack）以满足特定的电压和电流需要。在构成串联电池堆时，需要将一系列单电池有效地封装起来，在该过程中，需要防止短路、反应气体互串以及电解液泄漏等问题，同时应该保持电极和双极板之间良好的电接触，减小电池内阻以及降低整体的重量和体积。对气体的密封是非常重要的环节，既要防止阴阳两极气体的互串，还要防止气体向外泄漏或空气向内泄漏。

用作电池堆框架的材料需要有足够的化学和热稳定性，同时应尽量减小体积和重量，可用的材料包括环氧树脂、聚砜、ABS 等。电池堆构筑过程中通常将各组件制作成片层状，然后通过压滤成型。

在电池组实际运行过程中，由于燃料气或氧气中不可避免地有一些惰性气体存在，在长时间操作过程中，惰性气体会在电池体系中积聚，会使电池性能下降，严重时会导致部分单电池反极，因此必须定期地排出电池中的惰性气体。如果采用全并联方式，各个单元电池组件的微小差异，会使各支路气阻不同，导致排气效率低。解决这一问题的方案措施是将气路进行串并联组合，电池堆采用分室结构等。

6.3.3 操作条件对电池性能的影响

（1）氧化剂

AFC 的电解液决定了不能向体系中引入 CO_2，因此在空间站或者潜艇等要求较高的领域均采用纯氧作氧化剂。为降低成本，在地面工作的燃料电池一般采用去除了 CO_2 的空气或富氧空气。然而，空气中大量的 N_2 等惰性成分会给电池的运行带来很重的负担，当使用纯氧作氧化剂时电流密度能得到大幅度提高，氧化剂正是限制 AFC 发展的重要因素之一。

（2）压力

在选定的电池工作压力范围（0.15 ～ 0.20MPa），大量的实验数据证明，反应气工作压力每升高 0.01MPa，平均每节电池的电压升高 1mV。相反由于气体压力的升高会给电池制作带来一系列问题，如材料机械强度、防止漏气的工艺等，因此气体压力不宜过高，一般在略高于大气压的压力下操作，如在 Apollo 和 Gemini 飞船中的燃料电池工作压力为 3 ～ 4atm。

（3）温度

从热力学考虑，AFC 热力学电动势的温度系数为 −0.84mV/K，因此升高温度会降低电池电动势。然而从电极过程动力学看，温度升高一是能加快电化反应速度，从而减少化学极化；二是能提高传质速率，减少浓差极化；三是能加快 OH^- 迁移速度，减少欧姆极化。在实际操作过程中，动力学因素的影响大于热力学因素，因此温度升高，能减少电池极化、改善电池性能。AFC 的正常工作温度一般在 70℃，若在室温下运行，输出功率将下降一半。

6.3.4 碱性燃料电池的应用

碱性燃料电池在太空飞行中已经成功应用，因为空间站的推动原料是氢和氧，电池反应生成的水经过净化可供宇航员饮用，其供氧系统还可以与生命保障系统互为备份，而且对空间环境不产生污染。20 世纪 90 年代以来，众多汽车生产商都在研究使用低温燃料电池作为汽车动力的可行性。由于低温碱性燃料电池存在易受 CO_2 毒化等缺陷，其在汽车上的应用受到限制。碱性燃料电池可以不采用贵金属催化剂，如果使用 CO_2 过滤器或碱液循环等手段去除 CO_2，克服其致命弱点后用于汽车将具有现实意义。

6.4 磷酸燃料电池

6.4.1 概述

磷酸燃料电池（phosphoric acid fuel cell, PAFC）是一种中温酸性燃料电池，其电解质为磷酸溶液或100%磷酸。由于采用磷酸电解质，可以使用烃类和醇类化合物的重整气作燃料，空气作氧化剂而不必考虑CO_2的净化问题。此外，在200℃左右的工作温度下，催化剂对CO的耐受能力也可以达到1%～2%，而且高温下磷酸燃料电池可以有效地排出水和余热，余热可以用来给吸热的气相重整反应进行加热，从而提高燃料电池的效率。但是与碱性燃料电池相比，由于O_2在酸性电解质中的电化学反应速度较慢，采用纯氢和纯氧工作时的性能要比AFC差许多。另外，酸的腐蚀性远高于碱，因此磷酸燃料电池对电极材料提出了更高的要求，磷酸燃料电池的发展很大程度上取决于稳定、导电的碳材料的应用。磷酸燃料电池单电池的电流密度为350mA/cm^2，在常压下电池输出电压为600～700mV，电池实际效率为40%～50%，是所有燃料电池中效率最低的。同时，由于PAFC需要贵金属作为催化剂，且当燃料气中CO含量过高时，催化剂会被毒化而大大降低其活性，因此需要有燃料气的预处理系统，使燃料气中的CO的质量浓度下降到每立方米燃料气中只有几毫克的低量。另外，PAFC的体积较大，工作温度偏高。在低功率下运行时，电极材料性能下降很快，加上较差的启动性能，所以不适合车载和小型移动电源使用。但是PAFC工作可靠，在满负荷下运行性能稳定，所以常作为医院、计算机工作站等的不间断电源使用，也可以作为固定电站使用。

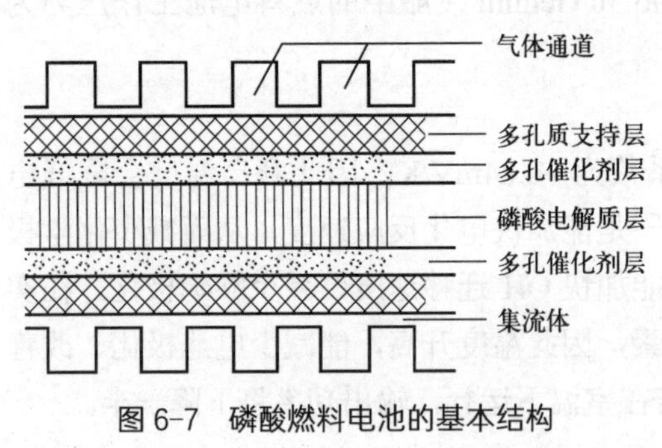

图6-7　磷酸燃料电池的基本结构

PAFC电池的电极为多孔扩散电极，一般以贵金属铂作催化剂，以碳作为载体。采用化学附着法可将贵金属铂催化剂晶粒沉积在载体的微孔表面，催化剂层厚度约为0.1mm。电解质以浸有磷酸的二氧化硅微孔膜的形式出现，这种多孔的二氧化硅膜称为基质。PAFC单电池外形为正方形层状结构，如图6-7所示。

6.4.2 磷酸燃料电池的组成和材料

（1）电极

PAFC的电极通常采用炭黑担载Pt纳米颗粒。在阴极Pt的担载量要相应提高，因为O_2的还原反应在PAFC中是一个较慢的过程，而H_2的氧化反应则容易得多。此外由于磷酸较高的浸润性，电极需要更强的疏水性防止电解液淹没催化剂区域。

导电、稳定的碳载体是PAFC的重要组成部分。从热力学上考虑，在磷酸燃料电池操作条件下，碳电极会被O_2氧化，但实际由于动力学的阻碍，通过合理控制操作条件，碳电极在运行条件下显示出了很好的稳定性，其中石墨化的碳具有最佳的稳定性。催化剂载体必须具有高的化学与电化学稳定性、良好的导电性、适宜的孔体积分布、高的比表面积以及低的杂质含量，无定形的炭黑具有上述性能。碳材料的腐蚀程度与磷酸浓度和电位密切相关，当体系中水蒸气分压较高时，碳的腐蚀速率明显加快，因此采用较浓的磷酸溶液，甚至是纯的磷酸，可以大大降低由水蒸气造成的腐蚀。同时发现在较高的阴极电位下（高于标准氢电极0.8V），较低的 O_2 利用率使碳的腐蚀速率加快，且阴极腐蚀在整个极板表面都会发生，因此PAFC 应尽量避免在低电流密度下运行，开路时应将 O_2 置换成惰性的 N_2。

最初的氧气还原催化剂为 Pt-C，而后发现通过与过渡金属形成合金，能有效提高氧气还原反应（oxygen reduction reaction, ORR）的速率，如 Pt-V 合金、Pt-Cr 合金等。

由于 PAFC 使用天然气等含碳气体作燃料，电极对 CO 的敏感性需要加以考虑。CO 可与多种过渡金属形成强的配位作用，从而使其催化性能大幅度下降，Pt 就是一种对 CO 非常敏感的金属。实验发现通过与 Pd 或 Ru 合金化可以大幅度提高对 CO 的耐受性。合金化虽然能有效提高电极性能，但其长期运行的稳定性还有待考虑，因此在商用化的 PAFC 中使用的仍然是 Pt-C 催化剂。在实际 PAFC 运行过程中催化剂面临的另一个问题是在长时间运行过程中发生的团聚或脱落从而导致电极性能下降。

（2）电解质

H_3PO_4 是一种无色、黏稠、容易吸水的液体，之所以选择 H_3PO_4 作为酸性燃料电池尤其是采用重整气的酸性燃料电池的电解质是基于以下考虑：

① 工作温度高于 150℃时，H_3PO_4 具有良好的离子电导率，200℃时可以达到 0.6S/cm；

② 在 250℃时的电化学环境中，H_3PO_4 仍然具有非常好的稳定性；

③ H_3PO_4 的蒸气压较低，电解质损失速率降低，可以延长对电池的维护周期；

④ O_2 在 H_3PO_4 溶液中的溶解度较高，有利于提高阴极的反应速率；

⑤ 高温下的腐蚀性较弱，可以延长电池材料的寿命；

⑥ H_3PO_4 的接触角比较大（超过 90°），可以降低电解质的润湿性。

PAFC 中的 H_3PO_4 通过毛细力保持在多孔的电解质基体材料中。低于 150℃时，H_3PO_4 分子或者 H_3PO_4 分解产生的阴离子会吸附在催化剂表面，阻止 O_2 在催化剂表面的进一步吸附，从而降低 O_2 的电化学还原反应速率；当温度高于 150℃时，H_3PO_4 主要以一种聚集态的超 H_3PO_4（$H_4P_2O_7$）形式存在，$H_4P_2O_7$ 很容易发生离子化形成 $H_3P_2O_7^-$，其体积较大，在催化剂表面吸附很少，对 O_2 吸附无明显影响，因此高于 150℃时阴极 O_2 电化学还原反应速率明显提高。

一般来讲，PAFC 中所用的 H_3PO_4 的质量分数接近 100%，此时溶液中含有大约 72.43% 的 P_2O_5，20℃时的密度约为 1.863g/mL。如果 H_3PO_4 的质量分数过大（大于 100%），电解质内离子传导率太低，质子在电解质中迁移阻力增大；相反，如果 H_3PO_4 的质量分数太低（小于 95%），H_3PO_4 对电池材料的腐蚀性急剧增加，所以 H_3PO_4 的质量分数一般维持在 98% 以上。质量分数为 100% 的 H_3PO_4 具有较高的凝固点（42℃），如果 PAFC 工作在这一温度以下基体材料中的 H_3PO_4 将会凝固，其体积也随之增加；此外负载和空载等不同工作状态也会导致 H_3PO_4 的体积变化。频繁的体积变化会导致电极和基体材料的破坏，造成电池性能下降。因此，即使 H_3PO_4 燃料电池不工作，电堆温度也必须保持在 42℃以上。这种对温度的要求是 PAFC 的一个不足之处，在某些方面限制了 PAFC 的应用。

（3）双极板

PAFC 中的双极板通常制成双面垂直刻槽结构，双面的刻槽为气体流通的通道，燃料气和空气以相互垂直的方式流经电极。双极板由石墨粉和酚醛树脂经铸造而成。铸造成型的双极板需要在高温（2700℃）下石墨化以提高其在磷酸中的抗腐蚀能力，实验表明 900℃石墨化的双极板会发生明显的腐蚀。全石墨的双极板抗腐蚀能力很强，但是制备成本较高。

6.4.3 磷酸燃料电池的冷却系统

PAFC 是一种中温电池，在运行过程中需要及时散热同时将热能利用，能大大提高总的能量转换效率。冷却方式根据冷却剂的不同可以分为水冷却、空气冷却以及其他液体冷却剂冷却。从冷却效果上看水冷却最好，然而水冷却需要附加较为复杂的冷却系统。在 PAFC 工作温度下水会沸腾，需要在一定压力下（6 ～ 7atm）运行；若未对水中的离子进行处理，会导致管路腐蚀或是沉积物的生成，因此水冷却还需配备一个水处理系统。水冷却的方式比较适合于大型输出电压的供电厂。空气制冷装置结构较为简单，运行温度可靠，但是传热性能不好，比较适用于小型燃料电池电站。介于两者之间的一种形式是利用非水液体，如油等液体进行冷却，这时不需对冷却剂做过多处理，且可以在常压下运行，冷却效果也比空气冷却要好。

6.4.4 磷酸燃料电池的应用

PAFC 目前技术已经十分成熟，从材料和电池设计方面对 PAFC 的基础研究已基本结束。发展 PAFC 的目的是建造 5 ～ 20MW 的以天然气重整富氢气体为燃料的分散电站，以及为旅馆、公寓和工厂实现热电联供的 50 ～ 100kW 小型电站，燃料的利用率可提高到 70% ～ 90%。

6.5 质子交换膜燃料电池

6.5.1 概述

质子交换膜燃料电池（proton exchange membrane fuel cells, PEMFC）是利用具有离子（主要是质子）导电性的高聚物膜作为电解质的燃料电池。也有一些高聚物膜具有阴离子导电性，可以在碱性燃料电池中应用但是离实际应用还比较远。

PEMFC 的结构和工作原理如图 6-8 所示，在阳极 H_2 被氧化成 H^+ 进入电解质，质子通过质子交换膜到达阴极，发生 O_2 还原反应生成 H_2O。

PEMFC 是一种中低温燃料电池，可以以纯氢或甲醇为原料，是当前重点开发的车载燃

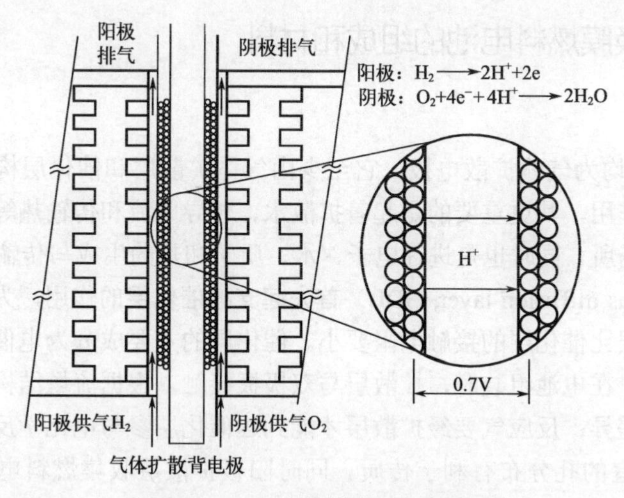

图 6-8 PEMFC 的结构和工作原理

料电池类型。电解质膜是 PEMFC 的核心部件。目前国际上有多个电解质膜产品，但大部分使用的是美国杜邦公司生产的 Nafion 质子交换膜。Nafion 是全氟型聚合物，主要的基体材料是全氟磺酸型离子交换树脂。膜内酸浓度固定，膜具有网络结构，对带负电且水合半径较大的 OH^-的迁移阻力远远大于 H^+，因此该离子膜具有选择透过性。此外，该膜还具有优良的化学稳定性和热稳定性，但价格十分昂贵。膜的厚度为 50 ～ 175μm，其导电行为类似于酸溶液，所以使用温度应该低于水的沸点。

一般而言，对电解质膜的要求是：有良好的离子导电性；水分子电渗透作用小，在膜的表面有较大的扩散速率；气体的渗透性小；膜的水合 / 脱水可逆性好；不易膨胀变形；对氧化还原和水解具有稳定性；有足够高的机械强度，表面易于和催化剂复合。

PEMFC 的电催化剂包括阴极催化剂和阳极催化剂两类。目前主要用铂作催化剂，它对两极均有催化作用，而且可以长期工作。由于铂很贵，所以降低铂的使用量和寻找价格低的非贵金属催化剂是当前的研究热点。目前催化剂铂的用量已经下降到 $0.5mg/cm^2$ 以下。

PEMFC 的电极常被称为膜电极组件（MEA），它是指质子交换膜及其两侧各一片多孔气体扩散电极（涂有催化剂的多孔碳布）组成的阴、阳极和电解质的复合体。膜电极是一种典型的气体扩散电极，是影响 PEMFC 性能的关键核心部件。膜电极由五部分组成，即阳极扩散层、阳极催化剂层、质子交换膜、阴极催化剂层和阴极扩散层。此外，在膜电极的两侧，分别是阳极集流板和阴极集流板，也称为双极板。

在双极板上加工出各种形状的流道，作为反应气体和产物进出燃料电池的通道。通道的设计应尽量增强气体的对流和扩散能力，具有最佳的开孔率以降低流动阻力。

PEMFC 工作时，阳极氧化所产生的 H^+ 由阳极向阴极迁移。在这个水合质子的迁移过程中，每迁移一个 H^+，需要同时迁移 4 ～ 6 个水分子。因此，为了提高电流密度，必须增大阳极的含水量，所以要对阳极燃料气加湿。如果水分不足，会造成膜的脱水甚至干涸。但水分含量也不能太大，否则会堵塞膜电极通道，造成电极淹没。

PEMFC 的另一个特点是电极反应生成的是液态的水，而不是水蒸气。因此，相对于其他形式的燃料电池，PEMFC 电池运行中水的管理是一项重要任务，它直接影响电池的性能。

6.5.2 质子交换膜燃料电池的组成和材料

（1）电极

PEMFC的电极均为气体扩散电极，它至少由气体扩散层和催化层构成。气体扩散层不仅起支撑催化层的作用，其更重要的是起着扩散水、传导电流和传输热等作用；催化层则是发生电化学反应的场所，同时也是进行电子、水、质子和热的生成与传输的地方。

气体扩散层（gas diffusion layer, GDL）首先起支撑催化层的作用，为此要求扩散层适于担载催化层，扩散层比催化层的接触电阻要小。催化层的主要成分为电催化剂，故扩散层一般选用碳材料制备。在电池组装时，扩散层与双极板接触，根据流场结构不同，对扩散层的强度要求存在一定差异；反应气要经扩散层才能到达催化层参与电化学反应，因此扩散层应具备高孔隙率和适宜的孔分布有利于传质。同时阳极扩散层收集燃料电化学氧化产生的电流，阴极扩散层氧的电化学还原反应输送电子，即扩散层应是电的良导体。因为PEMFC工作电流密度高达1A/cm^2，扩散层的电阻应在毫欧平方厘米（mΩ・cm^2）的数量级。PEMFC效率一般在50%左右，极化主要在氧阴极，因此扩散层尤其是氧电极的扩散层应是热的良导体，使产生的热量能够及时输出。另外，为了能使PEMFC长期稳定运行，扩散层的材料与结构应在工作条件下保持稳定。

扩散层的上述功能采用石墨化的炭纸或炭布是可以达到的，但PEMFC扩散层要同时满足反应气与产物水的传递，并具有高的极限电流，则是扩散层制备的关键技术难题。原则上扩散层越薄越有利于传质和减小电阻，但考虑对催化层的支撑与强度的要求，一般其厚度为100～300μm。

为在扩散层内生成两种通道——憎水的反应气体通道和亲水的液态水传递通道，需要对作为扩散层的炭纸或炭布用PTFE乳液做憎水处理。一般首先将炭纸或炭布多次浸入PTFE乳液中对其做憎水处理，用称重法确定PTFE进入炭纸或者炭布的量。再将浸好PTFE的炭纸，置于温度为330～340℃的烘箱中焙烧，在除PTFE乳液中表面活性剂的同时使PTFE热熔烧并均匀分散在炭纸或者炭布的纤维上，从而达到良好的憎水效果。焙烧后的炭纸或炭布中PTFE的含量约为50%，炭纸或炭布表面凹凸不平，对制备催化层有影响，因此需要对其进行整平处理。其工艺过程如下：用水或者水与乙醇的混合物作为溶剂，将炭黑与PTFE配成质量比为1∶1的溶液，用超声波振荡使其均匀混合后再沉降，清除上部清液后，将沉降物涂抹到经过憎水处理的炭纸或者炭布上，使其表面平整。

催化层（catalyst layer, CL）是质子交换膜燃料电池电极中发生电化学反应的场所，必须同时具备质子、电子、反应气体的连续传输通道。反应产物水的及时排出也是保证该反应顺利进行的必要因素。通常反应区的电子传导通道由导电性的催化剂（如碳载铂）来实现。

质子传导通道由电解质（离子交换树脂，如Nafion）构建。反应气体和产物水的传递通道由各组成材料间形成的多孔结构来实现。通常将催化剂/反应气体/电解质的交界处称为三相反应区。目前，电极结构的研究主要集中在：有效构筑三相反应区，提高催化剂的利用率，减小活化极化损失；有效构建电极的三维多孔网络结构，提高反应气体和反应产物的传输能力，减小传质极化损失。电极的性能不仅依赖于电催化剂的活性，还与电极内各组分的配比、电极的孔分布和孔隙率、电极的导电性等因素有关，即电极的性能与电极制备工艺密切相关。针对不同的应用环境（包括电流密度、燃料及氧化剂种类、压力、流量等）和阴阳极气体组分，催化层可以分为憎水催化层、亲水催化层、复合催化层以及超薄催化层。

PEMFC 的工作温度一般在 100℃以下，因此一直以铂作为首选催化剂，同时为了提高铂的利用率，将高分散的纳米级 Pt 颗粒均匀地担载到导电、抗腐蚀的乙炔炭黑上制成担载型催化剂。

（2）双极板

双极板是电池的重要组成部分，不但影响电池性能，而且影响电池的成本。PEMFC 的双极板必须具备以下特点。

① 因为双极板两侧的流场分别是氧化剂与燃料的通道，所以双极板必须是无孔的。由几种材料构成的复合双极板，至少其中之一是无孔的，实现氧化剂与燃料的分隔。

② 双极板实现单池之间的电的连接，起到收集传导电流的作用，而 PEMFC 的电压低、电流大，因此它必须由导电良好的材料构成，以防止内阻过大而影响电池的效率。

③ 将燃料气体和氧化剂气体通过由双极板、密封件等构成的共用孔道，经各个单池的进气管导入各个单池，并由流场均匀分配到电极各处。

④ 构成双极板的材料必须在阳极运行条件下（一定的电极电位、氧化剂、还原剂等）抗腐蚀，以达到电池组的寿命要求，一般为几千小时至几万小时。

⑤ 因为 PEMFC 电池组效率一般在 50% 左右，双极板材料必须是热的良导体，以利于电池组废热的排出。

⑥ 为降低电池组的成本，制备双极板的材料必须易于加工，最优的材料是适于用批量生产工艺加工的材料。

双极板作为燃料电池的核心部件，在燃料电池中起到了分配气体、导电、导热、排水和密封等重要作用。因此其性能参数在很大程度上影响电池的性能。至今，制备 PEMFC 双极板广泛采用的主要材料是石墨和金属。

（3）质子交换膜

质子交换膜是 PEMFC 的最关键部件之一，直接影响电池的性能与寿命。质子交换膜是一种选择透过性多孔膜，为氢离子提供通道的同时，隔离两极的燃料气体和氧化剂气体。用于质子交换膜的材料至少应满足以下要求：

① 良好的离子导电性，即具有较高的 H^+ 传导能力。

② 在 PEMFC 运行条件下，膜结构与树脂组成保持不变，即具有良好的化学和电化学稳定性。

③ 具有低的反应气体渗透性，保证燃料电池具有高的法拉第效率。

④ 具有一定的机械强度和结构强度，以最大限度地防止质子交换膜在张力作用下变形。

⑤ 膜的表面性质适合与电极的催化层结合。

PEMFC 曾采用过酚醛树脂磺酸膜、聚苯乙烯磺酸膜、聚三氟乙烯磺酸膜和全氟磺酸膜等。研究表明全氟磺酸膜是目前最适用的 PEMFC 质子交换膜。

6.5.3 质子交换膜燃料电池中水的管理

以含氢气体为燃料的燃料电池反应均生成水。在 PEMFC 体系中，由于质子交换膜的导电性与其吸水量有着敏感的依赖关系，因此对水管理的精确度提出了更高的要求。若是排水过多，则质子交换膜脱水使其导电性能下降，更严重的是质子交换膜的脱水通常是不可逆的，会使质子交换膜与电极间的电接触变差；若排水不足，水在氧电极处积聚，会增加浓差极化，同样影响电池性能。通过水管理，使大约 90% 的生成水排出，同时能够保证质子交换膜的含水量。

在 PEMFC 体系运行过程中对水的运输有影响的因素主要有电迁移、氧电极处的反扩散以及阳极燃料气中水的扩散（见图 6-9），水管理需要综合考虑上述因素。为保证质子交换膜不至于脱水而与电极分离，通常要对其加湿，可以采用外部加湿法，如向反应气体中加湿；也可以采用自加湿法，利用燃料电池反应自身产生的水。后者不需要附属的加湿设备，但是需要对质子交换膜进行改性，使其保水能力提高，通常向膜中掺入氧化物或 Pt 纳米颗粒。

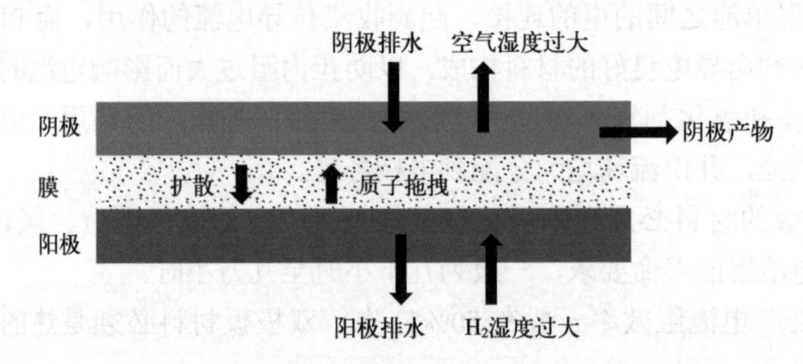

图 6-9　质子交换膜燃料电池中水的平衡示意图

6.5.4　质子交换膜燃料电池的应用

质子交换膜燃料电池氢能源系统已进入了产业化的阶段。燃料电池电动汽车是未来质子交换膜燃料电池的重要发展方向。目前，燃料电池汽车已经实现了产业化，以燃料电池为动力的大客车在国内外一些城市正在进行示范运营。但燃料电池汽车的开发仍然存在一些技术性挑战，如燃料电池组的一体化和成本控制，现有商业化电动汽车燃料处理器和辅助部件的汽车制造厂都在朝着集成部件和减少部件成本的方向努力，并已取得了显著的进步。虽然质子交换膜燃料电池汽车已经进入商业化阶段，但目前其价格仍然较高。质子交换膜燃料电池汽车要作为大众化商品进入市场，必须大幅度降低成本，这有待于燃料电池关键材料价格的降低和性能的进一步提高。

6.6　直接甲醇燃料电池

6.6.1　概述

直接甲醇燃料电池（direct methanol fuel cell, DMFC）是一种基于高分子电解质膜的低温燃料电池，其基本结构和操作条件与PEMFC类似，所不同的主要是在于燃料，在DMFC中，将甲醇直接供给燃料电极进行氧化反应，而不需要进行重整将燃料转化为H_2。相比较以H_2为原料的PEMFC，以甲醇为原料有一系列优势。甲醇能量密度高，同时原料丰富，可以通过甲烷或是可再生的生物质大量制造；作为液体燃料，贮存、运输都较为便利，当前针对汽油的燃料供应基础设施可以很方便地改造以适合甲醇使用。在DMFC中，甲醇通常是以水溶液的形式供给，能大大降低水管理的难度。DMFC的发展还能够促使其他可以从天然气或生物质发酵获得的燃料（如乙醇、二甲醚等）在低温燃料电池中实现应用。

DMFC中的电极反应分别为甲醇在阳极发生的氧化反应和在阴极发生的氧还原反应：

阳极　$CH_3OH + H_2O \longrightarrow CO_2 + 6H^+ + 6e^-$

阴极　$3/2O_2 + 6H^+ + 6e^- \longrightarrow 3H_2O$

总反应　$CH_3OH + 3/2O_2 \longrightarrow CO_2 + 2H_2O$

其中，1mol甲醇氧化涉及6mol电子转移。相对于以H_2为燃料的PEMFC，DMFC的性能受限于两个重要的慢反应。一是CH_3OH在阳极的电催化氧化速度较慢，并且会产生使电极催化剂中毒的不完全氧化产物；二是高分子电解质隔膜对于醇类的阻挡性较差，因此醇类会透过电解质隔膜进入阴极区，影响氧还原电位，从而使电池性能下降。因此当前DMFC研究的热点包括高效的醇类氧化阳极的制备和具有高质子透过率同时具有较强醇类阻隔能力的电解质隔膜。DMFC属于一种特殊类型的PEMFC，在电池结构上非常类似，DMFC的结构和工作原理如图6-10所示。其阴极使用Pt催化剂，以炭黑为载体，黏结剂为Nafion-Teflon。阳极使用Pt基催化剂。DMFC两极上催化剂中Pt的载量较高，为1～5mg/cm²。

DMFC目前大都采用美国杜邦公司开发的Nafion系列的膜，存在的主要问题是价格较高且有甲醇通过膜的穿透现象。此外，阳极生成的CO_2必须及时从扩散层排出才能使电池稳定运行。因此，DMFC还存在一个CO_2管理问题。图6-11是一种直接甲醇燃料电池的单电池结构系统示意图。

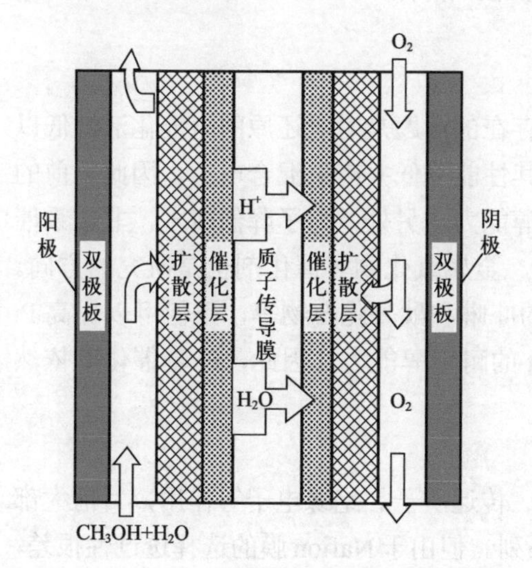

图6-10　直接甲醇燃料电池的结构和工作原理示意图

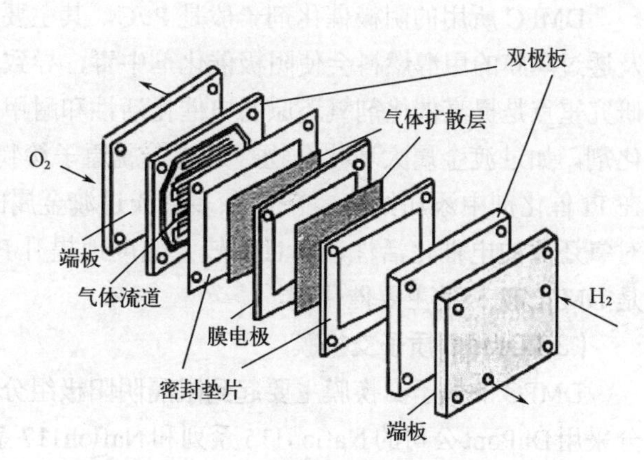

图6-11　直接甲醇燃料电池的单电池结构系统示意图

6.6.2 甲醇渗漏

甲醇与水能以任意比例互溶，在电池运行中由于膜两端的甲醇浓度差很大，使甲醇的扩散作用很强；同时甲醇分子可以随着质子在电场作用下一起发生迁移。由甲醇渗漏造成的电流密度损失达到 100mA/cm^2，而相对应的由气体渗漏造成的损失仅为 1mA/cm^2 量级。甲醇的渗漏限制了甲醇水溶液的浓度，当前大多数 DMFC 都采用 1mol/L 的甲醇溶液。

针对 DMFC 的特殊要求，其中的质子交换膜需要符合以下要求。高的质子导电性（＞ 80mS/cm）、低的醇透过率［＜ 10^{-6}mol/（min・cm）］或是醇在膜内较低的扩散系数（25℃下＜ 5.6×10^{-6}cm^2/s），在高于 80℃的运行环境下有较高的化学稳定性和机械强度，以及合理的价格（＜ 10 美元 /kW）。当前开发的重点是低透醇高离子导电的高聚物薄膜，按照类型可以分为以下几类：全氟代薄膜（如此前所述的 Nafion、Dow、Flemion、Aciplex 等商品全氟代薄膜）、非全氟代薄膜以及复合薄膜（包括有机-无机复合薄膜以及酸碱复合薄膜）。

针对 H_2 为燃料的 PEMFC 开发的一系列非氟代质子交换膜也可用于 DMFC，但需要对其抗甲醇渗透性做更为全面的考察。聚苯并咪唑类（PBI）的质子交换膜具有很高的质子导电性，同时在膜内电渗透系数比在 Nafion 膜中小，因此有利于降低醇的透过性能，例如 80μm 厚的 PBI 膜醇透过率仅为 200μm 厚的 Nafion 膜的 1/10，同时 PBI 膜能在较高温度下稳定，操作温度可以达到 200℃。其主要缺点是在热的甲醇溶液中会有少量的 H_3PO_4。

6.6.3 直接甲醇燃料电池关键材料

（1）阳极催化剂

阳极催化剂仍是以贵金属 Pt 基催化剂为主，这极大地增加了 DMFC 的使用成本，并且随着极化过程的不断进行，CO 的毒化作用会使其活性极大降低，为此必须研制出适合 DMFC 的新型催化剂。

（2）阴极催化剂

DMFC 所用的阴极催化剂一般是 Pt/C，其主要存在的问题是对氧还原的电催化活性低以及透过隔膜的甲醇燃料会使阴极催化剂中毒，导致其性能降低并产生混合电位。因此目前的研究重点是提高催化剂氧还原的电催化活性和耐甲醇能力。另外，为了降低成本，非铂系催化剂，如过渡金属大环化合物、过渡金属原子簇物、金属氧化物等催化剂也是研究的方向。在 Pt 催化剂中添加如 Cr、Ni、杂多酸或过渡金属的卟啉和酞菁化合物等，不但可以提高 Pt 对氧还原的电催化活性，而且能较大幅度地提升 Pt 的耐甲醇能力。因此，Pt 基催化剂依然是 DMFC 阴极的主要催化剂。

（3）DMFC 质子交换膜

DMFC 的质子交换膜主要起到阻隔阴阳极组分、传递质子、绝缘电子等作用，目前大部分采用 DuPont 公司的 Nafion115 系列和 Nafion117 系列。但由于 Nafion 膜的选择透过性很差，在一定工作状况下甲醇的透过率高达 40%，这不仅使甲醇燃料大量损失，而且甲醇渗透到阴极以后会发生反应导致阴极催化剂中毒，从而极大地降低了燃料电池的使用效率和寿命。因此，研究具有热稳定性好、甲醇渗透率低、化学稳定性好、质子电导率高、机械强度大、成本低的阻醇膜成为DMFC研究的热点。目前开发的新型交换膜有聚芳烃类膜材料（PEEK、PES、PS、PI等）、磺酸化及磷酸浸渍的聚苯并咪唑、聚磷氮化合物、有机-无机复合型质子交换膜等。

6.6.4 直接甲醇燃料电池的应用

当前，DMFC可以说是唯一已达到持续商业化阶段的燃料电池。最先进的DMFC可以实现高达60mW/cm^{2}的功率密度，但这大大低于氢燃料电池的性能，故其应用限制在功率密度很低但能量密度很高的领域。换句话说，DMFC适用于平均功率只有几瓦特的电子产品。液体能量密度明显高于电池的能量密度，即使考虑到燃料电池的转换效率，燃料电池系统的能量密度仍然高于目前最好的锂电池的能量密度。此外，这还忽略了燃料电池的显著特点，即只要供应燃料，就可以继续产生功率。因此，燃料电池的大小取决于应用需要提供的最大功率。国际上许多研究小组已经证明，许多采用Nafion膜的DMFC电池堆可用于便携式设备。

6.7 熔融碳酸盐燃料电池

6.7.1 概述

熔融碳酸盐燃料电池（Molten Carbonate Fuel Cell, MCFC）是一种高温燃料电池，以熔融的碱金属碳酸盐作为电解质，工作温度约650℃。由于运行温度较高，氧还原反应速率大大提高，可以使用廉价的镍基催化剂；同时由于采用碳酸盐为电解质，因此可以使用天然气或者脱硫煤气等含碳燃料；此外，MCFC运行过程中还会产生可观的热量，加以综合利用能将电-热能的整体效率提高到70%以上。随着运行寿命的延长，MCFC正逐步取代磷酸燃料电池成为固定电站的主要燃料电池类型。

MCFC的电极反应为

阳极 $$H_2 + CO_3^{2-} \longrightarrow CO_2 + H_2O + 2e^-$$

阴极 $$1/2O_2 + CO_2 + 2e^- \longrightarrow CO_3^{2-}$$

总反应 $$H_2 + 1/2O_2 + CO_2(c) \longrightarrow H_2O + CO_2(a)$$

其中，$CO_2(a)$和$CO_2(c)$分别代表在阳极和阴极的CO_2。由于MCFC中阳极生成CO_2而阴极消耗CO_2，所以电池中需要CO_2的循环系统。图6-12是MCFC电池中CO_2循环系统示意图。

MCFC的电解质熔融碳酸盐包容在陶瓷颗粒混合物制成的多孔载体中，常做成瓦状的电解质瓦。电解质瓦既是离子的导体，又是阴阳极隔板，其塑性可保证电池内气体的密封，防止气体外泄。MCFC的结构如图6-13所示。

MCFC燃料电池中使用的是燃料气，因此需要设置重整器来将燃料气转化成氢气。但由于工作温度高，所以可以在内部进行重整，使燃料气的转化效率提高。重整反应在阳极室内进行，电极反应放热供给吸热重整反应。电极反应产生的H_2O也参与重整反应和水气置换

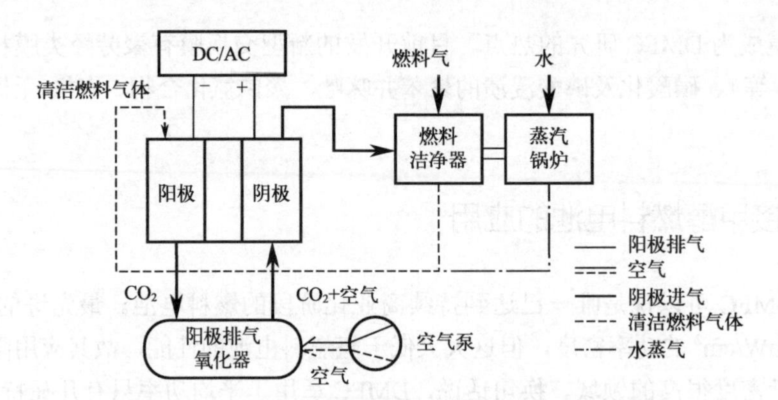

图 6-12 熔融碳酸盐燃料电池中 CO_2 循环系统示意图

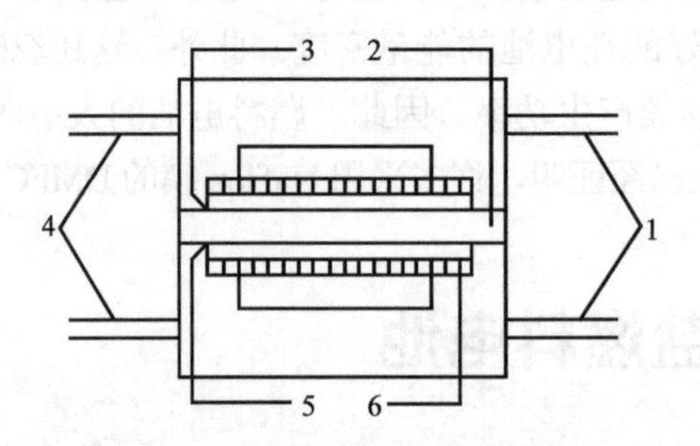

图 6-13 熔融碳酸盐燃料电池的结构

1—进气口；2—电解质瓦；3—阴极；4—出气口；5—阳极；6—电流收集板

反应，促使生成更多的 H_2。重整反应为：

$$CO + H_2O \longrightarrow CO_2 + H_2$$

在直接内重整阳极室内，Ni 为催化剂，MgO 为催化剂载体。MCFC 电池由于工作温度高，电极反应活化能小，因此可以不用高效的催化剂。另外，由于进行内部重整，所以可以使用 CO 含量较高的煤制气。再加上电池工作过程中放出的高温余热可以进行回收利用，因此 MCFC 电池具有较好的应用前景。MCFC 由于高温及电解质具有强腐蚀性，因此对电池材料有严格要求，这对 MCFC 的发展产生了一定的制约。目前已经研制出 100kW 和 250kW 的 MCFC 电池堆并成功地运行，同时正在开发 MCFC 和燃气轮机的复合系统，燃气发电机组由 MCFC 的余热推动。MCFC 发电效率高，且可以使用含 CO 的燃料，电池不用催化剂，发电系统也不要大量冷却水，因此 MCFC 电站结构简单，具有很好的商业化前景，以天然气为燃料的兆瓦级发电厂已接近商品化。图 6-14 所示是 MCFC 发电厂流程图。

6.7.2 MCFC 组件和材料

（1）阳极

阳极工作在还原性气氛中，并且其电势比阴极要低 0.7 ～ 1.0V，在这种环境下许多金属（如 Ni、Co 和 Cu 等）都可以作为阳极材料。MCFC 阳极主要是合金粉和一些添加组分经高温烧结形成的多孔状材料。目前 MCFC 阳极主要是多孔的烧结镍，此外还含有少量的 Cr 或 Al。作为一种多孔性材料，阳极在高温和较大压力下容易发生蠕变。如果发生阳极蠕变，镍

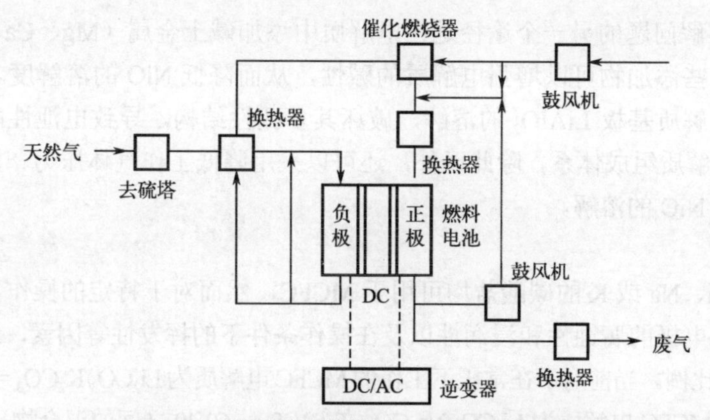

图 6-14 熔融碳酸盐燃料电池发电厂流程图

颗粒尺寸变大，电极的孔隙率降低，阳极容纳电解质的能力下降；在机械力作用下微观结构会破坏，增加接触电阻，甚至存在阴、阳极间气体渗漏的危险。因此，在阳极材料中需要一些添加组分，以防止阳极蠕变，延长其稳定性。

由于阳极 H_2 氧化反应和气体在阳极微孔中的传递速率都远高于阴极，因此阳极并不需要很大的表面积，其厚度可以比阴极小。但由于电解质填充度对阳极的影响并不明显，阳极可以作为电解质的储存容器，因此阳极通常厚一些，目前一般为 0.8 ～ 1.0mm，并且有 50% ～ 60% 的孔可以被电解质填充，以提高所储存的电解质数量。

（2）阴极

在 MCFC 工作温度下，熔融碳酸盐是腐蚀性很强的液体，而且阴极是较强的氧化性气氛。这样严酷的条件再加上成本的因素，只有一些半导体氧化物适合作 MCFC 的阴极材料。

嵌锂的 NiO 是目前常用的阴极材料。它的制备是多孔镍在燃料电池的氧化性气氛和含锂的熔融碳酸盐环境下，经过现场氧化和嵌锂过程实现的。嵌锂过程的作用是通过掺杂提高 NiO 电极的导电性。多孔镍电极由镍粉在 700 ～ 800℃的高温氮气氛下烧结而成，氧化前孔隙率为 70% ～ 80%，氧化后孔隙率降低到 50% ～ 65%，初始孔径约为 10μm，氧化后变为 5 ～ 7μm 和 8 ～ 10μm 两种分布。小孔充满电解质溶液，提供较大的反应表面积和离子传输通路；而大孔则充满气体提供气体传输通路。当然，NiO 阴极材料也可以通过外部氧化和外部嵌锂等方法实现。电极厚度会影响电子、离子和气体传输，最佳的阴极厚度一般为 0.2 ～ 0.8mm，孔隙的电解质覆盖度为 15% ～ 30%。

NiO 电极的缺点是 NiO 会轻微溶解并在电解质基体中重新沉积形成枝晶，导致燃料电池性能下降，成为 MCFC 寿命的重要影响因素。NiO 的溶解沉积机理为：

$$NiO + CO_2 \longrightarrow Ni^{2+} + CO_3^{2-}$$

$$2H^+ + Ni^{2+} + CO_3^{2-} + 2e^- \longrightarrow Ni + CO_2 + H_2O$$

解决 NiO 溶解问题的途径主要有两种：一是进一步改进阴极的材料和结构；二是改变电解质的性质。改进阴极材料性能可以通过向阴极加入稀土氧化物（如 CoO 等）或直接以氧化物（如 Sb_2O_3 和 CeO_2 等）作阴极材料来实现，也可以用 $LiAlO_2$ 或 $LiFeO_2$ 作阴极材料。其中 $LiAlO_2$ 是比较合适的阴极材料，其溶解速率很低，寿命可达 10000h 左右，但是 $LiAlO_2$ 要替代 NiO 还需要在性能上做进一步的改进。

解决 NiO 溶解问题的另一个途径是在电解质中添加碱土金属（Mg、Ca、Sr、Ba）氧化物或碳酸盐，这些添加物可以增强电解质的碱性，从而降低 NiO 的溶解度。但是电解质碱性增强会引起电解质基板 $LiAlO_2$ 的溶解，破坏其多孔性结构，导致电池性能衰退，因此需要选择最佳的电解质组成体系。除此以外，还可以采用降低工作气体压力、增加电极基体厚度等办法来抑制 NiO 的溶解。

（3）电解质

碱金属如 Li、Na 或 K 的碳酸盐均可用于 MCFC，然而对于特定的操作条件，需要考虑电化学活性、对电极的腐蚀性和浸润性以及在操作条件下的挥发性等因素，选取合适的碱金属碳酸盐种类和比例。当前对于在常压下工作的 MCFC 电解质为 $Li_2CO_3/K_2CO_3=62/38$ 的混合物，在高压下工作的 MCFC 电解质为 Li_2CO_3/Na_2CO_3 在 52/48 ～ 60/40 之间的混合物，10kW 的 MCFC 电池堆测试表明 Li_2CO_3/Na_2CO_3 表现出了良好的长期运行性能。低共熔 Li_2CO_3/K_2CO_3 混合物的问题是会发生相分离，在阴极区 K_2CO_3 浓度会增大，从而增强了对 NiO 的腐蚀。而 Na_2CO_3 对 NiO 的腐蚀能力较低，但其对 O_2 溶解能力较强，会增大阴极极化，同时在温度低于 600℃时性能也较差。如前所述，向电解质中加入少许碱土金属碳酸盐能减弱对 NiO 的腐蚀。

（4）电解质薄膜

目前普遍采用的电解质隔膜材料是偏铝酸锂（$LiAlO_2$），其主要原因是其在熔融碳酸盐中的稳定性好。偏铝酸锂有 α、β 和 γ 三种晶相，虽然从相图上看在 MCFC 运行温度下 γ-$LiAlO_2$ 是最稳定的相，但事实上在熔融碳酸盐环境中会发生 $\gamma \longrightarrow \alpha$ 的转化，这一现象在长期运行的 MCFC 中已被观察到。相变会导致隔膜孔结构的塌陷，使电池性能下降。

$LiAlO_2$ 可以通过固相反应得到，一个常用的方法是 Li_2CO_3 和 Al_2O_3 的反应：

$$Li_2CO_3+Al_2O_3 \longrightarrow 2LiAlO_2+CO_2$$

电解质隔膜需要有微米量级的孔结构，因此用以制作 $LiAlO_2$ 的粒径需要在 100nm 量级。通过在 900℃下加热反应混合物数小时即可获得粒度在 100nm 左右的 $LiAlO_2$ 粉体。

以 100nm 量级的 $LiAlO_2$ 粉体制备多孔的电解质隔膜通常采用带铸法，其方法是将 $LiAlO_2$ 粉体与溶剂和增塑剂、黏合剂［通常为聚乙烯醇缩丁醛（PVB）］、消泡剂混合球磨制成浆料，而后用刮膜法成膜，控制溶剂挥发使其干燥但不产生气泡，再将多张膜热压形成电解质隔膜。为降低环境污染，溶剂通常用水或者乙醇。利用带铸法浆料的黏稠度可以比较高，能减少溶剂用量，带铸法制成的隔膜厚度为 0.2 ～ 0.5mm，孔径分布曲线中心位置在 100nm 左右。将电解质隔膜置于熔融碳酸盐中，由于小孔的毛细作用，电解质自动充满隔膜的孔道，形成所谓的电解质结构。由于电解质结构的欧姆电阻与其厚度成正比，因此较薄的电解质结构是较为有利的。

6.7.3 熔融碳酸盐燃料电池的应用

当前 MCFC 的技术已经较为成熟，更多的研究集中于延长寿命、降低成本以实现大规模应用，以及针对 MCFC 系统在特定应用领域的研究。大规模应用中面临的一个突出问题就是对燃料的处理，作为高温电池 MCFC 的燃料选择较多，但是以沼气等生物降解气为燃料时 H_2S 等能使催化剂中毒的气体仍然是需要解决的问题。MCFC 还可以直接以固体碳（如煤）作为燃料，这类高温燃料电池称为直接碳燃料电池，近年来也逐渐受到关注。此外，研究还涉及 MCFC 系统运行的理论模型以及 MCFC 系统的经济价值等方面。

6.8 固体氧化物燃料电池

6.8.1 概述

固体氧化物燃料电池（solid oxide fuel cell, SOFC）以固体氧化物为电解质，利用高温下某些固体氧化物中的氧离子（O^{2-}）进行导电，其电极也为氧化物。O_2在与阴极材料接触后被还原成 O^{2-}，通过在电解质中的扩散到达阳极。在 SOFC 中仅存在气固两相反应，两个电极的反应分别为：

阳极 $$H_2 + O^{2-} \longrightarrow H_2O + 2e^-$$

阴极 $$1/2O_2 + 2e^- \longrightarrow O^{2-}$$

总反应 $$H_2 + 1/2O_2 \longrightarrow H_2O$$

SOFC 为高温燃料电池，运行温度在 600 ～ 1000℃。高温给 SOFC 带来诸多好处，例如快速的电极动力学、能使用多种含碳燃料、能对燃料进行内部重整以及产生的热量易于有效利用等。事实上 SOFC 是当前各种发电设备中效率最高的，将 SOFC 与蒸汽轮机联用，可以获得很高的发电效率，同时污染物和温室气体排放也很少，因此 SOFC 是在 2kW ～ 100MW 范围内非常有竞争力的动力源。然而高温对 SOFC 的各组件材料提出了更高的要求，需要材料在电池运行条件下有很好的稳定性，固定电站的稳定工作时间应在 40000h 以上。当前研究的重点是以廉价的材料和制备技术来制备高效可靠的燃料电池体系。

6.8.2 固体氧化物燃料电池的组成和材料

(1) 电解质

SOFC 的电解质是氧化物，当前 SOFC 中的电解质主要采用 Y_2O_3 稳定的 ZrO_2（yttrium stabilized zirconia, YSZ）。该氧化物体系在 700℃以上即体现出良好的氧离子导电性，然而在相同温度下其电子导电性却极小。除了 YSZ，广泛研究的还有钆或者钐掺杂的氧化铈（gadolinium/samarium doped ceria, CGO or CSO）和锶、镁共掺杂的镓酸镧（strontium, magnesium doped lanthanum gallate, LSGM）两个代表性的氧离子导体体系。

(2) 电极

当前 SOFC 的电极主要采用 YSZ-Ni 复合电极。复合电极可以用 YSZ 和 NiO 粉体共混煅烧制备，在阳极的还原气氛中 NiO 会被部分还原形成 Ni。在 YSZ-Ni 金属-陶瓷电极中，YSZ 构成多孔骨架，使还原得到的 Ni 颗粒分散其中，能有效地减少颗粒的团聚。当用酸除去 Ni 后，可以看到多孔的 YSZ 骨架。氧化反应在 YSZ-Ni-燃料气三相界面处发生，Ni 不仅起催化作用，同时提供高的电子导电性，电极中的 YSZ 需要与 YSZ 电解质保持良好接触以保证 O^{2-}的顺利传导。有研究表明，500nm 以下的孔道对降低电极极化具有重要作用，在

600℃下能够实现 1W/cm² 的功率密度。

SOFC 中使用的阴极材料大多是掺杂的锰酸镧，其中最常见的是 Sr 掺杂的锰酸镧（LSM），具有钙钛矿结构。Sr 的掺杂有利于提高电子 / 空穴对的浓度，从而提高电子导电性。在 Sr 掺杂量低于 50% 时 LSM 的电子电导率随着 Sr 掺杂浓度线性增加。LSM 具有较高的氧还原催化活性，较好的热稳定性，以及与常见电解质如 YSZ、CGO 和 LSGM（锶、镁共掺杂镓酸镧）较好的相容性，因此在 700 ～ 900℃的温度区间内，LSM 仍为阴极材料的首选。在较高温度下（＞ 1400℃），LSM 中的 La 会与 YSZ 反应生成不导电的 $La_2Zr_2O_7$，从而影响电池性能，但对于 CGO 和 LSGM 则不存在这一问题。在较低的运行温度并以 YSZ 作为电解质时，锶掺杂铁酸镧（LSF）或锶掺杂钴酸镧（LSC）体现出较好的性能。

（3）电极与电解质的相容性

从上面的讨论可以看到，SOFC 中的电极和电解质均为氧化物陶瓷材料，由于操作温度较高，氧化物之间可能发生反应而使电池性能下降。因此电极与电解质的相容性是一个必须考虑的重要问题，并且限制了电池的运行温度。例如高温下 YSZ 会与作为阴极的 LSM 反应，生成不导电的 $La_2Zr_2O_7$；而 LSGM 虽然与阴极相容性较好，但是会与阳极中的 NiO 发生反应，而 YSZ 与 NiO 的相容性则较好；掺杂的氧化铈与电极的相容性较好，但容易被还原成 Ce（Ⅲ），从而会使电子导电性提高而降低燃料电池的效率。

（4）双极连接材料

双极连接材料的作用是在构成电池组时连接相邻电池的阴极和阳极，因此需要较高的电子电导率以减小欧姆电压降，同时需要在 SOFC 的操作条件下有较长时间的稳定性。常用的双极连接材料有用于较高操作温度的氧化物陶瓷材料和用于较低温度的金属材料。氧化物陶瓷双极连接材料主要是碱土金属掺杂的 La 或 Y 的铬酸盐，具有钙钛矿结构。这类物质具有较高的电子电导率，在 1000℃能达到 1 ～ 30S/cm，同时在合成气的还原气氛中也不会被还原，具有很好的稳定性，实验结果表明该材料能在 SOFC 运行条件下稳定超过 69000h。但问题是陶瓷材料很脆，不利于组装时压紧。

金属材料的延展性保证了其在电池制作过程中良好的接触，但是金属在高温下的蠕变行为限制了其应用的温度范围，因此金属型的连接材料主要用于中温 SOFC。金属型的连接材料多为铬或铁的合金，在高温下具有抗氧化性。对于 900℃左右的较高温度下的 SOFC，金属连接材料为 Cr 合金。对于 500 ～ 800℃ 较低温度下的 SOFC，金属连接材料可以使用铁合金。

（5）密封材料

对于平板型的 SOFC，密封是相当重要的一个环节。在平板型的 SOFC 中存在着多处需要密封的位置，包括金属框架与电池、双极板以及陶瓷夹层、背极板等位置。

（6）SOFC 的结构

SOFC 主要包括管型和平板型两种结构，管型结构是 SOFC 特有的，尽管这种构型使能量密度受到限制，但是密封上的优势使其首先成功用于商用化的 SOFC。按照构筑方式，SOFC 单电池可以在支撑材料上制作，例如利用多孔基质或双极连接极板作为支撑体，也可以用电池的某一部分，包括阳极、阴极或电解质作为支撑体。

① 管型 SOFC。3 种主要的管型 SOFC 的构型如图 6-15 所示。图 6-15（a）为著名的

Siemens-Westinghouse设计，每个管为一个单电池，电流流动为绕着管壁的环流。早期的设计是在氧化钙稳定的氧化锆多孔支撑管上贮存制作电极和电解质，后来为了降低成本，发展了以空气电极为支撑的结构。在图6-15（b）所示的SOFC中，电流流动方向沿着管轴，每个管型单电池通过管端头的双极连接相连，为了降低阴极面内的电阻，在阴极上会布上银制的集流线。在图6-15（c）的设计中，各个单电池在管型的支撑体上分段地制作并用双极连接相连，电流方向为沿着管的轴向，管型SOFC封装简单，这是相对于平板型的一个重大优势。但是管型电池构成电池堆时的空间利用率低，从而降低了电池堆的功率密度，为提高空间利用率，可以将单电池制成扁形管。此外电流在阴极流动距离较长，会造成较大的欧姆损失，这也是限制管型SOFC性能的一个重要因素。

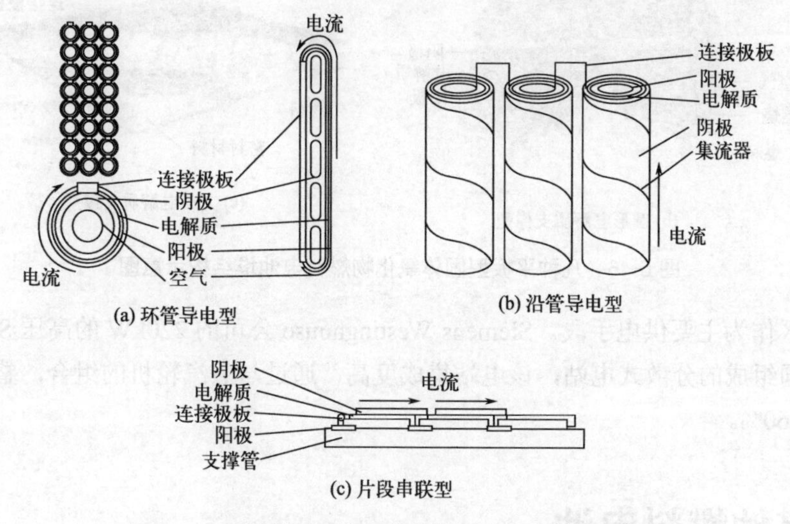

图6-15 3种管型固体氧化物燃料电池堆结构示意图

② 平板型SOFC。平板型SOFC按照其构筑方式可以分为阳极支撑型、阴极支撑型、电解质支撑型和双极板支撑型，外形有长方形和圆盘形两种。不同的平板型SOFC对流场的处理方式不同，图6-16显示了几种典型的设计，包括长方形边缘的沟槽、圆盘内部的沟槽和蛋托形状的电解质。新型的平板型SOFC大多是阳极支撑型的，可以减少较为昂贵的阴极材料LSM的用量。如前所述，对于平板型SOFC密封是一个很大的挑战，当前性能较好的由平板型单电池构成的电池堆大多采取压合的密封方式。

6.8.3 固体氧化物燃料电池的应用

SOFC是能够适用于多种不同功率范围的燃料电池系统，包括小功率的移动电源（如500W左右的移动电池充电设备）、中等功率的供电电源（如5kW左右的家庭供电电源）、大功率（100～500kW）的小型发电站，SOFC单元也可组合构成功率更大（兆瓦级）的分散式电站，并实现共产热能和电能系统，或与蒸汽轮机发电机结合，进一步提高转化效率。

作为高温燃料电池，SOFC作为分散式电站有类似于MCFC的优势：可以使用烃类燃料，可以实现热电共生或与蒸汽轮机结合进一步提高系统转化效率，因此可以作为保障性电源或

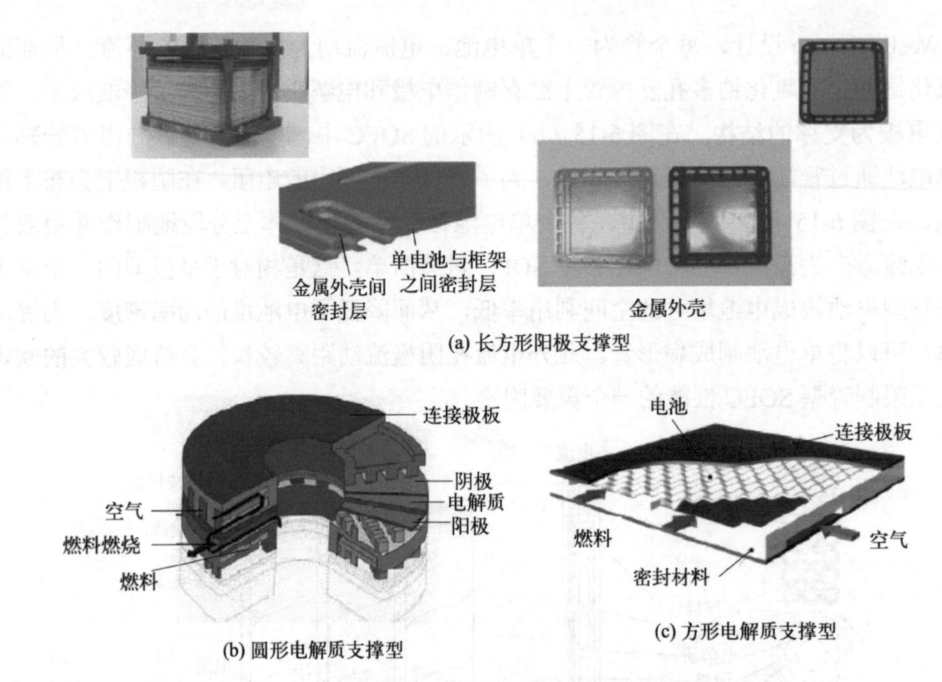

(a) 长方形阳极支撑型

(b) 圆形电解质支撑型

(c) 方形电解质支撑型

图 6-16　几种平板型固体氧化物燃料电池堆结构示意图

是在偏远地区作为主要供电手段。Siemens-Westinghouse 公司的 220kW 的高压 SOFC 和小型蒸汽轮机共同组成的分散式电站，该电站集成度高，通过与蒸汽轮机的组合，整体电效率可达到 58% ～ 60%。

6.9　其他燃料电池

6.9.1　直接醇类燃料电池

DMFC 就是对传统的以 H_2 为燃料的 PEMFC 在燃料方面的改进。针对甲醇高毒性、阳极氧化动力学缓慢、贵金属催化剂担载量高以及容易从质子交换膜中渗漏等缺点，人们不断地尝试利用新的燃料对 PEMFC 做进一步的改进。一个很自然的想法是用无毒的乙醇代替甲醇作 PEMFC 的燃料，乙醇能量密度高，原料丰富，几乎无毒性，此外研究发现，Pt-Sn 合金的乙醇阳极氧化的效果好于在 DMFC 中的 Pt-Ru 合金，有望降低贵金属担载量。但乙醇阳极化机理更为复杂，涉及 C—C 键的断裂，产物较甲醇更多，动力学性能也较差。此外甲醇部分氧化的产物甲酸也可以直接用作 PEMFC 的燃料，甲酸的主要优点是对 Nafion 膜的渗漏较弱，因此可以降低膜的厚度，或使用较高浓度的甲酸溶液，这在一定程度上能补偿甲酸能量密度较低的弱点。乙醇的异构体二甲醚由于极性低，能够有效地降低对 Nafion 膜的渗漏，但是其分解产物会对电催化剂造成很强的钝化作用，使得其氧化反应速率很慢。目前对这些甲醇替代燃料在 PEMFC 中应用的研究相对甲醇来说还较少，需要针对特定的体系开发合适的质子交换膜和电催化剂，仍然需要大量研究工作。

6.9.2 硼氢化钠燃料电池

硼氢化钠（$NaBH_4$）是一种研究较多的非碳燃料，其能量密度高，氧化时没有温室气体排放，能够在接近室温时产生较高的电流密度。然而其问题是将氧化产物硼酸转化为 $NaBH_4$ 的费用较高，限制了其应用。直接 $NaBH_4$ 燃料电池是一种碱性电池，以含 10%～20% $NaBH_4$ 的 NaOH 溶液为燃料，以空气或 H_2O_2 为氧化剂，电极反应为：

阳极　　$BH_4^- + 8OH^- \longrightarrow BO_2^- + 6H_2O + 8e^-$

阴极　　$4H_2O + 2O_2 + 8e^- \longrightarrow 8OH^-$

总反应　　$BH_4^- + 2O_2 \longrightarrow BO_2^- + 2H_2O$

随着溶液 pH 降低，将发生 $NaBH_4$ 的水解反应，影响燃料利用率。

$$BH_4^- + 2H_2O \longrightarrow BO_2^- + 4H_2$$

阳极催化剂除传统的碳担载的 Ni、Pd、Pt 金属外，不同类型的储氢合金也得到了广泛的研究，有一种机理认为 BH_4^- 将H 转移到储氢合金中而后发生 H 的氧化，而阳极氧化的催化剂最有效的仍然是 Pt-C 体系。虽然在碱性条件下操作，但不同于 AFC，直接 $NaBH_4$ 燃料电池使用高分子隔膜，其中包括阳离子交换膜和阴离子交换膜两种。阳离子交换膜选择性透过 Na^+，常用的是 EW=1100（EW 为离子交换当量）的 Nafion 膜，使用阳离子交换膜的问题是会使隔膜两侧产生很大的 NaOH 浓度梯度，影响电池的正常运行。阴离子交换膜使 OH^- 选择性通过，在电池反应中仅发生 BH_4^- 向 BO_2^- 的转化，能有效避免电解质失衡的问题，但是当前大多数阴离子交换膜在强碱性条件下稳定性较差，且制备成本高昂，尚未有商品化的产品。总的说来，$NaBH_4$ 燃料电池的成本高于 DMFC，分析表明在低功率、持续运行时间较短的情况下，$NaBH_4$ 燃料电池更有优势，因此在某些特殊的应用领域（主要是低功率、对寿命要求不高的应用）仍然是一种有吸引力的燃料电池类型，并且随着制备技术的提高，$NaBH_4$ 的价格也有望下降。

6.9.3 微生物燃料电池

当前绝大多数的燃料电池都是基于化学物质构筑的，其中贵金属催化剂是造成燃料电池高成本的重要因素。自然存在的微生物和酶往往体现出远高于简单化学物质的催化活性，将生物催化应用于燃料电池无疑是一个极具吸引力的课题。利用微生物作为燃料氧化催化剂的燃料电池称为微生物燃料电池（microbial fuel cell, MFC）。

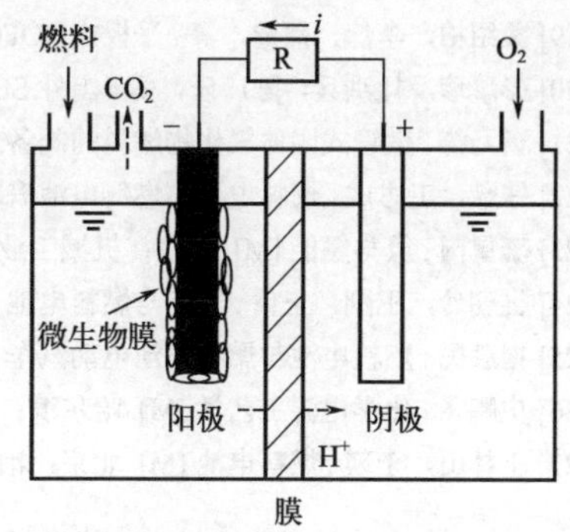

图 6-17　微生物燃料电池结构示意图

MFC 的工作原理如图 6-17 所示，具有催化活性的微生物附着于阳极上，MFC 的燃料可以是传统的醇类或糖类，也可以是含有机物的废水，阳极池中的微生物通常为厌氧型，能够催化分解阳极池中的有机物产生电荷。MFC 的阳极通常为具有较高比表面积和较好导电性的炭纸，微生物通过电子传递介质或直接附着于阳极。阴极可以直接浸没于好氧微生物溶液中，但此时起氧化作用的是溶解氧；此外也可以像PEMFC中一样将阴极与膜压在一起作为呼吸式阴极（air breathing cathode），采用传统的Pt-C催化剂，直接以空气作为氧化剂。阴阳两极之间的隔膜并非必需的，相反膜的引入会增加内阻，但隔膜的存在能够使两个电极之间的距离更近，避免短路以及阳极产生的少量H_2的扩散。当前在多数MFC设计中仍然保留了隔膜，但并非PEMFC中的质子交换膜。MFC是极具吸引力的一种燃料电池类型，可以全部采用微生物催化剂而不需要贵金属，同时能利用廉价的燃料例如富营养的工业和生活污水作为原料，是一种将污水变废为宝的手段。当前MFC的功率密度已能达到0.11mW/cm^2，正处于从实验室走向商业化的阶段。

参考文献

[1] 衣宝廉．燃料电池——原理·技术·应用[M]. 北京：化学工业出版社，2003.

[2] Kui J, Jin X, Qing D, et al. Designing the next generation of proton-exchange membrane fuel cells[J]. Nature, 2021, 595: 361-369.

[3] 刘建国，李佳．质子交换膜燃料电池关键材料与技术[M]. 北京：化学工业出版社，2021.

[4] 章俊良，蒋峰景．燃料电池——原理关键材料和技术[M]. 上海：上海交通大学出版，2014.

[5] 孙克宁．固体氧化物燃料电池[M]. 北京：科学出版社，2020.

[6] 吴玉厚，陈士忠．质子交换膜燃料电池的水管理研究[M]. 北京：科学出版社，2011.

[7] 肖钢．燃料电池技术[M]. 北京：电子工业出版社，2009.

[8] Litster S, Mc Lean G. PEM fuel cell electrodes[J]. Journal of Power Sources, 2004, 130: 61-76.

[9] Zhang H Y, Lin R, Cao C H, et al. High specific surface area $Ce_{0.8}Zr_{0.2}O_2$ promoted Pt/C electro-catalysts for hydrogen oxidation and CO oxidation reaction in PEMFCs[J]. Electrochim Acta, 2011, 56: 7622-7627.

[10] Chen C Y, Tai W H, Yan W M, et al. Effects of nitrogen and carbon monoxide concentrations performance of proton exchange membrane fuel cells with Pt-Ru anodic catalyst[J]. Journal of Power Sources, 2013, 243: 138-146.

[11] Chen G X, Zhao Y, Fu G, et al. Interfacial effects in iron-nickel hydroxide platinum nanoparticles enhance catalytic oxidation[J]. Science, 2014, 344: 495-499.

[12] 王海朋，王海人，屈钧娥，等．质子交换膜燃料电池双极板的研究进展[J]. 材料研究与应用，2014(8): 211-214.

[13] 赵强，郭航，叶芳，等．质子交换膜燃料电池流场板研究进展[J]. 化工学报，2020, 71(5): 1943-1963.

[14] 肖宽，潘牧，詹志刚，等．PEMFC双极板流场结构研究现状[J]. 电源技术，2018(1): 153-156.

[15] 于振振．直接甲醇燃料电池及其阳极催化剂的研究进展[J]. 广州化学，2020(5): 15-22.

[16] 刘昊赫，张欢，梁海．甲醇燃料电池高性能催化剂[J]. 辽宁化工．2018, 47(11): 1087-1089.

[17] Singhal S C, Kendall K. 高温固体氧化物燃料电池——原理、设计和应用[M]. 韩敏芳，蒋先锋，译．北京：科学出版社，2007.

[18] 王志成．基于纳米结构的中低温固体氧化物燃料电池电极的制备和性能研究[M]. 杭州：浙江大学，2008.

[19] 桑绍柏，李炜，蒲健，等．平板式SOFC用密封材料研究进展[J]. 电源技术，2006 (11): 871-875.

[20] 彭珍珍，杜洪兵，陈广乐，等．国外SOFC研究机构与研发现状[J]. 硅酸盐学报．2010, 38(3): 542-548.

[21] 杨乃涛．微管式固体氧化物燃料的制备及其性能研究[D]. 上海：上海交通大学，2009.

[22] 钱斌，王志成．燃料电池与燃料电池汽车[M]. 2版．北京：科学出版社，2021.

[23] 李星国．氢与氢能[M]. 北京：机械工业出版社，2012.

[24] 吴朝玲，王刚，王倩．氢能与燃料电池[M]. 北京：化学工业出版社，2022.

[25] 崔胜民．燃料电池与燃料电池电动汽车[M]. 北京：化学工业出版社，2022.

[26] 史鹏飞．化学电源工艺学[M]. 哈尔滨：哈尔滨工业大学出版社，2006.

[27] 王林山，李瑛．燃料电池[M]. 北京：冶金工业出版社，2005.

第7章

太阳能电池

太阳能利用技术主要包括光热利用、光热发电和光伏发电等方面。其中光伏发电可用在任何有阳光的地方，不受地域限制，具有巨大的发展前景。

7.1 太阳能电池概述

7.1.1 太阳能简介

由于地球上的化石燃料能源储量有限，而且随着人类使用量和开采量的大幅增长，化石能源日趋枯竭。同时化石燃料能源的使用，会产生大量 CO_2、SO_2 气体和烟尘等有害物质，对自然生态环境造成严重的破坏。因此，人们一直在寻找可替代的绿色可再生能源。其中，太阳能具有来源无穷无尽、日供给量大、分布广泛、洁净无污染、可持续性高等特征，已经成为绿色、可再生能源的首选。

地球上的一切生命体主要依赖太阳提供的热辐射能生存。人类所需能量的绝大部分都直接或间接地来自太阳。比如，植物通过光合作用释放氧气、吸收二氧化碳，并把太阳能转变成化学能在植物体内贮存下来；煤炭、石油、天然气等化石燃料也是由古代埋在地下的动植物经过漫长的地质年代演变形成的一次能源；太阳能是地球大气运动的主要能量源泉，也是地球光热能的主要来源，地球大气中所产生的各种物理过程和物理现象，如风能、水能、海洋温差能、波浪能等，都直接或者间接地依靠太阳辐射能量产生或进行。所以广义的太阳能所包括的范围非常大，狭义的太阳能则限于太阳辐射能的光热、光电和光化学的直接转换。

本书中所述的太阳能主要是指狭义的太阳能，其中光热直接转换涉及的主要过程属于物理现象，与能源化工工艺学有关的内容主要是光电和光化学转换。光化学转换主要应用于光催化领域或集成了光化学过程的电子器件，其中的工艺学相关内容主要是材料的制备，相关原理均属于半导体材料制备范畴，与本书中金属材料、氧化物、半导体材料等相关化工工艺相似，本书不再单独讲述。因此，本章主要讲述的内容是太阳能光电转换。

太阳能（solar energy）是太阳内部氢原子发生氢核聚变释放出的以电磁波形式向外辐射的能量。太阳辐射到地球大气层的能量仅为其总辐射能量的 22 亿分之一。据估算，地球轨道上的平均太阳辐射强度为 $1369W/m^2$，地球赤道周长为 40076km，这样地球获得的能量可达 173000TW，也就是说太阳每秒钟照射到地球上的能量就相当于 500 万吨标准煤，每秒照射到地球的能量为 $1.465\times10^{14}J$，这大概是全球目前平均年消耗电力的 100000 倍。

太阳辐射强度是表征太阳辐射能强弱的物理量，即表示单位时间内竖直投射在单位面积上的太阳辐射能，用 I 表示，若用热能单位来表示，单位为 $J/(cm^2\cdot min)$；若用功率来表示，单位为 W/m^2。

到达地球大气顶端的太阳辐射能量强度，主要由日地距离、太阳高度、日照时间等因素决定。但是光从大气顶端到达地面的过程中会出现衰减，造成衰减的原因包括：

① 瑞利散射或大气中的分子引起的散射；

② 悬浮微粒和灰尘引起的散射；

③ 大气及其组成气体，特别是氧气、臭氧、水蒸气和二氧化碳的吸收。

再加上气候和地形变化造成散射、反射的变化，都会引起地球所接收到的太阳辐射能量起伏不定。因此，为了描述大气吸收对太阳辐射能量及其光谱分布的影响，引入了大气光学质量的概念。决定总入射功率最重要的参数是光线通过大气层的路程。太阳在头顶正上方时，路程最短，实际路程和此最短路程之比称为大气光学质量（AM），即：

太阳垂直于海平面时，大气光学质量为 1，这时的辐射称为大气光学质量 1（AM1）的辐射；当太阳和海平面呈一个角度 θ 时，大气光学质量为 $AM=1/\cos\theta$。

在地球大气上界，即地球至太阳平均距离处（约 1.5×10^8km），由于两者之间基本上是真空，垂直于太阳光方向的单位面积上的辐射功率基本上为一常数，这个辐射强度称为太阳常数（solar constant），或称此辐射为大气光学质量为零（AM0）的辐射，即无大气吸收的情况。世界气象组织（WMO）于 1981 年公布推荐的数值为 1368（或 1367±7）W/m^2。

AM1 的辐射强度约为 $1000W/m^2$，由于地面上 AM1 条件与人类生活地域的实际情况有较大差异，所以通常选用更加接近人类生活现实的 AM1.5 条件作为评估地面用太阳能电池及组件的标准。此时太阳高度角约为 41.8°，光照强度约为 $963W/m^2$。为了使用方便，国际标准化组织将 AM1.5 的太阳辐射能量强度定为 $1000W/m^2$。如无特别说明，本书中的内容使用该值。

6000K 理想黑体、AM0 和 AM1.5 的辐射光谱分布均不同，如图 7-1 所示。由该图也可以看出，在波长 0.3 ～ 1.5μm 波段内的太阳辐射能量约占总能量的 90%，峰值在 0.5μm 附近。

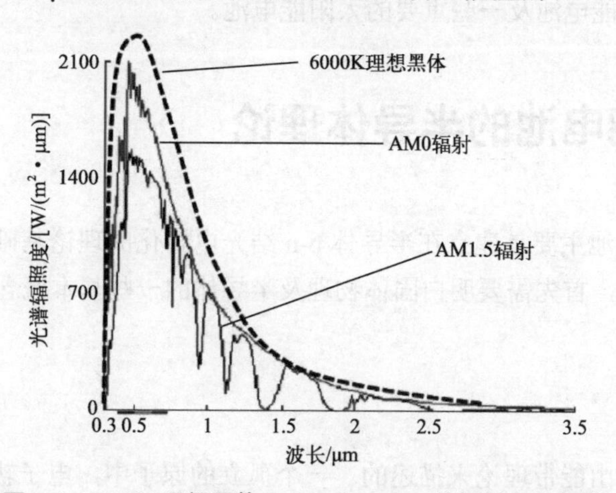

图 7-1　6000K 理想黑体、AM0 和 AM1.5 的辐射光谱曲线

7.1.2　太阳能电池的应用

太阳能电池，也称光生伏特电池，简称光伏电池，可以直接将太阳能转化成电能，是太阳能利用的最重要手段之一。它工作的基础是光生伏特效应。最早是由 C. Fritts 于 1883 年所发现的一种物理现象。C. Fritts 把 Au 片作为一个顶电极，熔化在另一个金属衬底电极的 Se 薄片上，当该装置受到光照射，就可以观察到有电流通过。一百多年前 Fritts 就指出这个电流可以储存起来，也可以传输到任何地方，预示了光伏技术的应用前景。

只要有阳光的地方，就可以利用太阳能电池来发电，它为人造卫星、航天飞船、宇宙空间站提供长期工作运行的能源。随着科技的迅速发展，为设置在漫长海岸线上的航标灯、铁路线上的通信灯，还有安装在高山上的微波通信中继站提供电力；为居住在偏远山区或海岛上的人们、驻守在地形险恶边境的军民送去了电视娱乐和黑夜中的光明。它从最初只用在航天等高端技术领域，发展到了保障人类社会公共设施有序运作，如今广泛普及到了家家户户。

太阳能电池大大提高了人类对自然资源的利用率。除了建设太阳能发电站以外，如今还出现了光伏与建筑一体化（building integration PV system, BIPV）的概念，即通过建筑物，主要是屋顶和墙面与光伏发电集成起来，使建筑物自身利用绿色、环保的太阳能资源生产电力。虽然气候、日照角度等因素影响了太阳能电池发电的稳定性，但是随着储能电池技术的不断进步，两者相辅相成，必将使太阳能电池的应用飞速发展。可以说，太阳能电池发电技术极大地改善了人们的生活水平，也是人类社会的一种重要基础支撑技术。

实际上，太阳能电池的种类很多。根据活性层材料不同，可以分为许多类型的太阳能电池，如晶体硅电池、高效Ⅲ-Ⅴ族化合物太阳能电池、铜铟镓硒薄膜太阳能电池（CIGS）、有机太阳能电池、钙钛矿太阳能电池、染料敏化太阳能电池等；根据器件活性层结构不同，可以分为单结、多结、p-i-n 结、叠层等；再根据电池器件结构设计和制备工艺的不同，又将出现许多不同的型号。为方便理解，本书只详细介绍了目前民用商业化领域应用最多的硅太阳能电池、柔性太阳能电池及一些重要的太阳能电池。

7.2 太阳能电池的半导体理论

目前的太阳能电池主要是建立在半导体 p-n 结光电转化的理论基础上的。因此，要了解太阳能电池工作原理，首先需要明白固体物理及半导体的一些基本概念。

7.2.1 能带理论

固体中电子态是由能带理论来描述的。一个孤立的原子中，电子轨道的分布由内到外依次为 1s、2s、2p、3s……比如硅原子的电子组态是 $1s^2 2s^2 2p^6 3s^2 3p^2$，每一个态对应一个能级。由于孤立原子之间的间距很大，它们的能级是分立的。但当这些孤立原子逐渐靠近，而且按周期性排列结晶成固体时，各个原子的外层电子波函数会发生不同程度的交叠。外层电子波函数的交叠使电子的运动不再局限于某一原子，而是能转移到相邻近的原子乃至整个晶体，形成电子的共有化运动，此时孤立原子的能级就扩展成为能带。能带的宽度代表了电子共有化运动的程度。

电子从低能量到高能量填满一系列的能带。金属、绝缘体及半导体所呈现的电学性质差别，就是由外层电子在最高能带的填充情况决定的。最高填充能带是由价电子组成的，称为价带。价带之上，与其最接近的较高能带称为导带。价带与导带之间是禁带，没有电子态存在。禁带的宽度也叫带隙宽度，或称能隙，用 E_g 表示。如图7-2所示，绝缘材料因为能隙很大（通常在5eV以上），电子很难跳跃至导带，所以无法自由运动而不导电；导体材料的价带和导带间的能隙非常小甚至有时候两者会重叠，室温下电子非常容易跳跃至导带而导电；半导体材料的能隙较小，一般在0.5～3eV之间，只要给予适当的能量激发，价带电子就能跳跃到导带，然后在导带上自由移动而呈现导电性。

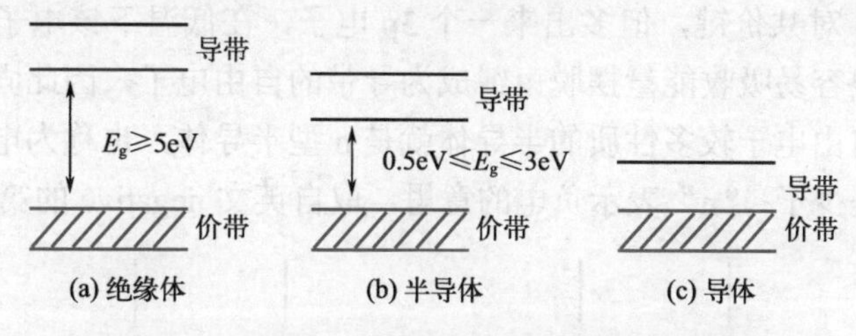

图7-2 绝缘体、半导体及导体的能带示意图

一些半导体相关概念：

① 真空能级。电子离开原子核不受其吸引所需要的最低能量。

② 费米能级。费米能级不是真正存在的能级，是在绝对零度（0K）下被电子占据的能级和未被电子占据的能级的分界能级；温度高于绝对零度时，费米能级指的是被电子占据的概率大于1/2和小于1/2的分界能级。

③ 功函数。费米能级与真空能级之差。

④ 电子亲和势。半导体导带底部到真空能级间的能量值，它表征材料在发生光电效应时，电子逸出材料的难易程度。

⑤ 施主与受主。通常将能给出电子的粒子称为施主，又称给体（donor，简称D）；而能接受电子的粒子称为受主，又称受体（acceptor，简称A）。给受体的概念是相对电子转移过程而言的。有的粒子既可以给出电子又可以接受电子，称为两性粒子。

⑥ 电子载流子、空穴载流子及激子。载流子指可以自由移动的带有电荷的物质微粒。半导体本征激发所产生的自由电子，将在电场的作用下定向运动形成电流，这种自由电子称为电子载流子；而电子被激发到导带后，在价带中留下了空位，该空位也能在电场的作用下定向运动形成电流而被视为载流子，即空穴载流子。两者又统称为自由载流子。

在半导体中，如果一个电子从满的价带激发到空的导带上去，则在价带内产生一个空穴，而在导带内产生一个电子，从而形成一个电子-空穴对。空穴带正电，电子带负电，它们受到库仑力而互相吸引，在一定的条件下会使它们在空间上束缚在一起，这样形成的束缚态复合体称为激子。激子可以在一定距离范围内扩散，但寿命很短，最终会因电子-空穴的复合（又称激子复合）而消失。而电子-空穴对发生分离，分别形成电子和空穴载流子，就叫作激子分离。这些自由载流子被电场引出半导体材料外部，即可对外放电。

7.2.2 半导体p-n结理论

(1) n、p型半导体的定义

n、p型半导体（在半导体领域中，n、p型半导体的写法也可表述为N、P型半导体）

是人们在充分认识杂质缺陷性质的基础上，在半导体材料中引入所需的杂质，实现了对材料性质的控制，得到光伏应用所需的一类材料。

以硅为例，图 7-3 是在单晶硅中掺杂了磷和硼杂质原子的二维结构示意图。硅原子的电子组态是 $1s^22s^22p^63s^23p^2$，最外层有 4 个价电子。而磷原子的电子组态是 $1s^22s^22p^63s^23p^3$，最外层有 5 个价电子。在单晶硅中掺杂了磷原子后，磷在硅晶格中替代了一个硅原子，其与周围 4 个硅原子形成 4 对共价键，但多出来一个 3p 电子，在低温下该电子束缚在磷周围，保持电中性。该电子很容易吸收能量摆脱束缚成为导带的自由电子，因此固体中的自由电子浓度较高。这种具有自由电子较多性质的半导体就是 n 型半导体，也称为电子型半导体。其中电子是多子，空穴是少子；“n”表示负电的意思，取自英文 negative 的第一个字母。

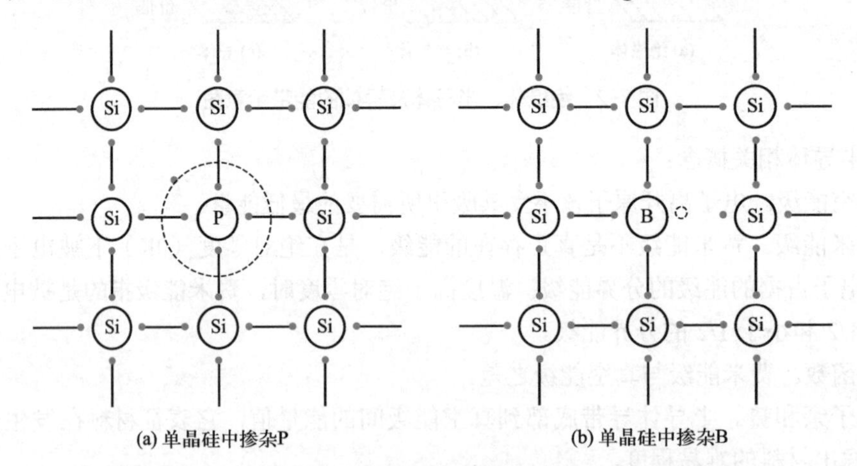

图 7-3 n、p 型单晶硅半导体掺杂磷和硼原子的二维结构示意图

相反的情况则是用电子较少的杂质原子掺杂，如在单晶硅中掺杂硼原子。由于硼原子的电子组态是 $1s^22s^22p^63s^23p^1$，最外层有 3 个价电子，它只能与周围 3 个硅原子形成 3 对共价键，还缺少一个电子与第四个硅原子成键，这里的硼原子相当于束缚了一个空穴。若它从价带获得一个电子，即空穴转移到了价带，空穴在价带可以自由移动，因此固体中的空穴较多。具有这种空穴较多性质的半导体就是 p 型半导体，也称为空穴型半导体。其中空穴是多子，电子是少子；“p”表示正电的意思，取自英文 positive 的第一个字母。

目前应用比较普遍且经济的杂质原子掺杂工艺主要是高温扩散掺杂工艺、离子注入工艺。

① 高温扩散。杂质原子通过气相源或掺杂过的氧化物扩散或淀积到硅晶片的表面，这些杂质浓度从硅晶体的表面到体相单调下降，而杂质分布主要是由高温与扩散时间来决定。

② 离子注入。掺杂离子以离子束的形式注入半导体内，杂质浓度在半导体内有个峰值分布，杂质分布主要由离子质量和注入能量决定。

两种工艺互补不足，扩散可用于深层掺杂，离子注入可用于浅层掺杂

(2) p-n 结

将 n 型半导体与 p 型半导体有机地结合，形成特定的功能结构，该结构就被称为 p-n 结，它是两种不同的半导体相接触所形成的界面区域。p-n 结可以是同一种材料且带隙宽度相同但导电类型不同形成，称为同质结，如单晶硅太阳能电池，工艺上采用离子注入、浅结扩散或早期的合金结来制备；也可由带隙宽度不同的两种材料形成，称为异质结，如有机太阳能

电池。这两者都是太阳能电池的基本结构。

当 p 型与 n 型半导体紧密接触形成 p-n 结时，在交界面区分别形成空穴与电子的浓度梯度。在这个浓度梯度的驱使下，n 型半导体区的电子向 P 区扩散，留下了带正电荷的施主离子，形成正的空间电荷区；反过来，p 型半导体区的空穴向 N 区扩散，留下了带负电荷的受主离子，形成负的空间电荷区。这个过程形成了一个电场，该电场阻止了载流子扩散，最终达到热平衡，结果是产生如图 7-4 所示的一个 N 区指向 P 区的内建电场。达到平衡时 p-n 结不对外放电，可以将其看成由三个部分组成：①空间电荷区，区内没有可移动的载流子，载流子耗尽，也叫耗尽区，在此区形成 p-n 结势垒，因此又称为势垒区；②准中性的 P 区；③准中性的 N 区。一般 p 型或 n 型半导体较厚时称为深结，很薄时称为浅结。

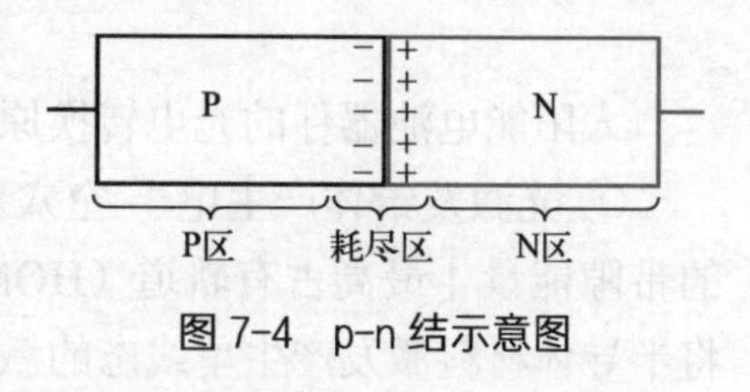

图 7-4　p-n 结示意图

（3）p-n 结的伏安特性

在外电场作用下，p-n 结处于非平衡态，其对外呈现不对称的伏安特性。假设在理想状态下且不发生界面上的电子-空穴复合，外电场在正向偏置时，即 P 区接正 N 区接负，外电场方向与内建电场方向相反，减弱了内建电场，使扩散增加，也就是出现了电子从 N 区向 P 区扩散、空穴从 P 区向 N 区扩散。扩散过程中，电子在 P 区与其内部的多子（空穴）复合，直至复合完全；相似地，空穴与 N 区内部的多子（电子）复合，直至复合完全。此时产生的正向电流可描述载流子的复合过程

外电场在反向偏置时，即 P 区接负 N 区接正，外电场方向与内建电场方向相同，内建电场增强，抑制了扩散，N 区内对其而言是少数空穴漂移到 P 区，同样对 P 区而言是少数的电子漂移到 N 区。整个过程相当于少子不断地被抽出到另一区。此时产生的反向电流可描述载流子的抽取过程。

整体而言，正向偏置时，电流随着偏压增加而呈指数上升；反向偏置时，电流随着偏压增加而达到某一饱和值。

7.3　太阳能电池的光电转换原理

7.3.1　p-n 结光生伏特效应

光照下，p-n 结就会出现光生伏特效应，这就是太阳能电池器件的光电转换原理。当能量大于半导体材料带隙的光入射到 p-n 结表面，光子将在一定厚度范围内被吸收，使半导体被激发生成电子-空穴对（即激子）；产生在空间电荷区内的光生激子在结电场作用下发生电子-空穴分离，产生在结附近扩散长度范围的光生激子也能扩散到空间电荷区，同样在结电场作用下激子分离。这个过程中，P 区的光生电子在电场作用下漂移到 N 区，N 区的光生空穴也漂移到 P 区，形成了自 N 向 P 的光生电流。这个由光生载流子漂移形成的电场与上述热平衡结电场方向相反，因此正向结电流的方向也与光生电流方向相反。两电流相等时，

p-n 结两端建立稳定的电势差，即光生电压。

p-n 结开路时，即没有电流通过两极时，光生电压就是开路电压。如果外电路短路，p-n 结正向电流为零，外电路的电流为短路电流，理想情况下也就是光生电流。因此，开路电压和短路电流都是评判太阳能电池光电转换性能优劣的关键指标。

7.3.2 能带理论解释的光电转换原理

太阳能电池器件的光电转换原理也可以用能带理论描述，如图 7-5 所示。

① 光激发给体产生电子-空穴对（激子）。当入射光子的能量等于或大于有机半导体材料的带隙能量［最高占有轨道（HOMO）与最低空轨道（LUMO）之间的能量差］，才有可能将半导体材料激发产生单线态的激子。

② 激子扩散到给受体界面。激子产生以后，必须扩散到给受体界面才能发生进一步的解离。在扩散过程中，这种由库仑力束缚的电子-空穴对可能发生复合，即可以通过辐射跃迁和非辐射跃迁等方式失去能量。前者存在荧光发射、延迟荧光以及磷光三种形式；后者，存在系间窜跃、内转换、外转移以及振动弛豫等形式。另外，材料的缺陷也是不可忽视的因素，它往往会成为捕获激子的陷阱，导致激子复合。

③ 激子在界面处发生分离，产生自由电子和空穴。激子扩散到给受体界面后，发生分离。电子由给体的 LUMO 转移到受体的 LUMO 上，而空穴则保留在给体的 HOMO 上，形成了自由的电子和空穴。这种电荷分离的效率与受体的亲和能大小及空穴-电子之间库仑相互作用大小有关。

④ 自由电子和空穴分别沿着 n 型材料和 p 型材料传输到电极。激子分离后形成自由的

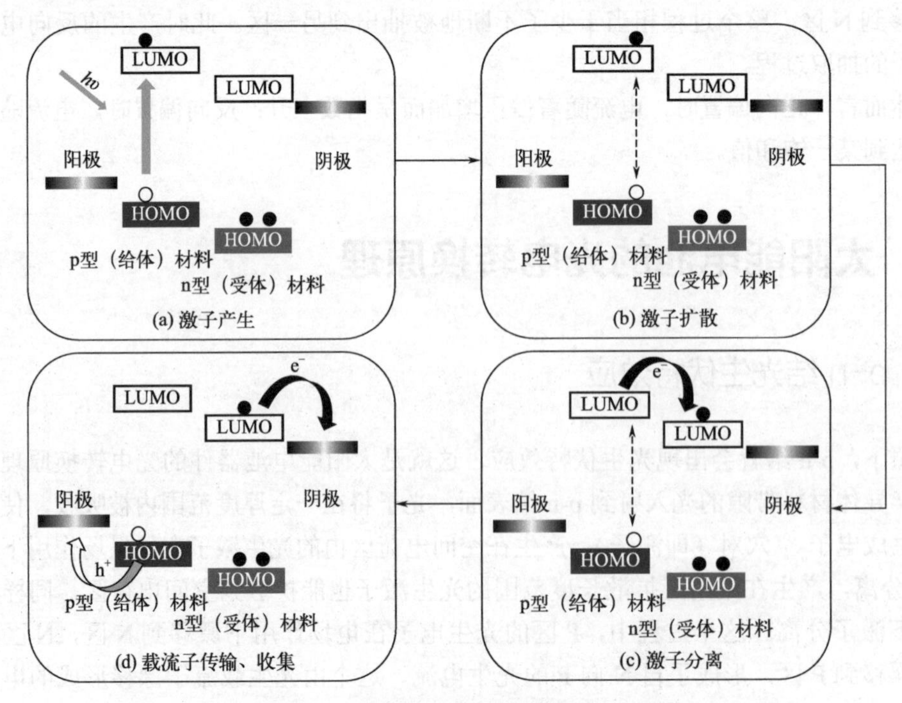

图 7-5 太阳能电池光电转换原理示意图

电子和空穴，在阴极-阳极材料的功函数差产生的内置电场的作用下，电子和空穴载流子分别沿着n型材料和p型材料迁移，到达阴极和阳极。

⑤ 载流子收集。电子和空穴运动到阴极和阳极附近后，电极将这些电荷收集之后传输到外电路形成光电流。影响电荷收集效率的因素是有机/金属电极处的势垒。提高电荷收集效率可以通过调节电极材料、对电极表面进行修饰以及改进器件的制备工艺来实现。

7.3.3 太阳能电池的基本结构

对于太阳能电池领域的研究开发，除了高性能半导体材料的开发以外，其器件结构一定要针对光照条件进行设计，一般要降低表面反射，同时提高光电转换活性层对光的吸收。因此，绝大多数的太阳能电池都可以用如图7-6（a）所示的“夹心”结构来描述，其底部为具有一定功函数的透明电极材料，太阳光可以很好地透过它照射到电池内部；中间夹着的一层就是能将光转换为电的光活性层，高性能太阳能电池的研发工作基本上都集中在提高该活性层材料的光电转换效率上；顶部是具有一定功函数的电极，一般设计为具有反射阳光的功能，可以使透过活性层的阳光再次被反射进入活性层，形成二次吸收，提高转换效率。底电极和顶电极的功函数需为一低一高，从而分别将活性层中产生的电子和空穴载流子引出，实现对外放电。实际应用的太阳能电池板就是由多个这样的太阳能电池器件，经过一定的设计所构成的阵列。

具体的太阳能电池根据所用的光电转换半导体材料不同，在电池器件结构上也有差异。本书会在后面的小节分别讲述。

太阳能电池性能优劣可以通过测试其器件的电流（J）-电压（V）曲线（图7-7），从而计算出开路电压、短路电流、填充因子、转换效率，再加上量子转换效率，根据这五个参数进行评价。

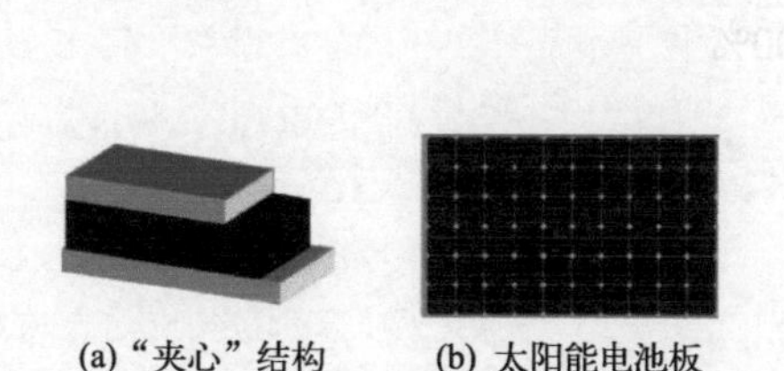

图7-6 太阳能电池器件结构示意图

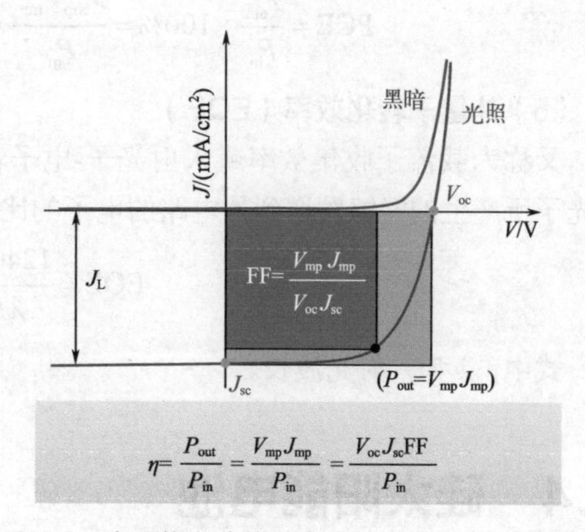

图7-7 太阳能电池的电流（J）-电压（V）曲线

（1）开路电压（open-circuit voltage, V_{oc}）

光照条件下，太阳能器件正负极断路时的电压，即器件的最大输出电压，单位是伏特（V）。一般来讲，在金属-绝缘体-金属的模型器件中，当满足欧姆接触，V_{oc}与正负电极的功函数差呈线性关系。除此之外，V_{oc} 还受到光强、电极材料、给受体比例以及界面接触情况等因素的影响。

（2）短路电流（short circuit current, J_{sc}）

光照条件下，太阳能器件正负极短路时的电流，即太阳能电池的最大输出电流。通常用单位面积的短路电流密度来表示短路电流的大小，单位为 mA/cm^2。在理想的接触条件下，短路电流取决于半导体中光生载流子密度与载流子迁移率的乘积。J_{sc} 主要受材料的光吸收能力和载流子迁移率（μ）的影响。而 μ 是一个综合性参数，一方面受到材料结构的影响，另一方面受到器件参数的影响。

（3）填充因子（fill factor, FF）

电压和电流的乘积对应着该电压下的能量值。在曲线图中存在一个能量最高点（P_{out}）。该点对应的电压和电流即为最大输出工作电压（V_{mp}）和最大输出工作电流（J_{mp}）。V_{mp} 和 J_{mp} 的乘积即为最大输出功率 P_{out}，对应图 7-7 中的深色阴影矩形部分的面积。

$$P_{out}=A=J_{mp}V_{mp}$$

图 7-7 中另一块重要的矩形面积为短路电流和开路电压的乘积，对应图中浅色阴影矩形部分。

$$B=J_{sc}V_{oc}$$

填充因子（FF）的定义为图中深色阴影矩形面积与浅色阴影矩形面积之比，

$$FF=\frac{A}{B}=\frac{J_{mp}V_{mp}}{J_{sc}V_{oc}}$$

FF 取决于当内置电场向 V_{oc} 增大时，到达电极的载流子数量。

（4）能量转换效率（PCE）

表示入射光能转化成有效电能的百分比。用最大输出功率（P_{out}）除以入射光强（P_{in}）来定义。最大输出功率又等效于填充因子与短路电流、开路电压的乘积，因此可以表达如下：

$$PCE=\frac{P_{out}}{P_{in}}\times 100\%=\frac{J_{mp}V_{mp}}{P_{in}}\times 100\%=\frac{FF\times J_{sc}\times V_{oc}}{P_{in}}\times 100\%$$

（5）外量子转化效率（EQE）

又称为载流子收集效率或入射光子-电子转化效率。是指在某一给定波长下每一个入射的光子所产生的能够发送到外电路的电子的比例，公式为：

$$EQE=\frac{1240J_{sc}}{\lambda P_{in}}\times 100\%$$

式中，λ 为入射光波长。

7.4 硅太阳能电池

7.4.1 硅太阳能电池简介

硅太阳能电池是以硅为基体材料的太阳能电池，也是最早开发并实际应用的光伏电池，其历史可以追溯到20世纪50年代。经过多年的发展，目前在实验室中的光电转换效率已经达到25%以上，其规模化生产的效率也达到了18%以上。它也是目前在民用领域使用最广泛的商业化太阳能电池。

到目前为止，绝大多数太阳能电池由极纯的单晶硅和多晶硅制备，而目前主要的也是效率最高的商业化太阳能电池仍是由单晶硅制备，即具有整块的、连续的晶格结构的硅，其缺陷和杂质含量极少。单晶硅通常由一个很小的籽晶体生长出来，从熔融的多晶硅熔体中缓慢生长拉出。这就是由电子工业发展出来的，复杂而且昂贵的柴可拉斯基（Czochralski）方法，又称提拉法。

太阳能电池的制造主要是以半导体材料为基础，其前期制造过程与集成电路（IC）的前期工艺非常相似，硅集成电路的制造工艺同样可用来制造太阳能电池。但与集成电路相比，太阳能电池的结构相对简单。目前的奔腾中央处理器（CPU）在几平方厘米内集成了几百万个p-n结，它们之间的间距只有几微米，线路也极为复杂。与之相比，太阳能电池内最多只包含几个p-n结，而且只要其效率不过低就可利用。传统的太阳能电池一直由硅制造，因为它有优良的电特性。它们的载流子的迁移率很高，没有晶粒边界，很少有促使光生电子和空穴复合的缺陷。缺陷处的复合会缩短少数载流子的寿命，因而也降低了电池效率。近年来，多晶硅太阳能电池产量已经超过单晶硅电池，虽然其成本较低，但效率仍落后于单晶硅电池。

单晶硅太阳能电池的基本结构如图7-8所示。它主要包括：单结的p-n结、指形电极、抗反射膜（减反层）和完全用金属覆盖的背电极等。典型的N区在P区上的电池是由厚度约0.3mm的硅片制作，它的基体为p型半导体，不受光照，有一薄金属涂层与p型基体接触。p-n结的n型基体顶层，为了使电阻率低，采用重掺杂，用N^+表示。约0.1mm宽、0.05mm厚的金属指形电极与顶层做成欧姆接触用来收集电流。N区的顶部镀了一层透明的、约0.06μm厚的抗反射膜，它比裸硅有更好的光传输性能，能最大限度地减少光反射。

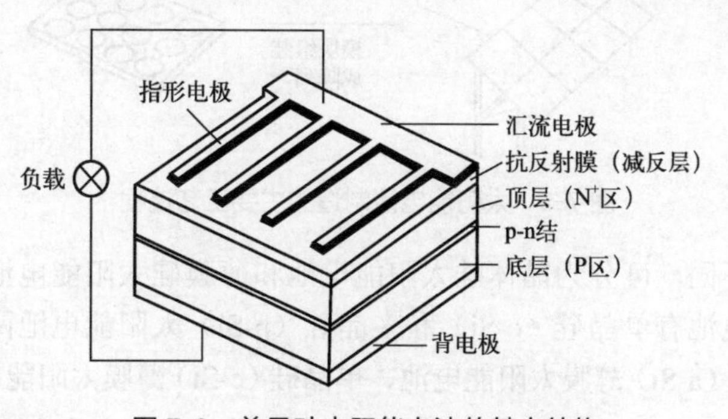

图7-8　单晶硅太阳能电池的基本结构

晶体硅太阳能电池制造的主要工艺流程可以归纳如下：晶体硅提炼→硅片制备→化学处理表面织构化→扩散制p-n结→沉积抗反射膜和钝化膜→电极印刷及烧结→电池封装。图7-9形象地描绘了从海边的沙子（石英砂）到制成太阳能电池的主要生产工艺流程。上述一系列步骤可以划分为两大部分：一是晶体硅片的制备；二是在硅片上生长太阳能电池。其中晶体硅片的制备工艺与集成电路的工艺相仿，它实际包含了若干个过程，而且太阳能电池制造的能量消耗主要是在硅片的制备过程中。对于许多太阳能电池制造工厂来说，晶体硅片是作为原料直接购买的。21 世纪以来，国际市场上晶体硅一直供不应求，国内 80% 的多晶硅原料依赖进口。

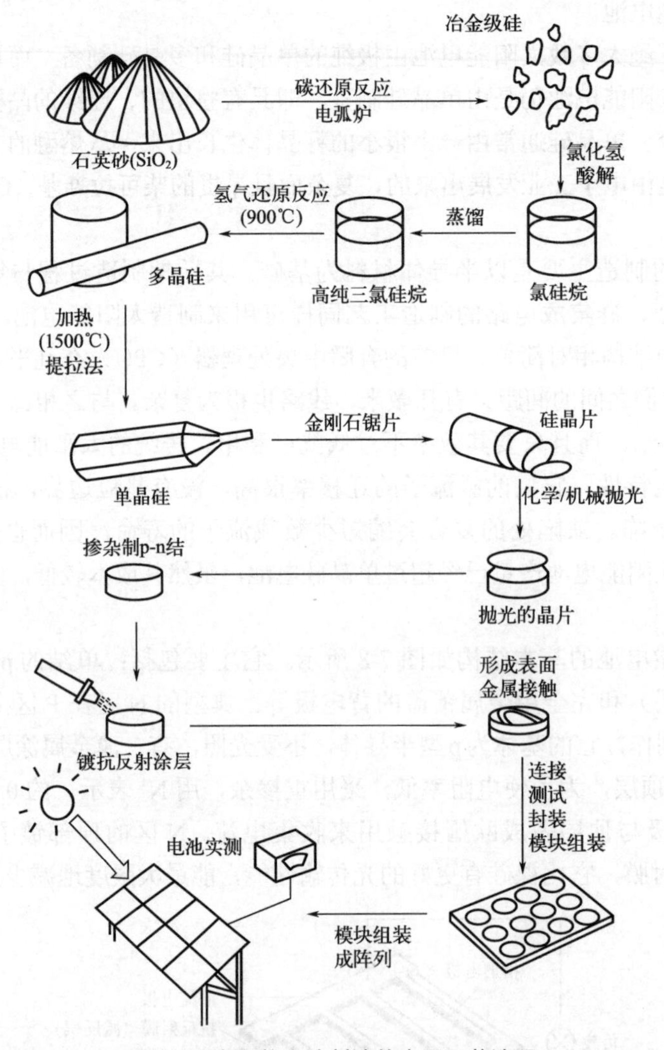

图 7-9　太阳能电池制造的主要工艺流程

按硅片厚度的不同，可分为晶体硅太阳能电池和薄膜硅太阳能电池。按材料的结晶形态，晶体硅太阳能电池有单晶硅（c-Si）和多晶硅（p-Si）太阳能电池两类。薄膜硅太阳能电池又可分为非晶硅（a-Si）薄膜太阳能电池、单晶硅（c-Si）薄膜太阳能电池和多晶硅（p-Si）薄膜太阳能电池三种。

7.4.2　晶体硅的生产

晶体硅制备工艺的基本原理是将从石英砂中提炼出来的单质硅熔融后降温凝固结晶。当熔融的单质硅凝固时，硅原子以金刚石晶格排列成许多晶核，如果这些晶核长成晶面取向相同的晶粒，则形成单晶硅；如果这些晶核长成晶面取向不同的晶粒，则形成多晶硅。

晶体硅材料再经过掺杂其他元素，即可得到性能不同的晶体硅半导体材料，再被应用于太阳能光伏发电及其他半导体材料领域。晶硅生产工艺流程如图7-10所示，具体主要步骤介绍如下。

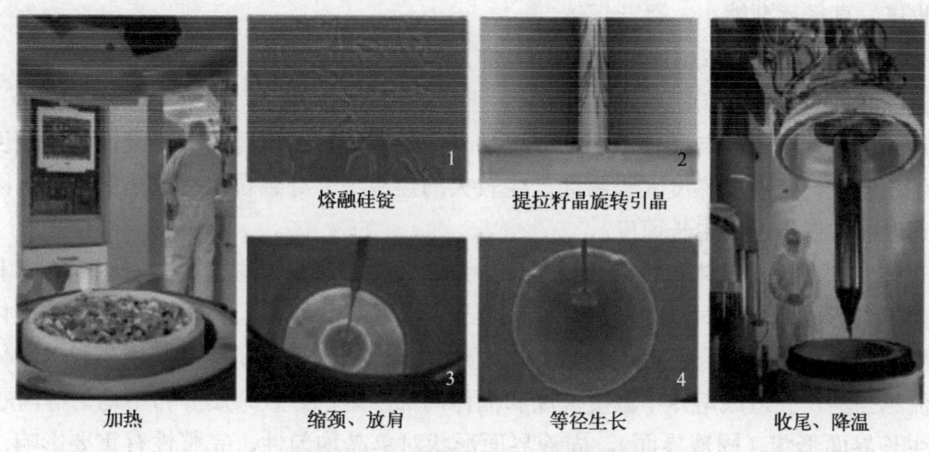

图7-10　直拉法工艺过程示意图

① 从石英砂中提炼冶金级硅。工艺通常是将砂石原料（主要成分是二氧化硅）放入一个温度超过2000℃的并有碳源的电弧熔炉中，在高温下发生还原反应脱氧得到冶金级硅。

② 冶金级硅再进行提纯和精炼，通过熔融沉积出多晶硅锭。将粉碎的冶金级硅与气态的氯化氢在200℃以上反应，实际反应极复杂，能生成各种氯化硅烷和液态硅烷，其中三氯氢硅（三氯硅烷）的产率最高。然后通过蒸馏分离，再进行高温下化学还原得到熔融的液态硅，最后沉积出高纯度的多晶硅或无定形硅。这一步会产生大量的废液和废弃物，严重污染环境。

值得关注的是，在提纯过程中，关键技术专利“三氯氢硅还原法（西门子法）”一直被外国掌控，我国在提炼过程中70%以上的氯化硅烷都通过氯气排放了，不仅提炼成本高，而且环境污染非常严重。

多晶硅产品按纯度分类可分为冶金级（MG，纯度90%～95%以上）、太阳级（SG，纯度99.99%～99.9999%）和电子级（EG，纯度99.9999%以上，用于生产芯片）。

③ 再进行深加工得到单晶硅。将多晶硅或无定形硅在单晶生长炉中熔融，并控制熔融态硅的固液界面移动，才能实现从多晶到单晶的转变，即原子由液相的随机排列直接转变为有序阵列，由不对称结构转变为对称结构。显然，生产单晶硅的成本较高。

在将多晶硅或无定形硅熔融过程中，可根据生产要求配料，掺入硼或磷，最终就可以生产出p型或者n型单晶硅。

单晶硅按晶体生长方式的不同，分为直拉法（CZ）、区熔法（FZ）和外延法。直拉法和区熔法生长单晶硅棒，外延法生长单晶硅薄膜。直拉法单晶硅成本和性能最适宜，因此应用最广泛。

直拉法（Czochralski法，简称CZ）工艺过程如下：

a. 引晶。通过电阻加热，将装在石英坩埚中的多晶硅熔化，并保持略高于硅熔点的温度，将籽晶浸入熔体，然后以一定速度向上提拉籽晶并同时旋转引出晶体。

b. 缩颈。生长一定长度的缩小的细长颈的晶体，以防止籽晶中的位错延伸到晶体中。

c. 放肩。将晶体控制到所需直径。

d. 等径生长。根据熔体和单晶炉情况，控制晶体等径生长到所需长度。

e. 收尾。直径逐渐缩小，离开熔体。

f. 降温。降低温度，取出晶体，待后续加工。

直拉法有几个晶体生长的基本问题：

a. 最大生长速度。其与晶体的纵向温度梯度、热导率、密度等有关，提高纵向温度梯度可加快生长速度，但温度梯度太大将会产生较大的热应力，导致位错等缺陷的形成，因此实际生长速度往往低于最大生长速度。

b. 熔体中的对流。晶体和坩埚相反运动导致熔体中心与外围区发生相对运动，有利于在固液界面下方形成一个相对稳定的区域，有利于晶体稳定生长，但互相相反旋转的晶体和坩埚会产生强制对流，其由离心力、向心力以及熔体表面张力梯度所驱动，所生长的晶体直径越大对流越强烈，会造成熔体中温度波动和晶体局部回熔，导致杂质分布不均匀等问题。

c. 生长界面形状（固液界面）。固液界面形状对单晶均匀性、完整性有重要影响，正常情况下，固液界面的宏观形状应该与热场所确定的熔体等温面相吻合，在引晶、放肩阶段，液固界面凸向熔体，单晶等径生长后，界面先平后凹向熔体。通过调整拉晶速度、晶体转动速度和坩埚转动速度就可以调整固液界面形状。

d. 生长过程中各阶段生长条件的差异。引晶阶段的熔体高度最高，裸露坩埚壁的高度最低，在晶体生长过程直到收尾阶段，坩埚高度不断增大，造成了生长条件不断变化，即整个晶棒从头到尾经历不同的热历史——头部受热时间最长，尾部最短，这样会造成晶体轴向、径向杂质分布不均匀。

④ 切割出所需的硅片。单晶硅棒经过切割机切断、磨床滚磨、再切成具有精确几何尺寸的薄晶片、腐蚀去除损伤层、抛光、清洗，即可得到单晶硅圆片产品，简称晶圆。晶圆按其直径分类，直径越大对材料和技术的要求越高，所能刻制的集成电路越多，芯片的成本也就越低。

制备晶硅 p-n 结的主要工艺就是扩散法，即将扩散源与 p 型或者 n 型晶体硅紧密接触，放入扩散炉中，控制合适的温度，使硼或磷以一定的浓度和深度扩散进入晶体硅中，形成相应的掺杂区域，得到 p-n 结。硼扩散源包括氮化硼、硼烷等，磷扩散源包括 $POCl_3$、磷脂等。

7.4.3 硅太阳能电池器件及其主要工艺

硅太阳能电池性能提高的研发主要集中在电池设计及其制备工艺的优化。在第一次实现 18% 转换效率的金属—绝缘体—n-p 结（MINP）太阳能电池的基础上，新南威尔士大学（The University of New South Wales）在 1985 年开发了钝化发射极电池（passivated emitter solar cell, PESC）。目前全球市场上应用比较广泛的硅太阳能电池器件，主要是在该电池的基础上进行改进优化的。如图 7-11 所示，该电池以 p 型硅作为衬底；p 型硅的下部背电极有一层高浓度掺杂区，称为 P^+ 层，即梯度掺杂产生内电场，以提高开路电压、短路电流及转换效率；顶部接触层和背接触层分别为正负电极；硅表面有一层非常薄的氧化硅钝化层，通常采用热氧化工艺进行表面钝化制备；钝化层上再用等离子沉积工艺，选择合适的材料（如 TiO_2、Ta_2O_5、SiN 等），制备双层减反膜进一步降低电池表面的阳光反射率，优化光学匹配性。

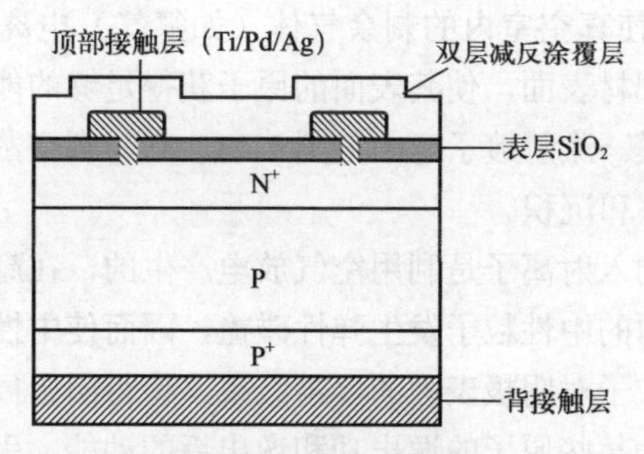

图 7-11　PESC 示意图

该电池已被证明是非常稳定和重复性好的电池结构。许多实验室都在该电池结构的基础上进行优化，取得了较高的转换效率，进而发展到了产业化阶段。

7.4.3.1　太阳能电池制作中的制膜方法

气相沉积可分为物理气相沉积（PVD）和化学气相沉积（CVD）。它不仅可以沉积金属膜、合金膜，还可以沉积各种化合物、非金属、半导体、陶瓷、塑料膜等。可以说能在任何基片上沉积任何物质的薄膜。这些薄膜及其制备技术除大量用于电子器件和大规模集成电路制作之外，还可以用于制取磁性膜、绝缘膜、电介质膜、压电膜、光学膜、光导膜、超导膜、传感器膜、耐磨耐腐蚀膜、超疏/亲水膜及各种特殊功能膜等，在促进电子电路小型化、功能高集成化方面发挥着关键的作用。

（1）物理气相沉积法

物理气相沉积是在真空条件下，利用蒸发、溅射之类的物理方法形成气态的原子、分子或离子，然后通过气相传输步骤，在适当温度的衬底上凝聚形成所需要的薄膜或涂层的过程。按照镀层材料形成机理不同，PVD 可分为真空蒸发镀、溅射镀和离子镀。

① 真空蒸发镀。真空蒸发镀是将待镀材料和被覆基片放置在真空室内，采用一定的加热方法使待镀材料蒸发或升华，然后以原子或分子状态直接迁移至基片表面而凝聚成膜的工艺。真空蒸发镀示意图见图 7-12，整个工艺过程分三个阶段：

a. 待镀材料的蒸发。即物质受热发生固态—液态—气态或者固态—气态的转变。常用加热方法包括电阻加热、电子束加热、激光加热、高频感应加热等。

b. 蒸发粒子的迁移。气态原子或分子迁移至基片表面。为提高薄膜的纯度，减少残余气体和水汽的影响，在这过程中采用烘烤和提高真空度（1×10^{-4}Pa 以上）的措施。

c. 沉积成膜。粒子碰撞到基片，扩散，形成核，再长大，最终成膜。

总体而言，影响蒸发镀过程的参数主要是真空度、基片表面状态、蒸发温度和基片与蒸发源间的空间位置关系等。

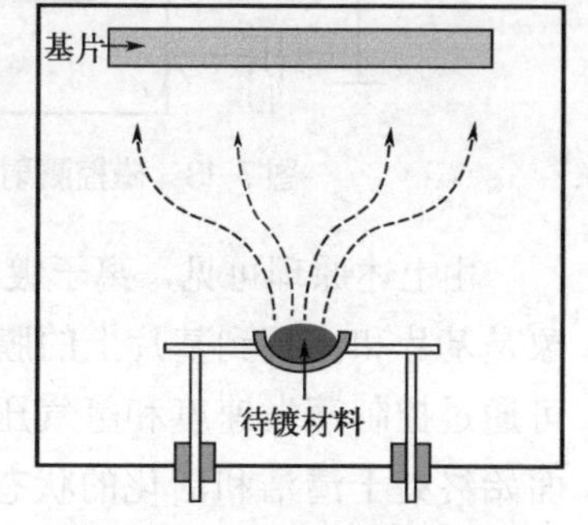

图 7-12　真空蒸发镀示意图

真空蒸发镀可以按顺序蒸镀多个不同物质，也可以多源同时蒸镀。其特点是设备简单，工艺容易掌握，沉积速度快，但膜层结合力弱，可控参数不多。

② 溅射镀。用高电压使真空室内的剩余气体（如氩气）电离，氩离子在电场作用下加速获得高能量而轰击待镀靶材表面，使其表面的原子获得足够的能量而溅出，而后进入气相并沉积在基片表面形成薄膜。溅射镀示意图见图 7-13，它与真空蒸发镀相似，也分为三个阶段：溅射原子的产生、迁移和沉积。

溅射镀膜时轰击靶材的入射离子是利用空气放电产生的，在辉光放电的阴极区，正离子被加速，加速粒子与该区内的中性粒子发生弹性碰撞，因而使中性粒子也具有和离子相近的能量冲向阴极。两种高能粒子对阴极表面的轰击结果，使得阴极局部表面被剧烈加热，同时高能粒子的部分能量转变为某些原子的逸出功和逸出后的动能，引起阴极材料的粒子向外飞散的现象，因此称为阴极溅射。

溅射镀的特点是待镀粒子能量高，与基片结合牢固；镀层材料不受限，可以是金属、合金、化合物、半导体和绝缘体等；膜层厚度均匀；除了磁控溅射通过在靶阴极表面引入磁场，利用磁场对带电粒子的约束来提高等离子体密度以增加溅射率，其他溅射法一般沉积速度都较低；设备比真空镀复杂，价格贵。

③ 离子镀。在真空条件下，利用气体放电使工作气体或者被蒸发的待镀物质部分离子化，并在这些离子轰击作用下，将待蒸镀物质沉淀在基片表面的过程。基本原理是抽真空后充入氩气（维持在 0.01 ～ 1Pa 范围），在基片和蒸发源之间加几百至几千伏特的电压，氩气产生辉光放电形成等离子体，蒸发源接阳极，基片接阴极，氩离子会不断地高速轰击基片而溅射清洗并活化其表面，蒸发源加热放出的待镀粒子通过等离子体氛围时部分被电离成正离子，通过电场与扩散作用，高速打在基片表面，其余大部分处于激发态的中性粒子在惯性作用下到达基片表面堆积成膜。直流二极型离子镀示意图见图 7-14。

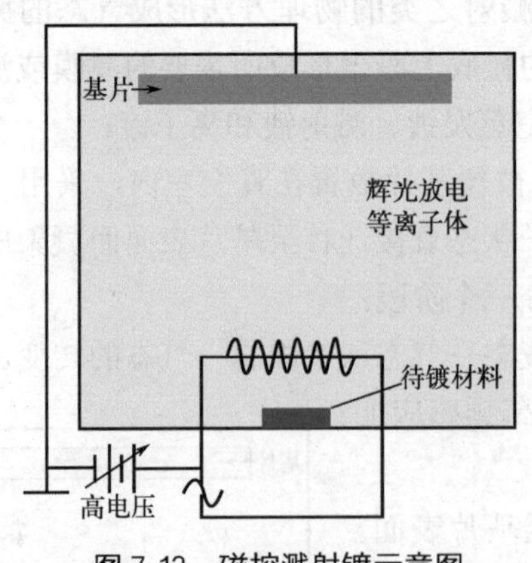

图 7-13　磁控溅射镀示意图

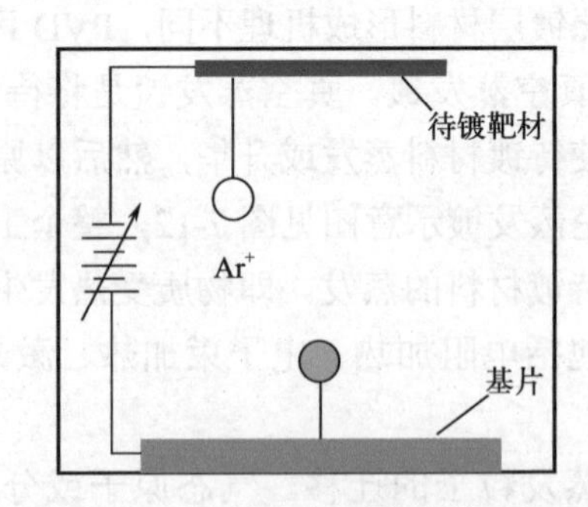

图 7-14　直流二极型离子镀示意图

由上述原理可见，离子镀是真空蒸发和溅射相结合的产物，只不过在这里，被溅射的对象是基片和沉积到基片上的膜层。为了有利于成膜，必须满足沉积速率大于溅射速率，这可通过控制蒸发速度和氩气压强来实现。由于成膜的同时氩离子继续轰击基片，使成膜表面始终处于清洁和活化的状态，有利于膜的继续沉积和生长，不利的是会在膜层中引入缺陷和针孔。离子镀的特点是膜层附着力强、绕射性好、沉积速度快、镀层质量好、可镀材质广泛等。

（2）化学气相沉积

化学气相沉积是把一种或几种含有构成薄膜元素的化合物、单质气体通入放置有基片的反应室，借助气相作用或在基片上的化学反应生成所希望的薄膜或者纳米结构，其示意图见图 7-15。反应类型包括热解反应、还原反应、氧化反应、水解反应、合成反应、歧化反应、化学传输反应、聚合反应等。

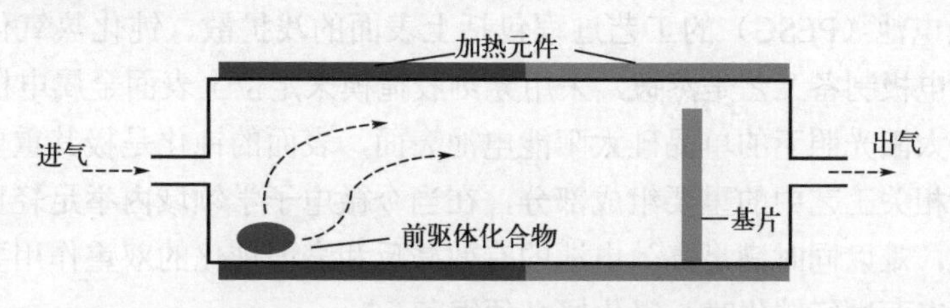

图 7-15　化学气相沉积基本装置示意图

化学气相沉积过程包括：产生挥发性运载化合物；把挥发性运载化合物运到沉淀区；发生化学反应生成固态产物。因此该技术必须满足三个条件：

a. 反应物必须具有足够高的蒸气压，要保证能以适当的速度被引入反应室；

b. 除了涂层物质之外的其他反应产物必须是挥发性的；

c. 沉积物本身必须有足够低的蒸气压，以使其在反应期间能保持在受热基片上。

化学气相沉积包括以下几种：

① 热化学气相沉积（TCVD）。采用衬底表面热催化方式进行的化学气相沉积。该法沉积温度较高，一般在 800 ～ 1200℃，是经典的化学气相沉积法。

② 低压化学气相沉积。与常压热化学气相沉积相对，压力降低，加快了气体的运输速度，从而可沉积出特殊的形貌结构。该法在半导体工艺中得到广泛应用。

③ 等离子体增强化学气相沉积（PECVD）。又称等离子体辅助化学气相沉积（PACVD），是借助等离子体激活前驱气体发生化学反应，从而在衬底上生长薄膜。该法特别适用于功能材料薄膜和化合物膜的合成，具有重要的应用价值。

④ 金属有机化学气相沉积（MOCVD）。以一种或多种金属有机化合物为前驱体的热分解反应进行气相外延生长的方法，即把含有外延材料组分的金属有机化合物通过运载气体传输到反应室，在一定温度下进行外延生长。

⑤ 催化化学气相沉积（Cat-CVD）。利用其他分子在钨一类的高熔点金属上的接触分解反应而生长新型薄膜的方法。该法的特点是不用等离子体，可在 300℃左右的低温衬底上实现薄膜的生长。该法由于直接在高熔点的金属丝上通电加热而分解前驱气体，所以也叫热丝 CVD（HWCVD）。

⑥ 激光化学气相沉积（LCVD）。采用激光能量激活 CVD 反应从而使常规 CVD 工艺得到强化的技术。

化学气相沉积的优点是便于制备各种单质、化合物、复合材料、梯度沉积层；适合镀各种复杂形状的部件，如孔、沟、槽等；镀层与基片结合力强。缺点是温度太高，需后续热处理，工件变形大；沉积速度慢；废气有毒，腐蚀设备，污染环境。

（3）分子束外延技术

分子束外延技术是在超高真空条件下，精确控制蒸发源给出的中性分子束流，在基片上外延成膜的技术。其优点是高真空，膜层纯净，膜层生长可控，逐原子层生长，低温生长，生长速度慢；而缺点是生长时间长，表面缺陷密度大，设备价格昂贵，分析仪器易被蒸气分子污染。

7.4.3.2 PESC 太阳能电池的制作工艺

钝化发射极电池（PESC）的工艺过程包括上表面的浅扩散、钝化热氧化层的生成和电极区域的腐蚀。电极制备工艺是蒸镀，采用光刻胶掩模来定位上表面金属电极。

对于裸露于太阳光照下的单晶硅太阳能电池表面，表面的钝化是极其重要的，因此热氧化工艺是硅器件相关工艺中的重要组成部分，在当今微电子学领域内举足轻重。不过二氧化硅的折射率过低，难以同时满足高效电池的有效减反和表面钝化的双重作用要求，因此以热氧化工艺对电池表面进行钝化时，氧化层必须很薄。

一般电极和半导体表面相接触的区域都是高复合区，需要通过电极区域的钝化抑制复合，使电极处的电子运动完全通畅，从而实现电池的最优电性能。已有三种钝化工艺得到了验证，被广泛采用。

① 通过在电极区形成一个重掺杂区域，将少数载流子和电极区域隔离开来，而达到钝化效果；

② 尽可能地缩小电极区域来降低电极的影响；

③ 采用本征电极区复合较小的电极接触模式，在金属电极下面插入薄氧化层能有效降低复合速率。

常采用背面铝处理技术，通过铝背场的吸杂作用，降低了背表面处的有效复合速率，最终提高开路电压、短路电流密度以及光电转换效率，对于薄的电池效果更佳。

南威尔士大学在 PESC 的基础上开发了钝化发射极背部局域扩散（passivated emitter and rear locally-diffused, PERL）电池（图 7-16），曾创下了转换效率 25% 的世界纪录。该结构更具活力，降低了对表面钝化质量和体少子寿命的要求。

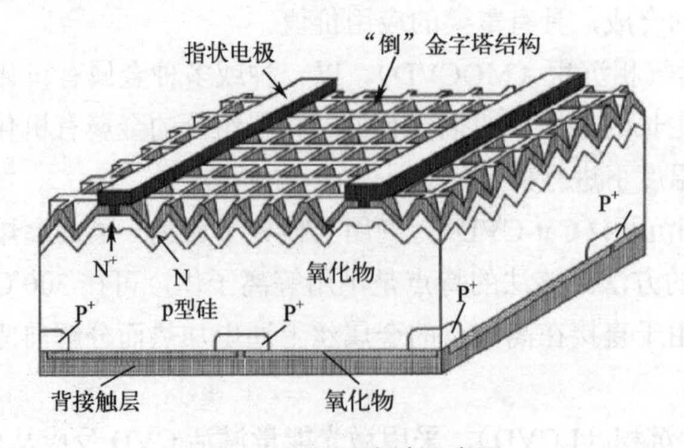

图 7-16　PERL 电池示意图

该器件的“倒”金字塔结构大大降低了表面反射率，更多地捕获入射光，延长光在电池内的传播路径长度，有效提高对各种角度入射光的吸收。该结构的优势体现在器件性能上是电流的显著提高。早期的制备方法是机械方法，后来出现了腐蚀、光刻或两者相结合的制绒技术。其上密集的栅线电极还能显著降低电阻，并减小电极区域面积。

此后，人们对PERL电池进行了改善，取得了很大进展。主要包括：在更薄的氧化物钝化层上使用双层减反膜以提高J_{sc}；利用对上层氧化和局部点接触的退火过程以增大V_{oc}；改善背表面的钝化和降低金属接触电阻以增大FF。

7.4.4　丝网印刷技术

高效硅太阳能电池的制造工艺复杂，生产成本高。在产业化领域中的改进主要集中在改进生产工艺以降低生产成本上。比如大规模的晶体硅太阳能电池制备中，主要使用丝网印刷技术制备电极——将含有金属的导电浆料透过丝网网孔压印在硅片上形成电路或电极。比如我国的尚德太阳能电力有限公司所发明的Pluto电池，其在PERL电池基础上大大简化了工艺，避免采用光刻掩模、真空镀膜、Ti/Pd/Ag金属化、长时间的高温烧结、双层减反膜和光刻表面制绒技术等，实现了在现有的基于丝网印刷技术生产线上完成大部分工艺，大大降低了生产成本。

整个太阳能电池生产工序中，丝网印刷工序汇集了生产线大约一半的工艺人员，同时也更考验工艺操作。一方面是因为电池片在生产过程中，并不适合在各大工序后验证（长时间留存电池片效率下降，验证方法没有具体的量化标准），因此效率测试自然落到了丝网印刷工序之后；另一方面，丝网工序产线较长，涉及好几次印刷、烧结，因此对工艺人员的要求较多、较高。

丝网印刷技术起源于印刷领域中的孔版印刷，主要利用丝网图形部分网孔透过浆料，非图文部分网孔不能透过浆料的基本原理进行印刷。如图7-17所示，印刷时在丝网一端倒入浆料，用刮刀在丝网的浆料部位施加一定压力，同时朝丝网另一端移动。浆料在移动中被刮板从图形部分的网孔中挤压到基片上。印刷过程中刮板始终与丝网印版和承印物呈线接触，接触线随刮刀移动而移动，而丝网其他部分与承印物为脱离状态，保证了印刷尺寸精度和避免蹭脏承印物。当刮板刮过整个印刷区域后抬起，同时丝网也脱离基片，并通过回墨刀将浆料轻刮回初始位置，工作台返回到上料位置，至此为完整的一个印刷行程。

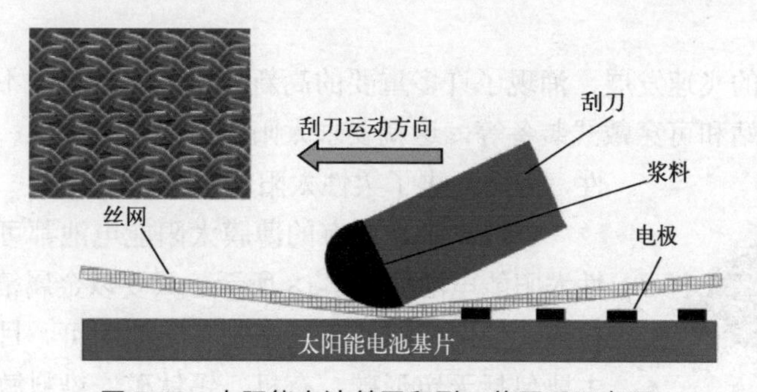

图7-17　太阳能电池丝网印刷工艺原理示意图

丝网印刷工艺需要多次印刷。第一道印刷银铝浆，作为背电极，作用是具有良好的欧姆接触和焊接性能，长期附着性能好；第二道印刷铝浆，作为背电场，收集载流子；第三道印刷银浆，作为正电极，收集电流。印刷完后还需要烧结、干燥浆料，燃尽其中的有机组分，使浆料与基片形成良好的欧姆接触。

自21世纪以来，丝网印刷技术的改进主要包括：

① 以等离子体气相沉积技术制备 SiN 膜做正表面的减反膜，降低表面反射。

② 改进银浆配方，实现良好的欧姆接触。

③ 共烧技术，电池正表面在丝网印刷银浆栅线后，随着在电池背面印刷上铝浆和银铝浆，在浆料烘干后，进入烧结炉，进行前后电极的共烧过程，优化设备和工艺，以达到最佳烧结效果，得到高的填充因子。

进一步的改进方向还有用精细的丝网印版来减小栅线宽度。

7.4.5 多晶硅和非晶硅薄膜太阳能电池

前述晶体硅的生产工艺中提到单晶硅生产成本较高，因此人们在不断努力研发低成本高性能的太阳能电池。

多晶硅太阳能电池的制作工艺与单晶硅电池接近，但是制作成本和原料成本显著降低，虽然其光电转换效率总体低于单晶硅电池，但已经比较接近了。因此，多晶硅太阳能电池在市场上的份额不断提高，接近了单晶硅电池的占比。

目前多晶硅薄膜电池制备工艺多采用化学气相沉积法，包括低压化学气相沉积和等离子体增强化学气相沉积工艺。此外，液相外延法和溅射沉积法也比较常用。

相比而言，非晶硅材料的成本更加低廉，也进入了显著的技术进步和产业化应用的阶段。非晶硅薄膜电池生产工艺与多晶硅电池相似，非晶硅薄膜的优势在于其物理化学性质可调幅度大，因此可通过灵活设计提高器件性能；而且其薄膜吸光范围广，可应用于阴天或弱光场合；再加上其气相沉积制备工艺所需温度很低，能耗远远低于单晶硅和多晶硅电池。因此，虽然非晶硅薄膜电池目前效率相对较低，但依然普遍受到人们的重视而迅速发展。

7.5 柔性太阳能电池

伴随人类社会的飞速发展，涌现了许多重要的高新技术，比如多种不同地形的光伏建筑物、移动式光伏电站和可穿戴式装备等，这就要求太阳能电池具有柔性、可折叠性和耐摔碰性，因而促进了柔性太阳能电池的发展。

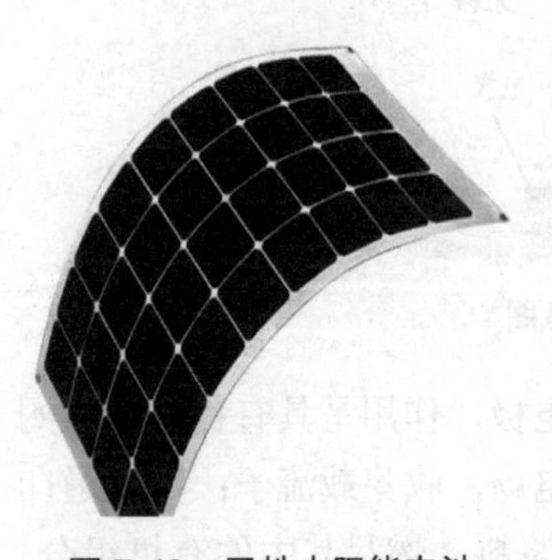

图 7-18 柔性太阳能电池

一般来说，所有的薄膜太阳能电池都可以做成柔性的，柔性太阳能电池如图 7-18 所示。只要以金属箔或高分子聚合物做衬底，使用相似的工艺来制备电池即可。目前柔性太阳能电池主要包括无定形硅、有机、钙钛矿、染料敏化、铜铟镓硒、铜锌锡硒、量子点等电池。实际上，想要获得弯曲程度最大，甚至可以任意折叠的柔性太阳能电池，就要求整个器件各个层都是柔性材料，尤其是可全溶液加工。溶液加工涂膜工艺主要包括以下四种。

（1）旋涂

将基片固定在旋转台上，然后将溶液滴到基片上，以一定的条件（转速、时间、浓度、温度、氛围等）旋转基片，大部分的溶液会被甩走，被基片所吸附的溶液会在离心力的作用下均匀平整地分布在基片上，再挥发尽溶剂并加热退火即可制备得到膜层。高浓度、低转速、短旋转时间、高温度、非溶剂干燥空气氛围、溶液与基片黏附力大等条件下制备的薄膜越厚，反之越薄。

（2）刮涂

包括刮刀刮涂和狭缝涂布。刮刀刮涂是将有机半导体材料以较高浓度溶于溶剂中，有时甚至成为糊状物墨水，通过刮刀将墨水滴在刀片的前面，然后刀片相对于基片有一定高度向前刮过去，在基片表面形成均匀的湿薄膜。沉积薄膜的厚度主要取决于：a. 溶液在刀片和基材之间形成的弯液面的体积；b. 墨水中的材料浓度。前者由刮板和基片之间的间隙、刮板相对于基片的速度、油墨的黏度、刮刀的几何形状以及基片的润湿性等因素决定。

（3）狭缝涂布

一种特别适用于卷对卷工艺的技术，因为它可以连续供墨。刮刀头是两个可独立移动的金属刀片，它们紧密贴近形成一个狭缝，墨水通过该狭缝流到基片上，以固定的间隙放置在基片上。刮刀头可以集成一个油墨贮存器，然后连接到一个油墨连续泵送的系统，以一定的速率连续供墨。在沉积过程中，溶液在刀片和基片之间形成向上和向下的弯月面，除了上面讨论的用于刮刀涂布的参数外，油墨的泵送速度也会影响狭缝涂布膜的沉积。另外，通过在刮刀头安装遮挡片并部分遮挡狭缝，可以印刷分辨率低至数百微米的条纹图案。也可将刮刀头保持在较高温度下，以控制固体在溶液中的黏度和溶解度。

（4）喷墨打印

由家庭和办公室印刷发展而来的一种重要的工业制造技术，广泛应用于各种印刷电子行业。与其他沉积方法相比，它具有成本低、材料利用率高和图案精度高等优势。作为一种直接书写技术，喷墨打印已经显示出了巨大的工业化潜力，并有望在柔性太阳能电池产业化中获得极其重要的应用。喷墨打印工艺是将功能性材料溶解在适当的溶剂中成为墨水，可添加其他组分来改变油墨的黏度和表面张力，以提高可印刷性和对基材的润湿性。墨水放置于墨盒中，使用喷墨打印机将功能性材料从墨盒转移到柔性衬底上。通常通过打印头喷嘴中的压电驱动器完成打印，该驱动器被编程为施加预设的压力模式以喷射液滴。可以分别打印多层功能性材料，它们彼此沉积在一起制备成可工作的太阳能电池。整个打印过程可以在环境条件下完成，大多数情况下需要进一步热处理。

目前，柔性太阳能电池尚未实现产业化应用。但其光电转换效率在不断提高，部分产品已经开始实现中试生产，具有极其重要的应用前景。目前应用发展的方向是将柔性太阳能光伏发电与储能技术相结合，所形成的发电储存一体化技术具有明显的形状可变性强、易弯曲、重量轻、低成本等优势，可灵活应用于服饰、户外装备、建筑物、交通运输工具、电子设备等需要遮阳及复杂结构的物体外表面，也可以作为光伏发电储存一体化系统进行使用。下面主要介绍有机、钙钛矿、染料敏化等太阳能电池。除了柔性衬底以外，上述电池都可以采用丝网印刷、旋涂、刮涂或者喷墨打印等溶液加工工艺制备。

7.5.1 有机太阳能电池

1958 年美国加州大学伯克利分校 Kearns 和 Calvin 将镁酞菁夹在两个功函数不同的电极之间，检测到了 200mV 的开路电压，表现出了光伏效应，成功制备出了第一个有机太阳能电池（organic solar cells, OSCs），但是能量转换效率（power conversion efficiency, PCE）非常低。科学家们也一直在尝试不同的有机半导体材料，但是所得到的 PCE 都很低。直到 1986 年，柯达公司邓青云博士创造性制备出了双层异质结有机太阳能电池，以四羧基苝的一种衍生物（PV）作为受体，铜酞菁（CuPc）作为给体，制备双层活性层，其 PEC>1%。异质结的引入，就像是给有机太阳能电池注入新鲜血液一样，为其开辟了新的研究方向。有机太阳能电池也逐渐成为科学家的研究热点。1992 年，Sariciflci 等发现，激子在有机半导体材料和富勒烯的界面上可以快速实现电荷分离，并且激子分离成的电子和空穴在界面上不复合，从而更利于电荷的收集。1993 年他们首次将富勒烯作为活性层中的受体材料应用于有机太阳能电池器件中，并且取得了较好的光伏器件能量转换效率。在很长一段时间内，富勒烯都成为有机太阳能电池的主要受体材料。1995 年，诺贝尔化学奖得主 Heeger 等首次提出体相异质结结构（bulk heterojunction structure）的有机太阳能电池，创造性地将富勒烯衍生物和聚苯乙炔溶液混合，并旋涂加工，获得具有三维互传网络结构的有机太阳能电池活性层，其 PCE 高达 2.9%，自此，体相异质结有机太阳能电池成为主流，并进入快速发展期。

有机太阳能电池材料具有独特的优点，与无机太阳能电池相比，优势在于：

① 化学可变性大；

② 有多种途径来改变材料的光电性质和提高载流子的传送能力；

③ 加工容易，可大面积成膜；

④ 易进行化学物理改性来改善光伏性能；

⑤ 原料来源广泛，价格便宜，成本低廉；

⑥ 可制备成柔性薄膜，易加工成各种形状以适应各种不同的使用场景。

这使得有机太阳能电池具有极吸引人的开发价值，在产业化方面极具竞争能力。然而，有机光伏由于起步较晚，其发展相对滞后，虽然目前的最高效率已经接近 20%，但依然还处在实验室基础研究阶段。

有机太阳能电池的工作原理主要包括四个重要步骤：

① 活性层吸收光子并产生激子；

② 激子扩散到给受体界面层；

③ 激子在界面层分离成正负电荷，并迁移至正负电极；

④ 正负电极收集正负电荷。

有机太阳能电池的器件结构可以分为单层 Schottky 器件（图 7-19）、双层异质结器件、体相异质结器件和叠层器件等。

由于两个电极功函数不同，有机半导体与具有较低功函数电极之间将形成 Schottky 势垒（能带弯曲区域），即内建电场。光照下，有机半导体材料吸收光后产生激子。较大的库仑力使得这些激子不能分离成自由电子和空穴。有机半导体内激子的扩散长度一般都很小，只有扩散到 Schottky 势垒附近的激子才有机会被分离，所以单层 Schottky 结构电池的能量转换效

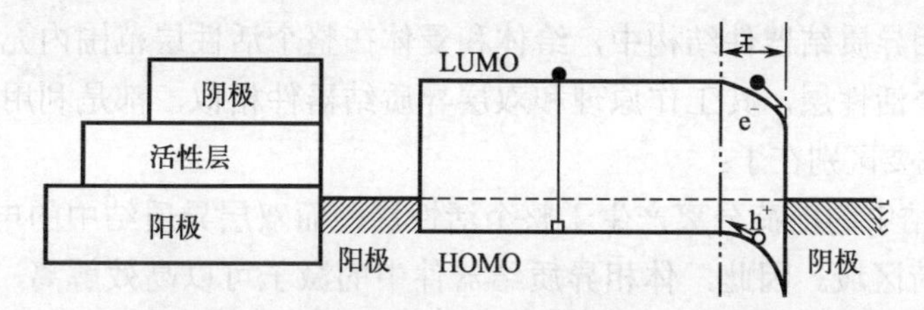

图 7-19　单层 Schottky 器件结构和工作原理

率很低，在目前的有机太阳能电池研究中很少再使用这种结构。

有机太阳能电池的器件结构都是“夹心”结构，即将光活性层夹在两个功函数不同的电极之间。如图 7-20 所示，器件上下电极均可采用柔性金属箔或者导电高分子聚合物材料制备，光活性层本身是柔性的，空穴传输层（HL）和电子传输层（EL）都可采用柔性的有机材料制备，因此构成的整个器件都是柔性的。

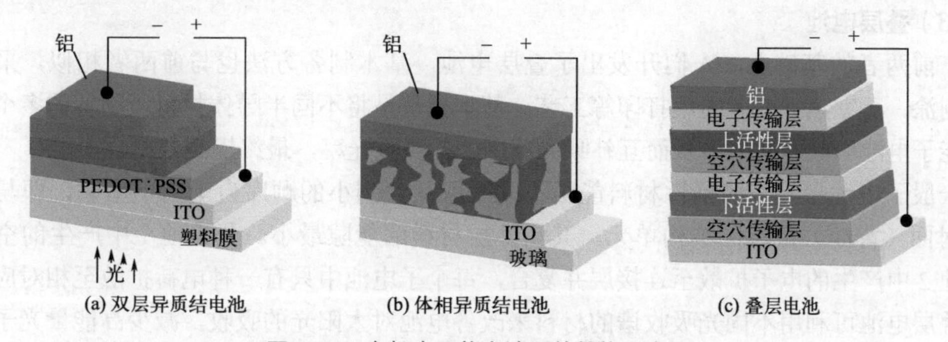

图 7-20　有机太阳能电池器件结构示意图

PEDOT：PSS—聚（3,4-乙烯二氧噻吩）：聚（苯乙烯磺酸盐）组成的导电水凝胶；ITO—氧化铟锡

（1）双层异质结电池

历史上先出现的是双层异质结电池，即将 n 型和 p 型有机半导体材料分别通过旋涂或者真空蒸镀工艺制备成双层膜，该双层膜就相当于一个异质结，模仿了无机异质结太阳能电池。在双层异质结器件中，给体和受体有机材料分层排列于两个电极之间，形成平面型给体-受体界面。而且阳极功函数要与给体 HOMO 能级匹配，阴极功函数要与受体 LUMO 能级匹配，这样才有利于电荷收集。双层异质结器件结构中电荷分离的驱动力主要是给体材料和受体材料的 LUMO 能级之差，即给体和受体界面处的电子势垒。在界面处，如果电子势垒较大，大于激子结合能，激子的解离更为有利，电子易转移到有较大电子亲和能的材料上（较低 LUMO），从而使得激子有效分离，明显高于单层结构，使得器件性能获得很大提升。双层异质结器件的最大优点是同时提供了电子和空穴传输的材料。当激子在给体-受体界面产生电荷转移后，电子在受体材料中传输至阴极被收集，空穴则在给体材料中传输至阳极被收集。

（2）体相异质结电池

之后发展出了体相异质结电池。基本工艺是将 n 型和 p 型有机半导体材料溶解到同一溶液中，通过旋涂、刮涂或者喷墨打印等工艺在透明电极衬底上制备成膜，大大简化了加工工艺，效率也显著提高。在溶液挥发的过程中，n 型和 p 型材料会发生相分离，分别析出结晶，两种晶体形成互穿网络形貌的薄膜。该电池的性能高低主要由 n 型和 p 型有机半导体材料的性能决定。在体相异质结器件结构中，给体和受体在整个活性层范围内充分混合，给体-受体界面分布于整个活性层，其工作原理和双层异质结器件相似，都是利用给体-受体界面效应来转移电荷。主要区别在于：

① 体相异质结中的电荷分离产生于整个活性层，而双层异质结中的电荷分离只发生在界面处的空间电荷区域。因此，体相异质结器件中的激子可以高效解离，同时激子复合降低，从而减少或者避免由有机物激子扩散长度小而导致的能量损失。

② 由于界面存在于整个活性层中，体相异质结器件中载流子向电极传输主要是通过粒子之间的渗滤作用完成的，双层异质结器件中的载流子传输介质是连续空间分布的给受体，因此双层异质结中具有相对高效的载流子传输效率。

体相异质结可以通过将含有给体和受体材料的混合溶液以旋涂方式制备，也可以通过共同蒸镀的方式获得，还可以通过热处理的方式将真空蒸镀的平面型双层薄膜转换为体相异质结器件结构。

（3）叠层电池

在前两者的基础上，人们开发出了叠层电池。基本制备方法也与前两者相似，采用旋涂、刮涂、真空蒸镀或者喷墨打印等工艺。基本原理是将不同半导体材料所制备的多个不同太阳能子电池串联叠起来，从而互补吸光范围、提高吸光率，最终提高效率。

一般子电池单元按照活性材料能隙不同采取从大到小的顺序自上向下串联，即与电池非辐射面（背面）最近的结构单元，其活性层材料的能隙最小。子电池 1 中产生的空穴和子电池 2 中产生的电子扩散至连接层并复合，每个子电池中只有一种电荷扩散至相对应的电极。叠层电池可利用不同光吸收谱的材料来改善电池对太阳光的吸收，减少高能量光子的热损失，最终提高电池效率。由于串联的叠层电池的开路电压一般大于子单元结构，其转换效率主要受光生电流的限制。因此叠层电池设计的关键是合理地选择各子电池的能隙宽度和厚度，并保证各个电池之间的欧姆接触，以达到高能量转换效率的目的。由此可见，叠层电池性能突破的关键同样在于高性能半导体材料的研发。

7.5.2 钙钛矿太阳能电池

钙钛矿太阳能电池自 2009 年被提出以来取得了迅猛的发展，其性能甚至超过了其他类型电池多年的累积，在 2013 年被 Science 评为国际十大科技进展之一。钙钛矿材料因有着很好的光吸收特性和载流子运输特性，同时又是直接带隙半导体材料，特别适合制作太阳能电池，其光电转换效率由 3.8% 提高到 22.1% 仅仅用了 7 年。目前已有许多人开始进行中试生产试验。

在接受太阳光照射时，钙钛矿层首先吸收光子产生电子-空穴对。由于钙钛矿材料激子束缚能的差异，这些载流子或者成为自由载流子，或者形成激子。而且，因为这些钙钛矿材料往往具有较低的载流子复合概率和较高的载流子迁移率，所以载流子的扩散距离和寿命较长。

然后，这些未复合的电子和空穴分别被电子传输层和空穴传输层收集，即电子从钙钛矿层传输到等电子传输层，最后被 FTO（氟掺杂氧化锡）导电玻璃收集；空穴从钙钛矿层传输到空穴传输层，最后被金属电极收集。当然，这些过程中总不免伴随着一些载流子的损失，如电子传输层的电子与钙钛矿层的空穴的可逆复合、电子传输层的电子与空穴传输层的空穴的复合（钙钛矿层不致密的情况）、钙钛矿层的电子与空穴传输层的空穴的复合。要提高电池的整体性能，这些载流子的损失应该降到最低。最后，通过连接FTO和金属电极的电路而产生光电流。

钙钛矿太阳能电池器件结构示意图如图7-21所示。钙钛矿太阳能电池器件结构与有机太阳能电池非常相似，各层都可以采用旋涂、刮涂或者喷墨打印等溶液加工工艺制备，也可以采用气相沉积制备。钙钛矿太阳能电池最大的难题是不稳定，这是由钙钛矿材料本身的稳定性差、对水和氧非常敏感造成的。因此其工艺的改进主要集中在高稳定性钙钛矿光活性层的制备。部分工艺改进方法如采用混合溶剂使钙钛矿材料形成中间相，放缓结晶速度形成更致密且均匀的膜层；旋涂后加入不良溶剂快速沉积结晶，增大晶粒尺寸；高温下旋涂延长晶体的生长，得到大尺寸晶体；多次旋涂或浸泡，优化微纳米形貌；添加有机半导体材料，作为界面钝化层，隔绝水、氧，提高稳定性。

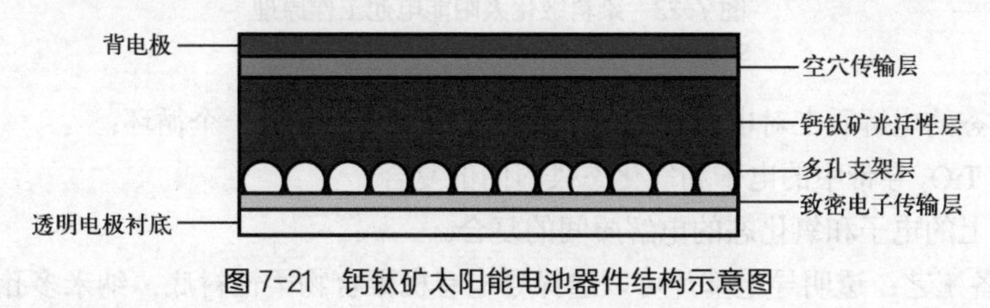

图7-21　钙钛矿太阳能电池器件结构示意图

7.5.3　染料敏化太阳能电池

染料敏化太阳能电池是将染料以紧密的单分子层吸附在半导体表面，在光诱导下有机染料与半导体间发生电荷转移反应，这就是染料敏化半导体在一定条件下产生电流的机理（如图7-22所示）。其主要优势是：原材料丰富、成本低、工艺技术相对简单，在大面积工业化生产中具有较大的优势，同时所有原材料和生产工艺都是无毒、无污染的，部分材料可以得到充分的回收，对保护人类环境具有重要的意义。自从1991年瑞士洛桑联邦理工学院（EPFL）M. Gratzel教授领导的研究小组在该技术上取得突破以来，欧、美、日等发达国家和地区投入大量资金研发。

染料敏化太阳能电池（简称DSSC）主要由纳米多孔半导体薄膜、染料敏化剂、氧化还原电解质、对电极和导电基底等部分组成。纳米多孔半导体薄膜为聚集在透明导电玻璃上的TiO_2、SnO_2、ZnO等金属氧化物，其作为电池阴极。对电极作为还原催化剂，通常为在透明导电玻璃上镀铂。敏化染料吸附在纳米多孔二氧化钛膜面上。正负极间填充的是含有氧化还原电对的电解质，最常用的是氯化钾（KCl）。

染料敏化太阳能电池工作原理见图7-22，其过程原理是：

① 染料分子受太阳光照射后由基态跃迁至激发态（D*）；

② 处于激发态的染料分子将电子注入半导体的导带中，电子扩散至导电基底后流入外电路中；

③ 处于氧化态的染料被还原态的电解质还原再生；

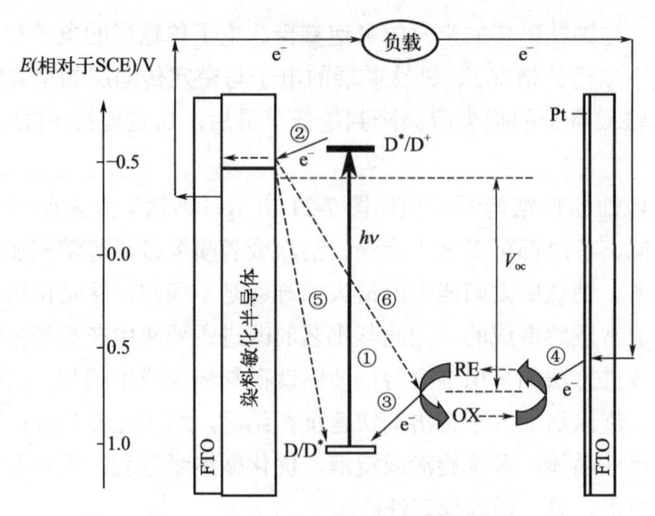

图 7-22　染料敏化太阳能电池工作原理

SCE—饱和甘汞电极；OX—氧化态；RE—还原态

④ 氧化态的电解质在对电极接受电子后被还原，从而完成一个循环；

⑤ 注入 TiO_2 导带中的电子和氧化态染料间的复合；

⑥ 导带上的电子和氧化态的电解质间的复合。

基本制备工艺：透明导电基片可以选择导电有机聚合物柔性衬底；纳米多孔半导体薄膜主要制备工艺包括化学气相沉积、粉末烧结、水热反应、射频溅射、等离子体喷涂、丝网印刷和溶胶-凝胶法涂膜等；染料敏化剂溶于溶剂中，浸渍到纳米多孔半导体薄膜上，通过分子上的羧基、磷酸基吸附到薄膜表面，再清洗吹干；对电极可通过电子束蒸发、磁控溅射、电镀及无机酸盐溶液高温热解等方法在衬底上制备，然后盖在已经吸附染料的纳米多孔半导体薄膜上，封装；最后将电解质溶液或糊状物注入对电极和纳米多孔半导体薄膜之间的空间。

7.6　其他太阳能电池

除了上述太阳能电池以外，还有其他的太阳能电池，由于篇幅有限不能一一详细介绍。这里简单介绍一下部分其他太阳能电池。

（1）Ⅲ-Ⅴ族化合物太阳能电池

Ⅲ-Ⅴ族化合物（元素周期表中ⅢA 族元素和ⅤA 族元素组成的化合物）是继锗（Ge）和硅（Si）以后发展起来的半导体材料。由于ⅢA 族与ⅤA 族元素有多种组合可能，因此Ⅲ-Ⅴ族化合物种类繁多。其中最主要的是砷化镓（GaAs）及其相关化合物，其次是磷化铟（InP）及其相关化合物，目前也有将这两类材料结合在一起使用的。Ⅲ-Ⅴ族化合物具有直接带隙的能带结构，吸光系数大，具有良好的抗辐射性和较小的温度系数，特别适用于制备高效率、空间领域使用的太阳能电池。这是由于航空航天领域需要太阳能电池具有较高的质量比功率，即希望单位质量的电池能发出更多的电量。Ⅲ-Ⅴ族化合物太阳能电池主要的制备工艺是液相外延、化学气相沉积、分子束外延等。

（2）铜铟镓硒（CIGS）太阳能电池

CIGS材料属于Ⅰ-Ⅲ-Ⅵ族四元化合物半导体，具有黄铜矿的晶体结构。这类电池具有显著的优势，如禁带宽度可在1.04～1.67eV范围内连续可调、吸光系数很高适合于薄膜化、成本和能量偿还时间远低于晶体硅电池、抗辐射能力强、转换效率高、稳定性非常好、弱光特性好等。CIGS太阳能电池的制备工艺很多，常用的产业化制备工艺分为多元素直接合成法和先沉积金属预制层后在硒氛围中硒化的两步法。其中多元素直接合成法主要采用真空下多元素共蒸发；两步法中的铜铟镓金属预制层可采用真空蒸发、磁控溅射等工艺制备，也可用电化学沉积、丝网印刷等工艺制备，然后在硒氛围中高温硒化。

参考文献

[1] 熊绍珍，朱美芳. 太阳能电池基础及应用 [M]. 北京：科学出版社，2009.

[2] 王鑫. 太阳能电池技术与应用 [M]. 北京：化学工业出版社，2022.

[3] 黄素逸，黄树红，许国良，等. 太阳能热发电原理及技术 [M]. 北京：中国电力出版社，2012.

[4] 张晓东，杜云贵，郑永刚. 核能及新能源发电技术 [M]. 北京：中国电力出版社，2008.

[5] 光伏器件　第3部分：地面用光伏器件的测量原理及标准光谱辐照度数据：GB/T 6495.3—1996[S]. 北京：中国标准出版社，2003.

[6] 晶体硅光伏器件的 *I-V* 实测特性的温度和辐照度修正方法：GB/T 6495.4—1996[S]. 北京：中国标准出版社，2003.

[7] 光伏器件　第2部分：标准太阳电池的要求：GB/T 6495.2—1996[S]. 北京：中国标准出版社，2003.

[8] 刘恩科，朱秉升，罗晋生. 半导体物理学 [M]. 7版. 北京：电子工业出版社，2017.

[9] Neamen D A. 半导体物理与器件 [M]. 4版. 赵毅强，姚素英，史再峰，等译. 北京：电子工业出版社，2018.

[10] 杨德仁. 太阳电池材料 [M]. 2版. 北京：化学工业出版社，2018.

[11] 种法力，滕道祥. 硅太阳能电池光伏材料 [M]. 2版. 北京：化学工业出版社，2021.

[12] 黄有志，王丽，郭宇. 直拉单晶硅工艺技术 [M]. 2版. 北京：化学工业出版社，2017.

[13] 贾铁昆，王玉江，付芳，等. 光伏硅晶体材料的制备表征及应用技术 [M]. 北京：化学工业出版社，2020.

[14] 陈哲艮，郑志东. 晶体硅太阳电池制造工艺原理 [M]. 北京：电子工业出版社，2017.

[15] 沈辉，徐建美，董娴. 晶体硅光伏组件 [M]. 北京：化学工业出版社，2019.

[16] Becker C, Amkreutz D, Sontheimer T, et al. Polycrystalline silicon thin-film solar cells: Status and perspectives[J]. Solar Energy Materials and Solar Cells, 2013, 119: 112-123.

[17] Rath J K. Low temperature polycrystalline silicon: A review on deposition, physical properties and solar cell applications[J]. Solar Energy Materials and Solar Cells, 2003, 76(4): 431-487.

[18] Aberle A G. Thin-film solar cells[J]. Thin solid films, 2009, 517(17): 4706-4710.

[19] 宋伟杰. 王维燕，李佳. 柔性太阳电池材料与器件 [M]. 北京：化学工业出版社，2021.

[20] Pagliaro M, Ciriminna R, Palmisano G. Flexible solar cells[J]. ChemSusChem, 2008, 1(11): 880-891.

[21] Hu Y X, Ding S S, Chen P, et al. Flexible solar-rechargeable energy system[J]. Energy Storage Materials, 2020, 32: 356-376.

[22] 张春福，习鹤，陈大正. 有机太阳能电池材料与器件 [M]. 北京：科学出版社，2019.

[23] Li Y W, Xu G Y, Cui C H, et al. Flexible and semitransparent organic solar cells[J]. Advanced Energy Materials, 2018, 8 (7): 1701791.

[24] Hoppe H, Sariciftci N S. Organic solar cells: An overview[J]. Journal of materials research, 2004, 19(7): 1924-1945.

[25] Cheng P, Zhan X W. Stability of organic solar cells: challenges and strategies[J]. Chemical Society Reviews, 2016, 45(9): 2544-2582.

[26] Zheng Z, Wang J Q, Bi P Q, et al. Tandem organic solar cell with 20.2% efficiency[J]. Joule, 2022, 6(1): 171-184.

[27] Park N G, Gratzel M, Miyasaka T. 有机无机卤化物钙钛矿太阳能电池：从基本原理到器件 [M]. 毕世青，译. 北京：化学工业出版社，2021.

[28] Kim J Y, Lee J W, Jung H S, et al. High-efficiency perovskite solar cells[J]. Chemical reviews, 2020, 120(15): 7867-7918.

[29] Yoo J J, Seo G, Chua M R, et al. Efficient perovskite solar cells via improved carrier management[J]. Nature, 2021, 590(7847): 587-593.

[30] 马廷丽，云斯宁 . 染料敏化太阳能电池——从理论基础到技术应用 [M]. 北京：化学工业出版社，2013.

[31] Mariotti N, Bonomo M, Fagiolari L, et al. Recent advances in eco-friendly and cost-effective materials towards sustainable dye-sensitized solar cells[J]. Green chemistry, 2020, 22(21): 7168-7218.

[32] Muñoz-García A B, Benesperi I, Boschloo G, et al. Dye-sensitized solar cells strike back[J]. Chemical Society Reviews, 2021, 50(22): 12450-12550.

[33] Li J, Aierken A, Liu Y, et al. A brief review of high efficiency Ⅲ-Ⅴ solar cells for space application[J]. Frontiers in Physics, 2021, 8: 631925.

[34] Ito K. 铜锌锡硫基薄膜太阳电池 [M]. 赵宗彦，译 . 北京：化学工业出版社，2016.

[35] 肖旭东，杨春雷 . 薄膜太阳能电池 [M]. 北京：科学出版社，2014.

[36] Ramanujam J, Bishop D M, Todorov T K, et al. Flexible CIGS, CdTe and a-Si: H based thin film solar cells: A review[J]. Progress in Materials Science, 2020, 110: 100619.